全国高职高专"十三五"规划教材

应用数学基础

主　编　刘彦辉　李先明

副主编　张　静　时耀敏　姚素芬　敖开云

中国水利水电出版社
www.waterpub.com.cn

内 容 提 要

本书基于高等数学课程教学改革与实践的成果，以李先明教授主编的《高等应用数学基础》为基础编写，内容包括矩阵及运算、线性方程组、行列式与特征值、随机事件及概率、随机变量及数字特征、参数估计与假设检验、方差分析与回归分析、数学实验，共 8 章。每章后面配有基本练习题，要求读者独立完成，题目答案可通过简单演算获得，也可通过数学实验的方法获得。另外，难度较大的题目已放入数学实验教学内容之中。习题难度按大专以上水平设计。

本书既可作为高等职业院校高等数学、工程数学等课程的教材，也可作为成人专科学校高等数学、工程数学等课程的教材，还可供工程技术人员参考。

图书在版编目（CIP）数据

应用数学基础 / 刘彦辉，李先明主编. -- 北京：
中国水利水电出版社，2016.8
全国高职高专"十三五"规划教材
ISBN 978-7-5170-4557-1

Ⅰ. ①应… Ⅱ. ①刘… ②李… Ⅲ. ①应用数学－高等职业教育－教材 Ⅳ. ①O29

中国版本图书馆CIP数据核字(2016)第166131号

策划编辑：寇文杰　责任编辑：张玉玲　加工编辑：张天娇　封面设计：李 佳

书　　名	全国高职高专"十三五"规划教材 **应用数学基础**
作　　者	主　编　刘彦辉　李先明 副主编　张　静　时耀敏　姚素芬　敖开云
出版发行	中国水利水电出版社 （北京市海淀区玉渊潭南路 1 号 D 座　100038） 网址：www.waterpub.com.cn E-mail：mchannel@263.net（万水） 　　　　sales@waterpub.com.cn 电话：（010）68367658（发行部）、82562819（万水）
经　　售	北京科水图书销售中心（零售） 电话：（010）88383994、63202643、68545874 全国各地新华书店和相关出版物销售网点
排　　版	北京万水电子信息有限公司
印　　刷	三河市鑫金马印装有限公司
规　　格	184mm×260mm　16 开本　12.5 印张　253 千字
版　　次	2016 年 8 月第 1 版　2016 年 8 月第 1 次印刷
印　　数	0001—5000 册
定　　价	27.00 元

凡购买我社图书，如有缺页、倒页、脱页的，本社发行部负责调换

版权所有·侵权必究

前　言

本书是基于高等数学课程教学改革与实践的成果编著而成的。2005～2008年，结合应用型人才培养的需要，我们进行了"以提高数学应用能力为目标"的高等数学课程教学改革。教学实践中，一是增加了数学应用方面的案例，减少了数学理论和推导内容；二是加强直观性教学和计算机应用教学。2007年主编了理工类和财经类《高等数学》教材，主要特点：一是，以清晰准确的数学语言表述抽象的数学概念，将基本理论的教学与应用相结合；将抽象的数学概念与方法尽可能与专业相结合，理论联系实际；将实际问题转化为用数学理论来解释，并用数学的方法来解决，为以后的数学建模奠定基础；二是，突出专业特点，讲清讲透专业所需数学理论知识，贯穿数学为专业服务的基本思想。

2009～2013年，根据应用技术人才培养的需要进行了"以构建学生自己的数学知识体系为目标"的高等数学课程教学改革。我们以现代教育技术为基础，视数学工具、数学方法、数学美学、数学文化为一个教学整体，结合高等职业教育对象的特点设计数学教学内容体系。在教学内容设计上，力求使学生进一步了解数学思想和文化、知道更多的数学方法、熟悉一些本专业的数学应用；在数学教学过程设计上，以教师和学生学习成果相互转化为主要教学形式，以构建学生自己的数学知识体系为目的；在教学手段和教学方法设计上，注重学生的"自主性"和"实践性"，营造自主、生动、合作、尊重的学习环境；在学生成绩评定上，注重学生学习过程考核和实践性考核。我们将《高等数学》课程的内容设计成一元函数微积分、多元函数微积分、线性代数（矩阵及其运算、线性方程组）、概率统计（随机事件及概率、随机变量及数字特征、参数估计与假设检验）、数学实验（软件功能集成、软件在高等数学中的应用）五大模块，其中一元函数微积分是基础模块，土建类、制造类、电子信息类、财经类各专业学生均要求学习，其余模块根据专业课程学习的需要开设。在基础模块上，我们力求做到适应多岗位、便于转岗需要，在知识应用方面尽可能使学生既懂工程应用又懂经济应用。第一次将数学实验内容纳入全校高等数学课程教学内容。课外组织学生参加"大学生数学建模"训练和竞赛，达到数学建模教学目的。在教学实践过程中，一是强化数学思想、数学方法教学，引进数学实验教学内容，降低传统计算方法教学内容比重；二是强化专业数学应用教学。

同期主编了理工类和财经类同一平台的《高等应用数学基础》教材，主要特点：一是充分运用现代教育思想（形象思维、微元法思想、符号使用技巧等），希望学生获得极强的理性思维训练；二是重点突出知识的应用，希望拓展学生的数学应用空间；三是引入数学建模思想及数学实验内容，希望学生获得数学美的熏陶；四是为工程类与经济类的学生搭建了学习高等数学的公共平台，希望成为学生掌握数学工具、构建自己的数学知识体系的良师益友；五是结合内容的展示提供多角度观察事物的方法，使读者从不同方向、不同层面、不同角度认识数学知识，观察事物，掌握数学原理、方法、应用数学知识的例证（原型）；六是提供了主要内容的学习、讲授方法，提供了处理抽象理论、常见问题分析和解决的方法，以及对抽象事物的认识方法。

2014~2015年，我们在总结分析十年数学课程教学改革与实践经验教训的基础上进行了"高校转型发展应用技术人才培养之数学教育整合研究"。研究表明：大学数学课程是应用技术专业的重要基础课程，学习价值不仅体现在对专业理论学习的消化理解上，最终也体现在学生的专业实践上，应用技术专业的毕业生将来在从事技术生产的过程中离不开识别、分析、计算、模拟实验、推断和决策等基本能力，这些能力的形成在一定程度上依赖于数学。教学目的首先是培养学生的基本数学素质（了解数学文化，会用数学思想和方法解决实际问题，会用数学技术、数学实验、数学理论等现代数学解决高新技术发展中的实际问题）和创造性（发现、发明），其次是为专业课的学习打下量化分析和理性思维的基础。大学数学教育在高等职业教育中具有五大作用，即大学数学是学生掌握数学工具的主要课程，是培养学生理性思维的重要载体，是学生接受美感熏陶的一种途径，是数学文化传承的主要形式，是掌握高新技术的有效途径。

因此，我们构建了"基于基础数学教育、应用数学教育、数学技术教育"的高等数学课程教育教学内容体系，教学内容包含于《数学文化概要》《微积分及其应用》《应用数学基础》《数学技术教育基础》等教材之中。

该系列教材由重庆工商职业学院的李先明教授和刘彦辉副教授主持编写，负责思想原则确立、内容设计、统稿和定稿工作。参加本书主要编写工作的有重庆工商职业学院的敖开云副教授、张静讲师、姚素芬讲师、时耀敏讲师。另外参加本书部分编写工作的还有王正均（重庆电子工程职业技术学院副教授）、陈德林（重庆水利电力职业技术学院副教授）、唐希平（重庆巴渝职业技术学院副教授）、刘光（重庆城市管理职业学院教授）、郭渝生（重庆青年职业技术学院副教授）、刘家英（重庆医药高等专科学校副教授）、许院年（重庆工商职业学院副教授）、杨俊（重庆航天职业技术学院副教授）。

本书共8章：矩阵及运算、线性方程组、行列式与特征值、随机事件及概率、随机变量及数字特征、参数估计与假设检验、方差分析与回归分析、数学实验。每章后面配有基本练习题，要求读者独立完成，题目答案可通过简单演算获得，也可通过数学实验的方法获得。另外，难度较大的题目已放入数学实验教学内容之中。习题难度按大专以上水平设计。

我们认为，高等职业教育已进入内涵建设阶段，数学课程教学改革任重道远，希望凭借此书吸引更多的同仁参与数学课程教育研究，推动我国高等职业教育更快地发展。

编者
2016年7月

目 录

前言

第1章 矩阵及运算 ··· 1
1.1 矩阵的概念 ··· 1
1.1.1 矩阵的定义 ·· 1
1.1.2 常见的特殊矩阵 ·· 2
1.2 矩阵的运算 ··· 3
1.2.1 矩阵相等 ·· 3
1.2.2 矩阵的线性运算 ·· 3
1.2.3 矩阵的乘法 ·· 5
1.2.4 矩阵的转置 ·· 7
1.3 矩阵的初等行变换 ··· 8
1.3.1 矩阵的初等行变换 ·· 8
1.3.2 矩阵的秩及求法 ·· 9
1.4 方阵的逆矩阵 ··· 11
1.4.1 逆矩阵的定义 ·· 11
1.4.2 逆矩阵的初等行变换求法 ·· 12
习题 1 ··· 13

第2章 线性方程组 ··· 16
2.1 线性方程组的基本概念 ··· 16
2.1.1 基本概念 ·· 16
2.1.2 线性方程组解的判定 ·· 17
2.2 高斯消元法 ··· 20
*2.3 线性空间 ··· 24
2.3.1 n 维向量及 n 维向量组的线性相关性 ·· 24
2.3.2 向量空间 ·· 26
2.4 基础解系及通解 ··· 27
2.5 线性方程组的综合应用 ··· 30
习题 2 ··· 34

第3章 行列式与特征值 ··· 39
3.1 行列式及其计算 ··· 39
3.1.1 二阶、三阶行列式 ·· 39
3.1.2 n 阶行列式 ·· 40
3.1.3 行列式的应用 ·· 42
3.2 矩阵的特征值和特征向量 ··· 46

3.3 特征值、特征向量的基本性质 ·· 50
3.4 相似矩阵 ·· 52
   3.4.1 相似矩阵的定义 ·· 52
   3.4.2 相似矩阵的性质 ·· 53
   3.4.3 方阵对角化 ·· 54
3.5 实对称矩阵的对角化 ·· 59
习题 3 ··· 62

第 4 章 随机事件及概率 ··· 66
4.1 随机事件 ·· 66
   4.1.1 随机事件 ·· 66
   4.1.2 事件间的关系与运算 ·· 67
4.2 随机事件的概率 ·· 68
   4.2.1 随机事件概率的定义 ·· 68
   4.2.2 概率的加法公式 ·· 70
   4.2.3 乘法公式及条件概率 ·· 71
   4.2.4 全概率与贝叶斯公式 ·· 72
4.3 贝努利概型 ·· 76
   4.3.1 事件的独立性 ··· 76
   4.3.2 贝努利概型 ·· 78
习题 4 ··· 79

第 5 章 随机变量及数字特征 ·· 81
5.1 离散型随机变量 ·· 81
   5.1.1 离散型随机变量的概率分布与分布函数 ·························· 81
   5.1.2 几种重要的离散型随机变量 ·· 83
5.2 连续型随机变量的概率密度 ·· 85
   5.2.1 连续型随机变量的概念与分布函数 ······························· 86
   5.2.2 几个常用的连续型随机变量的分布 ······························· 87
5.3 随机变量的数学期望 ·· 91
   5.3.1 离散型随机变量的数学期望 ·· 91
   5.3.2 连续型随机变量的数学期望 ·· 93
   5.3.3 数学期望的性质及矩 ·· 94
5.4 随机变量的方差 ·· 94
   5.4.1 方差的概念 ·· 94
   5.4.2 方差的性质 ·· 95
   5.4.3 常见分布的期望与方差 ·· 95
*5.5 n 维随机变量简介 ··· 97
   5.5.1 二维随机变量及其分布 ·· 97
   5.5.2 n 维随机变量及其分布 ·· 98
   5.5.3 协方差与相关系数 ·· 98

习题 5 ··· 99

第6章 参数估计与假设检验 ··· 101
6.1 总体、样本、统计量 ·· 101
6.1.1 总体与样本 ·· 101
6.1.2 统计量 ·· 101
6.2 期望与方差的点估计 ·· 104
6.2.1 矩估计 ·· 104
6.2.2 极大似然估计 ·· 106
6.3 期望与方差的区间估计 ··· 106
6.4 最小二乘估计 ·· 108
6.5 几种常见的假设检验法则 ·· 109
6.5.1 假设检验的几个步骤 ··· 109
6.5.2 U 检验法 ·· 110
6.5.3 T 检验法 ·· 110
6.5.4 χ^2 检验 ··· 113
习题 6 ·· 115

第7章 方差分析与回归分析 ··· 118
7.1 方差分析 ··· 118
7.1.1 方差分析的基本思想和原理 ·· 119
7.1.2 单因素方差分析 ··· 120
7.1.3 双因素方差分析 ··· 126
7.2 一元线性回归分析 ·· 134
7.2.1 回归模型 ··· 135
7.2.2 回归模型建立的方法——最小二乘法 ··· 135
习题 7 ·· 140

第8章 数学实验 ·· 143
8.1 MATLAB 基础知识 ·· 143
8.1.1 MATLAB 文件的编辑、存储和执行 ·· 143
8.1.2 MATLAB 基本运算符及表达式 ·· 145
8.1.3 MATLAB 变量命名规则 ··· 146
8.1.4 数值计算结果的显示格式 ··· 146
8.1.5 MATLAB 指令行中的标点符号 ·· 147
8.1.6 MATLAB 指令窗的常用控制指令 ··· 147
8.2 MATLAB 在线性代数中的应用 ·· 148
8.2.1 数值矩阵的生成 ··· 148
8.2.2 符号矩阵的生成 ··· 149
8.2.3 特殊矩阵的生成 ··· 150
8.2.4 矩阵运算 ··· 155
8.2.5 矩阵分解 ··· 157

  8.2.6 线性方程组的求解 ·· 160
  8.2.7 特征值与二次型 ·· 163
  8.2.8 秩与线性相关性 ·· 165
 8.3 统计与检验 ·· 167
  8.3.1 数据统计处理 ·· 167
  8.3.2 求离散型随机变量的数学期望 ··· 168
  8.3.3 求离散型随机变量的样本方差 ··· 168
  8.3.4 常见分布的密度函数图形 ·· 169
  8.3.5 正态分布的参数估计 ··· 171
  8.3.6 σ^2 已知,单个正态总体的均值 μ 的假设检验 ··· 172
  8.3.7 σ^2 未知,单个正态总体的均值 μ 的假设检验 ··· 173
  8.3.8 统计作图 ··· 174
附表 1 泊松分布数值表 ·· 180
附表 2 标准正态分布函数值表 ··· 183
附表 3 T 分布的双侧临界值表 ··· 184
附表 4 T 分布的单侧临界值表 ··· 185
附表 5 χ^2 分布表 ··· 186
附表 6 F 分布表 ·· 188

第 1 章 矩阵及运算

1.1 矩阵的概念

矩阵知识是《线性代数》的基本内容，是线性代数研究的主要对象之一，它是从许多实际问题的计算中抽象出来的一个数学概念．在社会实践中我们会遇见许多表格，这些表格就是矩阵的原型．我们把这些表格抽象成为一个数学问题就产生了矩阵的概念，于是得到下面的定义．

1.1.1 矩阵的定义

定义 1.1 由 $m \times n$ 个数 a_{ij}（$i=1,2,\cdots,m$；$j=1,2,\cdots,n$）排成的一个 m 行 n 列的矩形数表

$$\begin{bmatrix} a_{11} & a_{12} & \cdots & a_{1n} \\ a_{21} & a_{22} & \cdots & a_{2n} \\ \vdots & \vdots & & \vdots \\ a_{m1} & a_{m2} & \cdots & a_{mn} \end{bmatrix}$$

称为 $m \times n$ 矩阵．用大写英文字母 $A,B,C,\cdots$ 表示，记为 $A_{m \times n} = (a_{ij})_{m \times n}$：

$$A_{m \times n} = \begin{bmatrix} a_{11} & a_{12} & \cdots & a_{1n} \\ a_{21} & a_{22} & \cdots & a_{2n} \\ \vdots & \vdots & & \vdots \\ a_{m1} & a_{m2} & \cdots & a_{mn} \end{bmatrix} = (a_{ij})_{m \times n}.$$

其中第 i 行第 j 列上的数 a_{ij} 称为矩阵 $A_{m \times n}$ 中的元素，而元素 a_{ij} 的双足标中的第一足标 i 为行标，第二足标 j 为列标．注意矩阵记号必须用括号"[ ]"，如：

$$A = \begin{bmatrix} 2 & 5 & 8 \\ -3 & 4 & 5 \\ 1 & 7 & 3 \\ 4 & 9 & 6 \end{bmatrix}; \quad B = \begin{bmatrix} 1 & 0 & 1 & -1 \\ 0 & 0 & 1 & 1 \end{bmatrix}; \quad C = \begin{bmatrix} 1 \\ 2 \\ 3 \\ 4 \\ 5 \end{bmatrix}; \quad D = \begin{bmatrix} 1 & 2 & 3 & 4 & 5 \end{bmatrix}$$

等都称为矩阵.

1.1.2 常见的特殊矩阵

定义 1.2（方阵） 当矩阵的行数 $m=$ 列数 n 时，该矩阵称为方阵，如：

$$A_n = \begin{bmatrix} a_{11} & a_{12} & \cdots & a_{1n} \\ a_{21} & a_{22} & \cdots & a_{2n} \\ \vdots & \vdots & & \vdots \\ a_{n1} & a_{n2} & \cdots & a_{nn} \end{bmatrix}.$$

$a_{11}, a_{22}, a_{33}, \cdots, a_{nn}$ 称为主对角线上的元素，$a_{n1}, a_{(n-1)2}, a_{(n-2)3}, \cdots, a_{1n}$ 称为次对角线上的元素.

定义 1.3（零矩阵） 当矩阵中的元素全为 0 时，该矩阵称为零矩阵，记为 $O_{m \times n}$. 在不发生混淆时就记为 O.

$$O_{m \times n} = \begin{bmatrix} 0 & 0 & \cdots & 0 \\ 0 & 0 & \cdots & 0 \\ \vdots & \vdots & & \vdots \\ 0 & 0 & \cdots & 0 \end{bmatrix}_{m \times n}$$

注意，当行数、列数不同时决定了不同的零矩阵.

定义 1.4（行矩阵与列矩阵） 只有一行或只有一列的矩阵称为行矩阵或列矩阵.

$$[a_1, a_2, \cdots, a_n]_{1 \times n}, \quad \begin{bmatrix} b_1 \\ b_2 \\ \vdots \\ b_m \end{bmatrix}_{m \times 1}.$$

定义 1.5（对角阵） 若方阵除主对角线外的元素全为 0，则该方阵称为对角阵.

$$\Lambda = \begin{bmatrix} \lambda_1 & 0 & \cdots & 0 \\ 0 & \lambda_2 & \cdots & 0 \\ \vdots & \vdots & & \vdots \\ 0 & 0 & \cdots & \lambda_n \end{bmatrix}$$

定义 1.6（数量矩阵） 当对角阵的主对角线上的元素均为同一元素 λ 时，该矩阵称为数量矩阵.

$$\lambda I = \begin{bmatrix} \lambda & 0 & \cdots & 0 \\ 0 & \lambda & \cdots & 0 \\ \vdots & \vdots & & \vdots \\ 0 & 0 & \cdots & \lambda \end{bmatrix}$$

定义 1.7（单位阵 I_n） 当数量矩阵中的 $\lambda = 1$ 时，该矩阵称为 n 阶单位阵，记为 I_n.

$$I_n = \begin{bmatrix} 1 & 0 & \cdots & 0 \\ 0 & 1 & \cdots & 0 \\ \vdots & \vdots & & \vdots \\ 0 & 0 & \cdots & 1 \end{bmatrix}$$

特殊矩阵在矩阵运算、矩阵理论上有着十分重要的意义.

1.2 矩阵的运算

1.2.1 矩阵相等

定义 1.8 设有矩阵 $A_{m \times n} = (a_{ij})_{m \times n}$，$B_{s \times t} = (b_{ij})_{s \times t}$，则有：
$$A_{m \times n} = B_{s \times t} \Leftrightarrow m = s, n = t \text{ 且 } a_{ij} = b_{ij}.$$

如 $A = \begin{bmatrix} x & y \\ 2 & -1 \end{bmatrix}$，$B = \begin{bmatrix} 3 & -2 \\ z & -1 \end{bmatrix}$，若 $A = B$，则 $x = 3$，$y = -2$，$z = 2$.

1.2.2 矩阵的线性运算

所谓线性运算就是"我们关心的运算对象没有出现乘法的运算"，简单说就是只有"加减法"与"数乘"（仅与数相乘）运算.

定义 1.9（矩阵的加法） 设有矩阵 $A_{m \times n} = (a_{ij})_{m \times n}$，$B_{m \times n} = (b_{ij})_{m \times n}$，则：
$$A_{m \times n} \pm B_{m \times n} = (a_{ij})_{m \times n} \pm (b_{ij})_{m \times n} = (a_{ij} \pm b_{ij})_{m \times n}.$$

简单说，矩阵的加减法就是对应元素相加减，但是必须是同型矩阵才能相加减，否则没有意义．

例 1.1 设有矩阵 $A = \begin{bmatrix} 2 & -3 & 4 \\ 3 & 5 & -2 \end{bmatrix}$，$B = \begin{bmatrix} 5 & 3 & 1 \\ -2 & -1 & 4 \end{bmatrix}$，求：$A+B$、$B-A$．

解 $A + B = \begin{bmatrix} 2 & -3 & 4 \\ 3 & 5 & -2 \end{bmatrix} + \begin{bmatrix} 5 & 3 & 1 \\ -2 & -1 & 4 \end{bmatrix} = \begin{bmatrix} 7 & 0 & 5 \\ 1 & 4 & 2 \end{bmatrix}$

$B - A = \begin{bmatrix} 5 & 3 & 1 \\ -2 & -1 & 4 \end{bmatrix} - \begin{bmatrix} 2 & -3 & 4 \\ 3 & 5 & -2 \end{bmatrix} = \begin{bmatrix} 3 & 6 & -3 \\ -5 & -6 & 6 \end{bmatrix}$

不难验证，矩阵的加减法满足下列算律：

（1）交换律：$\qquad A + B = B + A$

（2）结合律：$\qquad (A + B) + C = A + (B + C)$

以及 $\qquad A + O = A$，$A - A = O$

定义 1.10（矩阵的数乘） 矩阵的数乘就是矩阵与数相乘，定义如下：
设有矩阵 $A_{m \times n} = (a_{ij})_{m \times n}$，$\lambda$ 是一个数，则运算：

$$\lambda \cdot A_{m \times n} = \lambda \cdot (a_{ij})_{m \times n} = (\lambda a_{ij})_{m \times n}.$$

简单说，数乘矩阵就是用这个数去遍乘矩阵中的每一个元素．

这样，数量矩阵可以表示为数与单位阵的数乘，即：

$$\lambda I_n = \lambda \begin{bmatrix} 1 & 0 & \cdots & 0 \\ 0 & 1 & \cdots & 0 \\ \vdots & \vdots & & \vdots \\ 0 & 0 & \cdots & 1 \end{bmatrix} = \begin{bmatrix} \lambda & 0 & \cdots & 0 \\ 0 & \lambda & \cdots & 0 \\ \vdots & \vdots & & \vdots \\ 0 & 0 & \cdots & \lambda \end{bmatrix}.$$

例 1.2 设 $A = \begin{bmatrix} 5 & 2 & -1 \\ 3 & 0 & 2 \end{bmatrix}$，计算 $3A$．

解 由定义：$3A = 3 \begin{bmatrix} 5 & 2 & -1 \\ 3 & 0 & 2 \end{bmatrix} = \begin{bmatrix} 15 & 6 & -3 \\ 9 & 0 & 6 \end{bmatrix}$．

不难验证，矩阵的数乘满足下列算律：

（1）结合律：$\qquad (\lambda \mu)A = \lambda(\mu A) = \mu(\lambda A)$

（2）矩阵对数的分配律：$\qquad (\lambda + \mu)A = \lambda A + \mu A$

（3）数对矩阵的分配律：$\qquad \lambda(A + B) = \lambda A + \lambda B$

以及 $\qquad 1A = A$，$(-1)A = -A$，$0A = O$

有了矩阵的线性运算后，我们可以求解一些简单的矩阵方程．

例 1.3 求解矩阵方程：

$$\begin{bmatrix} 1 & 0 \\ 3 & -1 \end{bmatrix} + 2X = 3\begin{bmatrix} 1 & 3 \\ -1 & 2 \end{bmatrix}.$$

解 由原式有 $2X = 3\begin{bmatrix} 1 & 3 \\ -1 & 2 \end{bmatrix} - \begin{bmatrix} 1 & 0 \\ 3 & -1 \end{bmatrix} = \begin{bmatrix} 2 & 9 \\ -6 & 7 \end{bmatrix}$，所以有 $X = \dfrac{1}{2}\begin{bmatrix} 2 & 9 \\ -6 & 7 \end{bmatrix}$．

1.2.3 矩阵的乘法

定义 1.11（矩阵乘法） 设有矩阵 $A_{m\times s} = (a_{ij})_{m\times s}$，$B_{s\times n} = (b_{ij})_{s\times n}$，则：

$$A_{m\times s} \cdot B_{s\times n} = (a_{ij})_{m\times s} \cdot (b_{ij})_{s\times n} = C_{m\times n} = (c_{ij})_{m\times n},$$

其中 $c_{ij} = a_{i1}b_{1j} + a_{i2}b_{2j} + \cdots + a_{is}b_{sj}$ $(i = 1,2,\cdots,m;\ j = 1,2,\cdots,n)$．

矩阵乘法的几点说明：

（1）矩阵乘法中仅当左乘矩阵的列数等于右乘矩阵的行数时两矩阵才能相乘，否则相乘是没有意义的．

（2）乘积矩阵 AB 仍为一个矩阵，它是以左乘矩阵的行数、右乘矩阵的列数为行列数的矩阵．

（3）乘积矩阵 AB 中的第 i 行第 j 列的元素 c_{ij} 是 A 中第 i 行元素与 B 中第 j 列元素对应相乘再相加所得，即遵循左行×右列的相乘法则．

例 1.4 设 $A = \begin{bmatrix} 1 & -1 & 0 \\ 2 & 1 & -2 \\ -1 & 0 & 1 \end{bmatrix}$，$B = \begin{bmatrix} 0 & 2 \\ -1 & 1 \\ 1 & 0 \end{bmatrix}$，计算 AB．

解 $AB = \begin{bmatrix} 1 & -1 & 0 \\ 2 & 1 & -2 \\ -1 & 0 & 1 \end{bmatrix} \begin{bmatrix} 0 & 2 \\ -1 & 1 \\ 1 & 0 \end{bmatrix} = \begin{bmatrix} 1\times 0 - 1\times(-1) + 0\times 1 & 1\times 2 - 1\times 1 + 0\times 0 \\ 2\times 0 + 1\times(-1) - 2\times 1 & 2\times 2 + 1\times 1 - 2\times 0 \\ -1\times 0 + 0\times(-1) + 1\times 1 & -1\times 2 + 0\times 1 + 1\times 0 \end{bmatrix}$

$= \begin{bmatrix} 1 & 1 \\ -3 & 5 \\ 1 & -2 \end{bmatrix}.$

例 1.5 设 $A = \begin{bmatrix} 3 & 4 \\ 1 & 2 \end{bmatrix}$，$B = \begin{bmatrix} 1 & 2 \\ 4 & 5 \\ 3 & 6 \end{bmatrix}$，求 BA．

解 $BA = \begin{bmatrix} 1 & 2 \\ 4 & 5 \\ 3 & 6 \end{bmatrix} \begin{bmatrix} 3 & 4 \\ 1 & 2 \end{bmatrix} = \begin{bmatrix} 5 & 8 \\ 17 & 26 \\ 15 & 24 \end{bmatrix}$，显然这时 AB 是没有意义的．

例 1.6 设 $A = \begin{bmatrix} 1 & -1 \\ -1 & 1 \end{bmatrix}$，$B = \begin{bmatrix} 1 & 1 \\ -1 & -1 \end{bmatrix}$，$C = \begin{bmatrix} 2 & 0 \\ 0 & -2 \end{bmatrix}$，求 AB、BA、AC．

解 $AB = \begin{bmatrix} 1 & -1 \\ -1 & 1 \end{bmatrix} \begin{bmatrix} 1 & 1 \\ -1 & -1 \end{bmatrix} = \begin{bmatrix} 2 & 2 \\ -2 & -2 \end{bmatrix}$；

$BA = \begin{bmatrix} 1 & 1 \\ -1 & -1 \end{bmatrix} \begin{bmatrix} 1 & -1 \\ -1 & 1 \end{bmatrix} = \begin{bmatrix} 0 & 0 \\ 0 & 0 \end{bmatrix}$；

$AC = \begin{bmatrix} 1 & -1 \\ -1 & 1 \end{bmatrix} \begin{bmatrix} 2 & 0 \\ 0 & -2 \end{bmatrix} = \begin{bmatrix} 2 & 2 \\ -2 & -2 \end{bmatrix}$．

一般地，（1）$AB \neq BA$；（2）$AB = O$ 不能推出 $A = 0$ 或 $B = 0$；（3）$AB = AC \Rightarrow B = C$ 不成立．

但矩阵乘法满足下列算律：

（1）结合律： $(AB)C = A(BC)$

（2）数乘结合律： $\lambda(AB) = (\lambda A)B = A(\lambda B)$

（3）分配律： $A(B+C) = AB + AC$ （左分配律）

$(B+C)A = BA + CA$ （右分配律）

对单位矩阵 I 有：$I_m A_{m \times n} = A_{m \times n}$，$A_{m \times n} I_n = A_{m \times n}$．

矩阵的乘幂运算，当 A 为方阵时定义：

$A^1 = A$，$A^2 = AA$，$\cdots$，$A^k = \underbrace{AA \cdots A}_{k\text{个}}$，特别规定 $A^0 = I$．于是有：

（4）矩阵乘幂的指数律： $A^k A^l = A^{k+l}$，$(A^k)^l = A^{k \cdot l}$

但是要注意一般情况下：$(AB)^k \neq A^k B^k$（第二指数律不成立）．

在引入了矩阵乘法后有一个重要意义，就是我们关心的线性方程组

$$\begin{cases} a_{11}x_1 + a_{12}x_2 + \cdots + a_{1n}x_n = b_1 \\ a_{21}x_1 + a_{22}x_2 + \cdots + a_{2n}x_n = b_2 \\ \cdots\cdots \\ a_{m1}x_1 + a_{m2}x_2 + \cdots + a_{mn}x_n = b_m \end{cases} \quad (*)$$

中的系数、未知数、常数分别可记为矩阵形式，分别称为系数矩阵、未知数列矩阵、常数列矩阵．记为：

$$A_{m\times n} = \begin{bmatrix} a_{11} & a_{12} & \cdots & a_{1n} \\ a_{21} & a_{22} & \cdots & a_{2n} \\ \vdots & \vdots & & \vdots \\ a_{m1} & a_{m2} & \cdots & a_{mn} \end{bmatrix}_{m\times n}, \quad X = \begin{bmatrix} x_1 \\ x_2 \\ \vdots \\ x_n \end{bmatrix}, \quad B = \begin{bmatrix} b_1 \\ b_2 \\ \vdots \\ b_m \end{bmatrix},$$

则（*）方程组可表示为矩阵运算形式：$A_{m\times n}X = B$，简记为 $AX = B$．

1.2.4 矩阵的转置

定义 1.12（矩阵的转置） 将一个矩阵的行与列依次互换所得到的一个新的矩阵称为原矩阵的转置矩阵．

设 $A_{m\times n} = \begin{bmatrix} a_{11} & a_{12} & \cdots & a_{1n} \\ a_{21} & a_{22} & \cdots & a_{2n} \\ \vdots & \vdots & & \vdots \\ a_{m1} & a_{m2} & \cdots & a_{mn} \end{bmatrix}_{m\times n}$，记 $(A_{m\times n})^T = \begin{bmatrix} a_{11} & a_{21} & \cdots & a_{m1} \\ a_{12} & a_{22} & \cdots & a_{m2} \\ \vdots & \vdots & & \vdots \\ a_{1n} & a_{2n} & \cdots & a_{mn} \end{bmatrix}_{n\times m}$．

注意矩阵转置后行列数要互换．

矩阵转置可以视为矩阵的一种运算，它有下列算律：

（1）$(A^T)^T = A$

（2）$(A+B)^T = A^T + B^T$

（3）$(\lambda A)^T = \lambda A^T$（$\lambda$ 是一个数）

（4）$(AB)^T = B^T A^T$

例 1.7 设 $A = \begin{bmatrix} 1 & 1 & 0 \\ 0 & -1 & 2 \end{bmatrix}$，$B = \begin{bmatrix} 4 & -1 \\ 0 & 2 \\ -3 & 2 \end{bmatrix}$，求 A^T、B^T、AB、$B^T A^T$．

解 $A^T = \begin{bmatrix} 1 & 0 \\ 1 & -1 \\ 0 & 2 \end{bmatrix}$；$B^T = \begin{bmatrix} 4 & 0 & -3 \\ -1 & 2 & 2 \end{bmatrix}$；$AB = \begin{bmatrix} 4 & 1 \\ -6 & 2 \end{bmatrix}$；$B^T A^T = (AB)^T = \begin{bmatrix} 4 & -6 \\ 1 & 2 \end{bmatrix}$．

例 1.8 证明 $(ABC)^T = C^T B^T A^T$.

证明 $(ABC)^T = ((AB)C)^T = C^T(AB)^T = C^T B^T A^T$.

由此例可得,多个矩阵相乘的转置等于分别转置后换位相乘,即:
$$(ABC\cdots D)^T = D^T \cdots C^T B^T A^T.$$

对称矩阵:若矩阵 A_n 为方阵且 A_n 中元素关于主对角线对称,则称 A_n 为对称矩阵.

显然有结论: A 为对称矩阵 $\Leftrightarrow A^T = A$.

例 1.9 若 A、B 为对称矩阵,证明: $A \pm B$ 为对称矩阵.

证明 $\because A$、B 为对称矩阵,于是有 $A^T = A$, $B^T = B$.

$\therefore (A \pm B)^T = A^T \pm B^T = A \pm B$,故 $A \pm B$ 为对称矩阵.

例 1.10 对任意矩阵 A,证明: AA^T 必为对称矩阵.

证明 $\because (AA^T)^T = (A^T)^T A^T = AA^T$,

$\therefore AA^T$ 为对称矩阵.

注意,对称矩阵的乘积不一定是对称矩阵.

1.3 矩阵的初等行变换

1.3.1 矩阵的初等行变换

定义 1.13(矩阵的初等行变换)

(1)将矩阵中的某两行位置互换,称为矩阵的互换变换. (r_i, r_j) 表示第 i 行与第 j 行互换.

(2)以非零数 λ 遍乘矩阵中的某一行,称为矩阵的倍乘变换. (λr_i) 表示数 λ 遍乘第 i 行.

(3)将矩阵中的某一行遍乘数 λ 加到另一行上,称为矩阵的倍加变换. $(r_j + \lambda r_i)$ 表示数 λ 遍乘第 i 行加到第 j 行上.

例如,设有矩阵 $A = \begin{bmatrix} 1 & 2 & 3 & 4 \\ 5 & 6 & 7 & 8 \\ 9 & 10 & 11 & 12 \end{bmatrix}$.

$$A = \begin{bmatrix} 1 & 2 & 3 & 4 \\ 5 & 6 & 7 & 8 \\ 9 & 10 & 11 & 12 \end{bmatrix} \xrightarrow{(r_2, r_3)} \begin{bmatrix} 1 & 2 & 3 & 4 \\ 9 & 10 & 11 & 12 \\ 5 & 6 & 7 & 8 \end{bmatrix};$$

$$A = \begin{bmatrix} 1 & 2 & 3 & 4 \\ 5 & 6 & 7 & 8 \\ 9 & 10 & 11 & 12 \end{bmatrix} \xrightarrow{3r_1} \begin{bmatrix} 3 & 6 & 9 & 12 \\ 5 & 6 & 7 & 8 \\ 9 & 10 & 11 & 12 \end{bmatrix};$$

$$A = \begin{bmatrix} 1 & 2 & 3 & 4 \\ 5 & 6 & 7 & 8 \\ 9 & 10 & 11 & 12 \end{bmatrix} \xrightarrow{r_2 - 5r_1} \begin{bmatrix} 1 & 2 & 3 & 4 \\ 0 & -4 & -8 & -12 \\ 9 & 10 & 11 & 12 \end{bmatrix}.$$

1.3.2 矩阵的秩及求法

矩阵作为数表显然含 0 越多越好，因为这时矩阵的属性就看得越清楚．而矩阵的"倍加变换"就是用来变 0 的．在含 0 较多的矩阵中，"阶梯矩阵"就是一类特殊的矩阵．若矩阵具有下述形式：

$$\begin{bmatrix} \otimes & \otimes & \otimes & \cdots & \otimes \\ 0 & \otimes & \otimes & \cdots & \otimes \\ 0 & 0 & \otimes & \cdots & \otimes \\ \cdots & \cdots & \cdots & \cdots & \cdots \\ 0 & 0 & 0 & \cdots & 0 \end{bmatrix}$$

就称为阶梯矩阵．其中元素"$\otimes$"为非 0 元素，含有"$\otimes$"的行称为非 0 行，从上到下非 0 行前的 0 元素严格增加，而 0 行位于矩阵的最下方．

例 1.11 将矩阵 $A = \begin{bmatrix} 1 & 3 & -1 & -2 \\ 2 & -1 & 2 & 3 \\ 3 & 2 & 1 & 1 \\ 1 & -4 & 3 & 5 \end{bmatrix}$ 用初等行变换化为阶梯矩阵．

解 $A = \begin{bmatrix} 1 & 3 & -1 & -2 \\ 2 & -1 & 2 & 3 \\ 3 & 2 & 1 & 1 \\ 1 & -4 & 3 & 5 \end{bmatrix} \xrightarrow[\substack{r_3 - 3r_1 \\ r_4 - r_1}]{r_2 - 2r_1} \begin{bmatrix} 1 & 3 & -1 & -2 \\ 0 & -7 & 4 & 7 \\ 0 & -7 & 4 & 7 \\ 0 & -7 & 4 & 7 \end{bmatrix} \xrightarrow[r_4 - r_2]{r_3 - r_2} \begin{bmatrix} 1 & 3 & -1 & -2 \\ 0 & -7 & 4 & 7 \\ 0 & 0 & 0 & 0 \\ 0 & 0 & 0 & 0 \end{bmatrix}$，这就是阶梯矩阵，其中有两个非 0 行．

例 1.11 中的初等行变换还可以继续做下去以消出更多的 0 来．

$$\begin{bmatrix} 1 & 3 & -1 & -2 \\ 0 & -7 & 4 & 7 \\ 0 & 0 & 0 & 0 \\ 0 & 0 & 0 & 0 \end{bmatrix} \xrightarrow{r_2 \times (-\frac{1}{7})} \begin{bmatrix} 1 & 3 & -1 & -2 \\ 0 & 1 & -\frac{4}{7} & -1 \\ 0 & 0 & 0 & 0 \\ 0 & 0 & 0 & 0 \end{bmatrix} \xrightarrow{r_1 - 3r_2} \begin{bmatrix} 1 & 0 & \frac{5}{7} & 1 \\ 0 & 1 & -\frac{4}{7} & -1 \\ 0 & 0 & 0 & 0 \\ 0 & 0 & 0 & 0 \end{bmatrix}.$$

这时仍然是阶梯矩阵，而且非 0 行数仍为 2. 可以看出，如果继续进行变换，非 0 行数目不会减少，并且不可能消出更多的 0 来. 这种非 0 行的第一个非 0 元素为 1，它所在列的其余元素全为 0 的阶梯矩阵称为行最简阶梯矩阵.

根据该例还可以得出下述结论：<u>矩阵在初等变换下所得阶梯矩阵的非 0 行数目恒定不变</u>.

矩阵在初等变换下的这种不变性质是矩阵的一种内在的本质属性，所以我们将所得阶梯矩阵的非 0 行数目 r 称为矩阵的秩. 因此有：矩阵在初等变换下其秩不变.

如例 1.11 中矩阵 A 的秩为 2，记为 $r(A) = 2$.

所以求矩阵的秩的方法就是将矩阵经过初等行变换化为阶梯矩阵，找出非 0 行的数目 r.

例 1.12 设 $A = \begin{bmatrix} 0 & 16 & -7 & -5 & 5 \\ 1 & -5 & 2 & 1 & -1 \\ -1 & -11 & 5 & 4 & -4 \\ 2 & 6 & -3 & -3 & 7 \end{bmatrix}$，求 $r(A)$.

解 $A = \begin{bmatrix} 0 & 16 & -7 & -5 & 5 \\ 1 & -5 & 2 & 1 & -1 \\ -1 & -11 & 5 & 4 & -4 \\ 2 & 6 & -3 & -3 & 7 \end{bmatrix} \xrightarrow{(r_1, r_2)} \begin{bmatrix} 1 & -5 & 2 & 1 & -1 \\ 0 & 16 & -7 & -5 & 5 \\ -1 & -11 & 5 & 4 & -4 \\ 2 & 6 & -3 & -3 & 7 \end{bmatrix}$

$\xrightarrow[r_4 - 2r_1]{r_3 + r_1} \begin{bmatrix} 1 & -5 & 2 & 1 & -1 \\ 0 & 16 & -7 & -5 & 5 \\ 0 & -16 & 7 & 5 & -5 \\ 0 & 16 & -7 & -5 & 9 \end{bmatrix} \xrightarrow[r_4 - r_2]{r_3 + r_2} \begin{bmatrix} 1 & -5 & 2 & 1 & -1 \\ 0 & 16 & -7 & -5 & 5 \\ 0 & 0 & 0 & 0 & 0 \\ 0 & 0 & 0 & 0 & 4 \end{bmatrix}$

$\xrightarrow{(r_3, r_4)} \begin{bmatrix} 1 & -5 & 2 & 1 & -1 \\ 0 & 16 & -7 & -5 & 5 \\ 0 & 0 & 0 & 0 & 4 \\ 0 & 0 & 0 & 0 & 0 \end{bmatrix}$,

因为阶梯矩阵有 3 个非 0 行，所以矩阵的秩 $r(A) = r = 3$.

显然，矩阵的秩有如下结论：
$$r(A_{m\times n})\leqslant \min\{m,n\}$$
该式表示任何矩阵的秩不会超过矩阵行数、列数中小的那一个．
$$r(A_{m\times n})=r(A^T_{m\times n})$$
该式表示矩阵的行秩等于列秩．

1.4 方阵的逆矩阵

本节我们讨论一类特殊的方阵，它们是乘法可交换且乘积为单位矩阵的方阵，如：
$$\begin{bmatrix}2 & 5\\1 & 3\end{bmatrix}\begin{bmatrix}3 & -5\\-1 & 2\end{bmatrix}=\begin{bmatrix}3 & -5\\-1 & 2\end{bmatrix}\begin{bmatrix}2 & 5\\1 & 3\end{bmatrix}=\begin{bmatrix}1 & 0\\0 & 1\end{bmatrix}=I_2.$$

1.4.1 逆矩阵的定义

定义 1.14 设有方阵 A、B 满足：$AB=BA=I$，则称 A、B 均为可逆方阵，且记 $B=A^{-1}$ 称为 A 的逆矩阵，同理记 $A=B^{-1}$ 称为 B 的逆矩阵．

由该定义有 $\begin{bmatrix}2 & 5\\1 & 3\end{bmatrix}^{-1}=\begin{bmatrix}3 & -5\\-1 & 2\end{bmatrix}$，同理 $\begin{bmatrix}3 & -5\\-1 & 2\end{bmatrix}^{-1}=\begin{bmatrix}2 & 5\\1 & 3\end{bmatrix}$．

定理 1.1 若矩阵 A 可逆，则 A^{-1} 是唯一的．

证明 ∵ 如果 A 的逆矩阵有 B 和 C，那么有 $AB=BA=I$ 且 $AC=CA=I$．

∴ 有 $B=BI=B(AC)=(BA)C=IC=C$， $B=C$．

故 A^{-1} 仅有一个．

定理 1.2 若矩阵 A 可逆，则 A^{-1} 也可逆且 $(A^{-1})^{-1}=A$．

证明 ∵ 由定义，A 与 A^{-1} 互为对方的逆矩阵，即 A^{-1} 的逆矩阵为 A．

∴ 有 $(A^{-1})^{-1}=A$．

定理 1.3 若矩阵 A 可逆，则 A^T 也可逆且 $(A^T)^{-1}=(A^{-1})^T$．

证明 ∵ $AA^{-1}=A^{-1}A=I$ ∴ $A^T(A^{-1})^T=(A^{-1}A)^T=I^T=I$．

∴ 有 $(A^T)^{-1}=(A^{-1})^T$．

定理 1.4 若矩阵 A 可逆且数 $\lambda\neq 0$，则 λA 也可逆且 $(\lambda A)^{-1}=\lambda^{-1}A^{-1}=\dfrac{1}{\lambda}A^{-1}$．

证明 $\because \lambda A\left(\dfrac{1}{\lambda}A^{-1}\right)=\left(\lambda\dfrac{1}{\lambda}\right)(AA^{-1})=I$ $\therefore (\lambda A)^{-1}=\lambda^{-1}A^{-1}=\dfrac{1}{\lambda}A^{-1}$.

定理 1.5 若矩阵 A、B 均可逆，则 AB 也可逆且 $(AB)^{-1}=B^{-1}A^{-1}$.

证明 $\because A$、B 可逆，于是有 $AA^{-1}=A^{-1}A=I$，$BB^{-1}=B^{-1}B=I$.

$\therefore (AB)(B^{-1}A^{-1})=A(BB^{-1})A^{-1}=AEA^{-1}=AA^{-1}=I$.

故 $(AB)^{-1}=B^{-1}A^{-1}$.

定理 1.6 n 阶方阵 A 可逆的充分必要条件是 A 为满秩方阵，即 A 可逆 $\Leftrightarrow r(A)=n$.

1.4.2 逆矩阵的初等行变换求法

设矩阵 A 可逆，我们将 A 矩阵的右边靠上一个同阶单位矩阵 I 合并成为一个新的矩阵，然后用初等行变换将其中的 A 矩阵部分变为单位矩阵 I，而原单位矩阵部分变为 A 的逆矩阵 A^{-1}，即 $[A\vdots I]\xrightarrow{\text{初等行变换}}[I\vdots A^{-1}]$.

例 1.13 求 $\begin{bmatrix}2 & 5\\ 1 & 3\end{bmatrix}$ 的逆矩阵.

解 $\because \begin{bmatrix}2 & 5 & 1 & 0\\ 1 & 3 & 0 & 1\end{bmatrix}\xrightarrow{(r_1,r_2)}\begin{bmatrix}1 & 3 & 0 & 1\\ 2 & 5 & 1 & 0\end{bmatrix}\xrightarrow{r_2-2r_1}\begin{bmatrix}1 & 3 & 0 & 1\\ 0 & -1 & 1 & -2\end{bmatrix}$

$\xrightarrow{(-1)\times r_2}\begin{bmatrix}1 & 3 & 0 & 1\\ 0 & 1 & -1 & 2\end{bmatrix}\xrightarrow{r_1-3r_2}\begin{bmatrix}1 & 0 & 3 & -5\\ 0 & 1 & -1 & 2\end{bmatrix}$,

$\therefore \begin{bmatrix}2 & 5\\ 1 & 3\end{bmatrix}^{-1}=\begin{bmatrix}3 & -5\\ -1 & 2\end{bmatrix}$.

例 1.14 求解方程组 $\begin{cases}x_1+x_2=-4\\ 2x_1+x_2-x_3=2\\ 3x_1+4x_2+2x_3=-1\end{cases}$.

解 设系数矩阵 $A=\begin{bmatrix}1 & 1 & 0\\ 2 & 1 & -1\\ 3 & 4 & 2\end{bmatrix}$，$X=\begin{bmatrix}x_1\\ x_2\\ x_3\end{bmatrix}$，$b=\begin{bmatrix}-4\\ 2\\ -1\end{bmatrix}$，则 $AX=b$，$X=A^{-1}b$. 我们去求其逆矩阵 A^{-1}：

$$[A\vdots I] = \begin{bmatrix} 1 & 1 & 0 & \vdots & 1 & 0 & 0 \\ 2 & 1 & -1 & \vdots & 0 & 1 & 0 \\ 3 & 4 & 2 & \vdots & 0 & 0 & 1 \end{bmatrix} \xrightarrow[r_3-3r_1]{r_2-2r_1} \begin{bmatrix} 1 & 1 & 0 & \vdots & 1 & 0 & 0 \\ 0 & -1 & -1 & \vdots & -2 & 1 & 0 \\ 0 & 1 & 2 & \vdots & -3 & 0 & 1 \end{bmatrix}$$

$$\xrightarrow{(r_2,r_3)} \begin{bmatrix} 1 & 1 & 0 & \vdots & 1 & 0 & 0 \\ 0 & 1 & 2 & \vdots & -3 & 0 & 1 \\ 0 & -1 & -1 & \vdots & -2 & 1 & 0 \end{bmatrix} \xrightarrow{r_3+r_2} \begin{bmatrix} 1 & 1 & 0 & \vdots & 1 & 0 & 0 \\ 0 & 1 & 2 & \vdots & -3 & 0 & 1 \\ 0 & 0 & 1 & \vdots & -5 & 1 & 1 \end{bmatrix}$$

$$\xrightarrow{r_2-2r_3} \begin{bmatrix} 1 & 1 & 0 & \vdots & 1 & 0 & 0 \\ 0 & 1 & 0 & \vdots & 7 & -2 & -1 \\ 0 & 0 & 1 & \vdots & -5 & 1 & 1 \end{bmatrix} \xrightarrow{r_1-r_2} \begin{bmatrix} 1 & 0 & 0 & \vdots & -6 & 2 & 1 \\ 0 & 1 & 0 & \vdots & 7 & -2 & -1 \\ 0 & 0 & 1 & \vdots & -5 & 1 & 1 \end{bmatrix}.$$

$$\therefore A^{-1} = \begin{bmatrix} -6 & 2 & 1 \\ 7 & -2 & -1 \\ -5 & 1 & 1 \end{bmatrix}, \text{ 于是 } X = A^{-1}B = \begin{bmatrix} -6 & 2 & 1 \\ 7 & -2 & -1 \\ -5 & 1 & 1 \end{bmatrix} \begin{bmatrix} -4 \\ 2 \\ -1 \end{bmatrix} = \begin{bmatrix} 27 \\ -31 \\ 21 \end{bmatrix}.$$

对于一般的二阶方阵 $\begin{bmatrix} a & b \\ c & d \end{bmatrix}$ 在 $ad - bc \neq 0$ 时必为可逆矩阵，且其逆矩阵有公式：

$$\begin{bmatrix} a & b \\ c & d \end{bmatrix}^{-1} = \frac{1}{ad-bc} \begin{bmatrix} d & -b \\ -c & a \end{bmatrix}.$$

例 1.15 求解矩阵方程：$2X + \begin{bmatrix} 8 & 3 \\ 5 & 2 \end{bmatrix} X = \begin{bmatrix} 3 & 7 \\ -2 & 5 \end{bmatrix}.$

解 $\because 2X + \begin{bmatrix} 8 & 3 \\ 5 & 2 \end{bmatrix} X = \left(2I + \begin{bmatrix} 8 & 3 \\ 5 & 2 \end{bmatrix} \right) X = \begin{bmatrix} 10 & 3 \\ 5 & 4 \end{bmatrix} X,$

$\therefore$ 原方程可化简为 $\begin{bmatrix} 10 & 3 \\ 5 & 4 \end{bmatrix} X = \begin{bmatrix} 3 & 7 \\ -2 & 5 \end{bmatrix}$，于是由公式有 $\begin{bmatrix} 10 & 3 \\ 5 & 4 \end{bmatrix}^{-1} = \frac{1}{25} \begin{bmatrix} 4 & -3 \\ -5 & 10 \end{bmatrix}$，故方程的解为：

$$X = \frac{1}{25} \begin{bmatrix} 4 & -3 \\ -5 & 10 \end{bmatrix} \begin{bmatrix} 3 & 7 \\ -2 & 5 \end{bmatrix} = \frac{1}{25} \begin{bmatrix} 18 & 13 \\ -35 & 15 \end{bmatrix}.$$

习题 1

1. 数量矩阵与对角矩阵有何异同？

2. 设 $A = \begin{pmatrix} 1 & 2 \\ 4 & 0 \\ -1 & 3 \end{pmatrix}$，$B = \begin{pmatrix} -1 & 2 & 0 \\ 3 & -1 & 1 \end{pmatrix}$，求 $(A+B^T)^T$．

3. 设 $A = \begin{bmatrix} 3 & 1 & 0 \\ -1 & 2 & 1 \\ 3 & 4 & 2 \end{bmatrix}$，$B = \begin{bmatrix} 1 & 0 & 2 \\ -1 & 1 & 1 \\ 2 & 1 & 1 \end{bmatrix}$，求出 X 满足 $3A - X = B$．

4. 计算矩阵的乘积：

（1）$\begin{bmatrix} 1 & 2 & 3 \\ 2 & 4 & 6 \\ 3 & 6 & 9 \end{bmatrix} \begin{bmatrix} -1 & -2 & -4 \\ -1 & -2 & -4 \\ 1 & 2 & 4 \end{bmatrix}$；

（2）$\begin{bmatrix} 2 & 1 & -2 \\ 1 & 0 & 4 \\ -3 & 1 & 0 \\ 0 & 1 & 1 \end{bmatrix} \begin{bmatrix} 3 & 1 & 0 \\ 0 & 0 & 1 \\ -1 & 2 & 0 \end{bmatrix}$．

5. 已知 $A = \begin{pmatrix} 1 & -2 & -4 \\ 2 & 3 & 4 \\ 0 & -2 & 3 \end{pmatrix}$，$B = \begin{pmatrix} 1 & 2 & 4 \\ -1 & -2 & -4 \\ -1 & 2 & 4 \end{pmatrix}$，试求 $2A$、$A+B$、AB、$B^T A^T$．

6. 求下列矩阵的秩：

（1）$\begin{pmatrix} 3 & 4 & 3 \\ 1 & 2 & 3 \\ 2 & 2 & 1 \end{pmatrix}$；

（2）$\begin{pmatrix} 1 & 2 & 3 \\ 3 & 4 & 6 \\ 3 & 6 & 6 \end{pmatrix}$；

（3）$\begin{pmatrix} 1 & 1 & 1 & 0 \\ 1 & 1 & 1 & 0 \\ 1 & 1 & 1 & 0 \end{pmatrix}$；

（4）$\begin{pmatrix} 1 & 2 & -1 & 0 \\ 1 & 1 & 1 & 1 \\ 1 & 2 & 1 & 2 \end{pmatrix}$；

（5）$\begin{pmatrix} 1 & 1 & 0 & 0 \\ 1 & 0 & 1 & 1 \\ 2 & -1 & 3 & 3 \end{pmatrix}$；

（6）$\begin{pmatrix} 1 & 0 & 1 & 0 \\ 2 & 1 & -1 & -3 \\ 1 & 0 & -3 & -1 \\ 0 & 2 & -6 & 3 \end{pmatrix}$；

（7）$\begin{bmatrix} 0 & 1 & 1 & -1 & 2 \\ 0 & 2 & -2 & -2 & 0 \\ 0 & -1 & -1 & 1 & 1 \\ 1 & 1 & 0 & 1 & -1 \end{bmatrix}$；

（8）$\begin{pmatrix} 25 & 31 & 17 & 43 \\ 75 & 94 & 53 & 132 \\ 75 & 94 & 54 & 134 \\ 25 & 32 & 20 & 48 \end{pmatrix}$；

（9）$\begin{pmatrix} 1 & a & a & a \\ a & 1 & a & a \\ a & a & 1 & a \\ a & a & a & 1 \end{pmatrix}$．

7. 求下列矩阵的逆矩阵：

（1）$\begin{pmatrix} 1 & 2 \\ 3 & 4 \end{pmatrix}$；

（2）$\begin{pmatrix} a & & \\ & b & \\ & & c \end{pmatrix}$（其中 $a \cdot b \cdot c \neq 0$）；

（3）$\begin{pmatrix} 0 & 1 & 1 \\ 1 & 0 & 1 \\ -2 & 3 & 2 \end{pmatrix}$；

（4）$\begin{pmatrix} 3 & 2 & 1 \\ 3 & 1 & 5 \\ 3 & 2 & 3 \end{pmatrix}$.

8. 已知 $A = \begin{bmatrix} 0 & 1 & 2 \\ 1 & 1 & 4 \\ 2 & -1 & 0 \end{bmatrix}$，$B = \begin{pmatrix} 2 & 1 & 3 \\ -3 & 5 & 6 \end{pmatrix}$，求：（1）$A^{-1}$；（2）求解矩阵方程 $AX = B^T$.

9. 解下列矩阵方程：

（1）$\begin{bmatrix} 3 & -1 \\ -4 & 2 \end{bmatrix} X = \begin{bmatrix} -1 & 5 \\ 2 & -6 \end{bmatrix}$；

（2）$\begin{bmatrix} 2 & 2 & 3 \\ 1 & -1 & 0 \\ -1 & 2 & 1 \end{bmatrix} X = \begin{bmatrix} 4 & 2 & 3 \\ 1 & 1 & 0 \\ -1 & 2 & 3 \end{bmatrix}$；

（3）已知 $A = \begin{pmatrix} -1 & 4 & 2 & -8 \\ 1 & 0 & 4 & 3 \end{pmatrix}$，$B = \begin{pmatrix} 1 & 7 & 5 & 2 \\ 3 & -1 & 4 & -6 \end{pmatrix}$，试求满足矩阵方程 $2X + 3A = 4B$ 的 X；

（4）$\begin{pmatrix} 1 & -2 & 0 \\ 4 & -2 & -1 \\ -3 & 1 & 2 \end{pmatrix} X \begin{pmatrix} 3 & -1 & 2 \\ 1 & 0 & -1 \\ -2 & 1 & 4 \end{pmatrix} = \begin{pmatrix} 5 & 0 & -1 \\ 1 & -3 & 0 \\ -2 & 1 & 3 \end{pmatrix}$；

（5）$AX + B = 3I$，其中 $A = \begin{pmatrix} -1 & 1 & -5 \\ -1 & 1 & -2 \\ 0 & -1 & 0 \end{pmatrix}$，$B = \begin{pmatrix} 2 & 1 & 0 \\ 0 & -1 & 1 \\ 4 & 3 & 1 \end{pmatrix}$，求 X.

第 2 章　线性方程组

线性方程组的求解是线性代数中的一个重要内容．据统计，超过 75%的科学研究和工程应用中的数学问题在某个阶段都涉及求解线性方程组．线性方程组广泛应用于商业、经济学、社会学、生态学、人口统计学等领域．

2.1　线性方程组的基本概念

2.1.1　基本概念

一般情况下，n 个未知数、m 个方程所组成的线性方程组可以表示为：

$$\begin{cases} a_{11}x_1 + a_{12}x_2 + \cdots + a_{1n}x_n = b_1 \\ a_{21}x_1 + a_{22}x_2 + \cdots + a_{2n}x_n = b_2 \\ \qquad\qquad\cdots\cdots \\ a_{m1}x_1 + a_{m2}x_2 + \cdots + a_{mn}x_n = b_m \end{cases} \qquad (*)$$

其中 x_j 为未知数，a_{ij} 为第 i 个方程中第 j 个未知数的系数，b_i 为第 i 个方程的常数项（$i=1,2,\cdots,m$；$j=1,2,\cdots,n$）．

当线性方程组（*）中的常数项 $b_1,b_2,\cdots,b_m$ 不全为 0 时，称为非齐次线性方程组；而当 $b_1,b_2,\cdots,b_m$ 全为 0 时，即：

$$\begin{cases} a_{11}x_1 + a_{12}x_2 + \cdots + a_{1n}x_n = 0 \\ a_{21}x_1 + a_{22}x_2 + \cdots + a_{2n}x_n = 0 \\ \qquad\qquad\cdots\cdots \\ a_{m1}x_1 + a_{m2}x_2 + \cdots + a_{mn}x_n = 0 \end{cases} \qquad (**)$$

称为齐次线性方程组．

在引入矩阵记号后，以

$$A_{m\times n} = \begin{bmatrix} a_{11} & a_{12} & \cdots & a_{1n} \\ a_{21} & a_{22} & \cdots & a_{2n} \\ \vdots & \vdots & & \vdots \\ a_{m1} & a_{m2} & \cdots & a_{mn} \end{bmatrix}_{m\times n}, \quad X = \begin{bmatrix} x_1 \\ x_2 \\ \vdots \\ x_n \end{bmatrix}, \quad b = \begin{bmatrix} b_1 \\ b_2 \\ \vdots \\ b_m \end{bmatrix}, \quad O = \begin{bmatrix} 0 \\ 0 \\ \vdots \\ 0 \end{bmatrix}$$

分别表示：系数矩阵、未知数列矩阵、常数项列矩阵、零矩阵．这时线性方程组（*）、（**）可分别表示为：$AX = b$，$AX = O$．

若有 $X = X_0 = (c_1\ c_2\ \cdots\ c_n)^T$（$x_j = c_j$，$j = 1, 2, \cdots, n$），代入（*）或（**）方程使方程成为恒等式，则 X_0 就称为方程的解．

由线性方程组的表现形式可知，方程组由其系数与常数唯一确定．所以线性方程组可以由一个系数与常数组成的矩阵唯一表示，这个矩阵称为增广矩阵，记为：

$$\tilde{A} = (A \vdots b) = \begin{bmatrix} a_{11} & a_{12} & \cdots & a_{1n} & \vdots & b_1 \\ a_{21} & a_{22} & \cdots & a_{2n} & \vdots & b_2 \\ \vdots & \vdots & & \vdots & & \vdots \\ a_{m1} & a_{m2} & \cdots & a_{mn} & \vdots & b_m \end{bmatrix}.$$

显然线性方程组（*）与增广矩阵 $\tilde{A}$ 是一一对应的．

例 2.1 试将线性方程组 $\begin{cases} 4x_1 - 5x_2 - x_3 = 1 \\ -x_1 + 5x_2 + x_3 = 2 \\ x_1 + x_3 = 0 \\ 5x_1 - x_2 + 3x_3 = 4 \end{cases}$ 记为矩阵形式并写出它的增广矩阵．

解 该方程的矩阵形式与增广矩阵分别为：

$$\begin{bmatrix} 4 & -5 & -1 \\ -1 & 5 & 1 \\ 1 & 0 & 1 \\ 5 & -1 & 3 \end{bmatrix} \begin{bmatrix} x_1 \\ x_2 \\ x_3 \end{bmatrix} = \begin{bmatrix} 1 \\ 2 \\ 0 \\ 4 \end{bmatrix}, \quad \tilde{A} = \begin{bmatrix} 4 & -5 & -1 & \vdots & 1 \\ -1 & 5 & 1 & \vdots & 2 \\ 1 & 0 & 1 & \vdots & 0 \\ 5 & -1 & 3 & \vdots & 4 \end{bmatrix}.$$

特别地，对未知数个数与方程个数相同的线性方程组 $A_n X = b$，在系数矩阵 A_n 可逆时有方程组的解为：$X = A_n^{-1} b$．

2.1.2 线性方程组解的判定

设线性方程组（*）$AX = b$ 有增广矩阵为：

$$\tilde{A}=(A\vdots b)=\begin{bmatrix} a_{11} & a_{12} & \cdots & a_{1n} & | & b_1 \\ a_{21} & a_{22} & \cdots & a_{2n} & | & b_2 \\ \vdots & \vdots & & \vdots & | & \vdots \\ a_{m1} & a_{m2} & \cdots & a_{mn} & | & b_m \end{bmatrix}.$$

由初等行变换的定义可知 $\tilde{A}$ 总能在初等行变换下化为阶梯矩阵，即：

$$\tilde{A} \xrightarrow{\text{初等行变换}} \begin{bmatrix} c_{11} & c_{12} & \cdots & c_{1j} & c_{1j+1} & \cdots & c_{1n} & | & d_1 \\ 0 & c_{22} & \cdots & c_{2j} & c_{2j+1} & \cdots & c_{2n} & | & d_2 \\ \vdots & \vdots & & \vdots & \vdots & & \vdots & | & \vdots \\ 0 & 0 & \cdots & c_{rj} & c_{rj+1} & \cdots & c_{rn} & | & d_r \\ 0 & 0 & \cdots & 0 & 0 & \cdots & 0 & | & d_{r+1} \\ 0 & 0 & \cdots & 0 & 0 & \cdots & 0 & | & 0 \\ \vdots & \vdots & & \vdots & \vdots & & \vdots & | & \vdots \\ 0 & 0 & \cdots & 0 & 0 & \cdots & 0 & | & 0 \end{bmatrix} \quad (***)$$

这个阶梯矩阵是经过初等行变换得到的，而初等行变换是线性方程组的同解变换，所以阶梯矩阵所表示的线性方程组与原方程组同解.

例 2.2 求下列线性方程组的增广矩阵在初等行变换下的阶梯矩阵：

（1）$\begin{cases} x_1 - 2x_2 + x_3 = 0 \\ 2x_1 - 3x_2 + x_3 = -4 \\ 4x_1 - 3x_2 - 2x_3 = -2 \\ 3x_1 - 2x_3 = 5 \end{cases}$ ；

（2）$\begin{cases} x_1 - 2x_2 + x_3 = 0 \\ 2x_1 - 3x_2 + x_3 = -4 \\ 4x_1 - 3x_2 - 2x_3 = -2 \\ 3x_1 - 2x_3 = -42 \end{cases}$ ；

（3）$\begin{cases} x_1 - 2x_2 + x_3 = 0 \\ 2x_1 - 3x_2 + x_3 = -4 \\ 4x_1 - 3x_2 - x_3 = -20 \\ 3x_1 - 3x_3 = -24 \end{cases}$.

解 （1）$\tilde{A} = \begin{bmatrix} 1 & -2 & 1 & | & 0 \\ 2 & -3 & 1 & | & -4 \\ 4 & -3 & -2 & | & -2 \\ 3 & 0 & -2 & | & 5 \end{bmatrix} \xrightarrow[r_4-3r_1]{\substack{r_2-2r_1 \\ r_3-4r_1}} \begin{bmatrix} 1 & -2 & 1 & | & 0 \\ 0 & 1 & -1 & | & -4 \\ 0 & 5 & -6 & | & -2 \\ 0 & 6 & -5 & | & 5 \end{bmatrix}$

$\xrightarrow[r_4-6r_2]{r_3-5r_2} \begin{bmatrix} 1 & -2 & 1 & | & 0 \\ 0 & 1 & -1 & | & -4 \\ 0 & 0 & -1 & | & 18 \\ 0 & 0 & 1 & | & 29 \end{bmatrix} \xrightarrow{r_4+r_3} \begin{bmatrix} 1 & -2 & 1 & | & 0 \\ 0 & 1 & -1 & | & -4 \\ 0 & 0 & -1 & | & 18 \\ 0 & 0 & 0 & | & 47 \end{bmatrix}$

（2）$\tilde{A} = \begin{bmatrix} 1 & -2 & 1 & | & 0 \\ 2 & -3 & 1 & | & -4 \\ 4 & -3 & -2 & | & -2 \\ 3 & 0 & -2 & | & -42 \end{bmatrix} \xrightarrow[\substack{r_3-4r_1 \\ r_4-3r_1}]{r_2-2r_1} \begin{bmatrix} 1 & -2 & 1 & | & 0 \\ 0 & 1 & -1 & | & -4 \\ 0 & 5 & -6 & | & -2 \\ 0 & 6 & -5 & | & -42 \end{bmatrix}$

$\xrightarrow[r_4-6r_2]{r_3-5r_2} \begin{bmatrix} 1 & -2 & 1 & | & 0 \\ 0 & 1 & -1 & | & -4 \\ 0 & 0 & -1 & | & 18 \\ 0 & 0 & 1 & | & -18 \end{bmatrix} \xrightarrow{r_4+r_3} \begin{bmatrix} 1 & -2 & 1 & | & 0 \\ 0 & 1 & -1 & | & -4 \\ 0 & 0 & -1 & | & 18 \\ 0 & 0 & 0 & | & 0 \end{bmatrix}$

（3）$\tilde{A} = \begin{bmatrix} 1 & -2 & 1 & | & 0 \\ 2 & -3 & 1 & | & -4 \\ 4 & -3 & -1 & | & -20 \\ 3 & 0 & -3 & | & -24 \end{bmatrix} \xrightarrow[\substack{r_3-4r_1 \\ r_4-3r_1}]{r_2-2r_1} \begin{bmatrix} 1 & -2 & 1 & | & 0 \\ 0 & 1 & -1 & | & -4 \\ 0 & 5 & -5 & | & -20 \\ 0 & 6 & -6 & | & -24 \end{bmatrix} \xrightarrow[r_4-6r_2]{r_3-5r_2} \begin{bmatrix} 1 & -2 & 1 & | & 0 \\ 0 & 1 & -1 & | & -4 \\ 0 & 0 & 0 & | & 0 \\ 0 & 0 & 0 & | & 0 \end{bmatrix}$

可得增广矩阵的秩分别为 4、3、2，其中被消为 0 的行表示原方程组中的多余方程，而阶梯矩阵中的非 0 行则表示原方程组中对求解有用的方程．该例（1）中与方程组同解的方程组为 $\begin{cases} x_1 - 2x_2 + x_3 = 0 \\ x_2 - x_3 = -4 \\ -x_3 = 18 \\ 0 = 47 \end{cases}$，其中 $0 = 47$ 显然是不对的，称为矛盾方程．

所以方程组（1）没有解，而方程组（2）、（3）中虽然出现了多余的方程，但没有矛盾方程出现，所以方程组（2）、（3）有解．由此可见方程组是否有解由方程组是否含有矛盾方程所决定．一般情况，线性方程组（*）是否有解取决于其对应的阶梯矩阵（***）最后一列中元素 d_{r+1} 是否为 0．当 $d_{r+1} = 0$ 时方程组没有矛盾方程，方程组有解．

若线性方程组 $AX = b$，有：

（1）当 $r(A) = r(\tilde{A})$ 时，方程组有解；

（2）当 $r(A) = r(\tilde{A}) = n$（未知数个数）时，方程组有唯一解；

（3）当 $r(A) = r(\tilde{A}) < n$ 时，方程组有无穷多解．

当 $d_{r+1} \neq 0$ 时有矛盾方程存在，这时方程组无解．

在例 2.2 中方程组（1）有 $r(A) = 3$，而 $r(\tilde{A}) = 4$，所以方程组无解；在方程组（2）中有 $r(A) = r(\tilde{A}) = 3 = n$（未知数个数），所以方程组有唯一解；在方程组（3）中有 $r(A) = r(\tilde{A}) = 2 < 3 = n$，所以方程组有无穷多解．

特别地，对线性齐次方程组（**）：

$$\begin{cases} a_{11}x_1 + a_{12}x_2 + \cdots + a_{1n}x_n = 0 \\ a_{21}x_1 + a_{22}x_2 + \cdots + a_{2n}x_n = 0 \\ \cdots\cdots \\ a_{m1}x_1 + a_{m2}x_2 + \cdots + a_{mn}x_n = 0 \end{cases},$$

显然当 $x_1 = x_2 = \cdots = x_n = 0$，即 $X = (0 \ \ 0 \ \ \cdots \ \ 0)^T$ 时是方程组（**）的解，称为 0 解，也称为平凡解．事实上对齐次方程组（**）的增广矩阵有：

$$\tilde{A} = \begin{bmatrix} a_{11} & a_{12} & \cdots & a_{1n} & 0 \\ a_{21} & a_{22} & \cdots & a_{2n} & 0 \\ \vdots & \vdots & & \vdots & \vdots \\ a_{m1} & a_{m2} & \cdots & a_{mn} & 0 \end{bmatrix}$$

最后一列全为 0，所以 $\tilde{A}$ 在初等行变换下永远有 $r(A) = r(\tilde{A})$．因此齐次方程组（**）永远有解，至少它有平凡解（0 解）．故在讨论齐次方程组的解时只需对系数矩阵 A 进行初等行变换即可．对齐次方程组有如下结论：

若齐次方程组 $AX = 0$，有：（1）$r(A) = n$（未知数个数）时，只有 0 解；（2）$r(A) < n$（未知数个数）时，有非 0 解．

2.2 高斯消元法

这一节我们讨论方程组如何求解．由于矩阵的初等行变换来源于方程组的变型规则，也就是方程组的"同解变换"．所以方程组求解可以在其对应的增广矩阵 $\tilde{A}$ 上进行，这就是所谓的"高斯消元法"．其方法是：写出方程组的增广矩阵 $\tilde{A}$ $\xrightarrow{\text{初等行变换}}$ 阶梯矩阵（或行最简阶梯矩阵）$\longrightarrow$ 写出同解方程组 $\longrightarrow$ 求解 $\longrightarrow$ 将解记为矩阵形式．

例 2.3 求解线性方程组：

$$\begin{cases} 2x_1 + 5x_2 + 3x_3 - 2x_4 = 3 \\ -3x_1 - x_2 + 2x_3 + x_4 = -4 \\ -2x_1 + 3x_2 - 4x_3 - 7x_4 = -13 \\ x_1 + 2x_2 + 4x_3 + x_4 = 4 \end{cases}.$$

解 由高斯消元法有：

$$\tilde{A} = \begin{bmatrix} 2 & 5 & 3 & -2 & 3 \\ -3 & -1 & 2 & 1 & -4 \\ -2 & 3 & -4 & -7 & -13 \\ 1 & 2 & 4 & 1 & 4 \end{bmatrix} \xrightarrow{(r_1, r_4)} \begin{bmatrix} 1 & 2 & 4 & 1 & 4 \\ -3 & -1 & 2 & 1 & -4 \\ -2 & 3 & -4 & -7 & -13 \\ 2 & 5 & 3 & -2 & 3 \end{bmatrix}$$

$$\xrightarrow[\substack{r_2 + 3r_1 \\ r_3 + 2r_1 \\ r_4 - 2r_1}]{} \begin{bmatrix} 1 & 2 & 4 & 1 & 4 \\ 0 & 5 & 14 & 4 & 8 \\ 0 & 7 & 4 & -5 & -5 \\ 0 & 1 & -5 & -4 & -5 \end{bmatrix} \xrightarrow{(r_2, r_4)} \begin{bmatrix} 1 & 2 & 4 & 1 & 4 \\ 0 & 1 & -5 & -4 & -5 \\ 0 & 7 & 4 & -5 & -5 \\ 0 & 5 & 14 & 4 & 8 \end{bmatrix}$$

$$\xrightarrow[\substack{r_3 - 7r_2 \\ r_4 - 5r_2}]{} \begin{bmatrix} 1 & 2 & 4 & 1 & 4 \\ 0 & 1 & -5 & -4 & -5 \\ 0 & 0 & 39 & 23 & 30 \\ 0 & 0 & 39 & 24 & 33 \end{bmatrix} \xrightarrow{r_4 - r_3} \begin{bmatrix} 1 & 2 & 4 & 1 & 4 \\ 0 & 1 & -5 & -4 & -5 \\ 0 & 0 & 39 & 23 & 30 \\ 0 & 0 & 0 & 1 & 3 \end{bmatrix}$$

$$\xrightarrow[\substack{r_3 - 23r_4 \\ r_2 + 4r_4 \\ r_1 - r_4}]{} \begin{bmatrix} 1 & 2 & 4 & 0 & 1 \\ 0 & 1 & -5 & 0 & 7 \\ 0 & 0 & 39 & 0 & -39 \\ 0 & 0 & 0 & 1 & 3 \end{bmatrix} \xrightarrow{r_3 \div 39} \begin{bmatrix} 1 & 2 & 4 & 0 & 1 \\ 0 & 1 & -5 & 0 & 7 \\ 0 & 0 & 1 & 0 & -1 \\ 0 & 0 & 0 & 1 & 3 \end{bmatrix}$$

$$\xrightarrow[\substack{r_2 + 5r_3 \\ r_1 - 4r_3}]{} \begin{bmatrix} 1 & 2 & 0 & 0 & 5 \\ 0 & 1 & 0 & 0 & 2 \\ 0 & 0 & 1 & 0 & -1 \\ 0 & 0 & 0 & 1 & 3 \end{bmatrix} \xrightarrow{r_1 - 2r_2} \begin{bmatrix} 1 & 0 & 0 & 0 & 1 \\ 0 & 1 & 0 & 0 & 2 \\ 0 & 0 & 1 & 0 & -1 \\ 0 & 0 & 0 & 1 & 3 \end{bmatrix}$$

所以原方程组的同解方程为 $\begin{cases} x_1 = 1 \\ x_2 = 2 \\ x_3 = -1 \\ x_4 = 3 \end{cases}$,可记为矩阵形式 $X = (1 \ 2 \ -1 \ 3)^T$.

由该例可以看到在对 $\tilde{A}$ 作初等行变换时,将其化为最简型矩阵后方程组最后的求解就非常方便. 这可以看出化最简型矩阵的好处.

例 2.4 求解线性方程组 $\begin{cases} x_1 + x_2 + x_3 + x_4 = 4 \\ 2x_1 + 3x_2 + x_3 + x_4 = 9 \\ -3x_1 + 2x_2 - 8x_3 - 8x_4 = -4 \end{cases}$.

解 $\tilde{A} = \begin{bmatrix} 1 & 1 & 1 & 1 & 4 \\ 2 & 3 & 1 & 1 & 9 \\ -3 & 2 & -8 & -8 & -4 \end{bmatrix} \xrightarrow[r_3 + 3r_1]{r_2 - 2r_1} \begin{bmatrix} 1 & 1 & 1 & 1 & 4 \\ 0 & 1 & -1 & -1 & 1 \\ 0 & 5 & -5 & -5 & 8 \end{bmatrix}$

$$\xrightarrow{r_3-5r_2} \begin{bmatrix} 1 & 1 & 1 & 1 & | & 4 \\ 0 & 1 & -1 & -1 & | & 1 \\ 0 & 0 & 0 & 0 & | & 3 \end{bmatrix}$$

故有 $r(A) = 2 \neq 3 = r(\tilde{A})$，因此该方程组无解．

例 2.5 求解线性方程组 $\begin{cases} x_1 + x_2 + x_3 + 2x_4 = 3 \\ 2x_1 - x_2 + 3x_3 + 8x_4 = 8 \\ -3x_1 + 2x_2 - x_3 - 9x_4 = -5 \\ x_2 - 2x_3 - 3x_4 = -4 \end{cases}$．

解 $\tilde{A} = \begin{bmatrix} 1 & 1 & 1 & 2 & | & 3 \\ 2 & -1 & 3 & 8 & | & 8 \\ -3 & 2 & -1 & -9 & | & -5 \\ 0 & 1 & -2 & -3 & | & -4 \end{bmatrix} \xrightarrow[r_3+3r_1]{r_2-2r_1} \begin{bmatrix} 1 & 1 & 1 & 2 & | & 3 \\ 0 & -3 & 1 & 4 & | & 2 \\ 0 & 5 & 2 & -3 & | & 4 \\ 0 & 1 & -2 & -3 & | & -4 \end{bmatrix}$

$\xrightarrow{(r_2, r_4)} \begin{bmatrix} 1 & 1 & 1 & 2 & | & 3 \\ 0 & 1 & -2 & -3 & | & -4 \\ 0 & 5 & 2 & -3 & | & 4 \\ 0 & -3 & 1 & 4 & | & 2 \end{bmatrix} \xrightarrow[r_4+3r_2]{r_3-5r_2} \begin{bmatrix} 1 & 1 & 1 & 2 & | & 3 \\ 0 & 1 & -2 & -3 & | & -4 \\ 0 & 0 & 12 & 12 & | & 24 \\ 0 & 0 & -5 & -5 & | & -10 \end{bmatrix}$

$\xrightarrow[-r_4/5]{r_3/12} \begin{bmatrix} 1 & 1 & 1 & 2 & | & 3 \\ 0 & 1 & -2 & -3 & | & -4 \\ 0 & 0 & 1 & 1 & | & 2 \\ 0 & 0 & 1 & 1 & | & 2 \end{bmatrix} \xrightarrow{r_4-r_3} \begin{bmatrix} 1 & 1 & 1 & 2 & | & 3 \\ 0 & 1 & -2 & -3 & | & -4 \\ 0 & 0 & 1 & 1 & | & 2 \\ 0 & 0 & 0 & 0 & | & 0 \end{bmatrix}$

$\xrightarrow[r_2+2r_3]{r_1-r_3} \begin{bmatrix} 1 & 1 & 0 & 1 & | & 1 \\ 0 & 1 & 0 & -1 & | & 0 \\ 0 & 0 & 1 & 1 & | & 2 \\ 0 & 0 & 0 & 0 & | & 0 \end{bmatrix} \xrightarrow{r_1-r_2} \begin{bmatrix} 1 & 0 & 0 & 2 & | & 1 \\ 0 & 1 & 0 & -1 & | & 0 \\ 0 & 0 & 1 & 1 & | & 2 \\ 0 & 0 & 0 & 0 & | & 0 \end{bmatrix}$．

这里有 $r(A) = r(\tilde{A}) = 3 < 4 = n$，所以该方程组有无穷多解．该方程组的同解方程组为：

$$\begin{cases} x_1 + 0 + 0 + 2x_4 = 1 \\ 0 + x_2 + 0 - x_4 = 0 \\ 0 + 0 + x_3 + x_4 = 2 \end{cases}.$$

这里有 4 个未知数却只有 3 个方程，所以必有一个未知数为自由未知数，它的取值决定了其余 3 个未知数的值．因此我们令自由未知数为 x_4 的方程组的解为：

$$\begin{cases} x_1 = 1 - 2x_4 \\ x_2 = 0 + x_4 \\ x_3 = 2 - x_4 \end{cases}, \text{补上 } x_4 \text{ 得} \begin{cases} x_1 = 1 - 2x_4 \\ x_2 = 0 + x_4 \\ x_3 = 2 - x_4 \\ x_4 = 0 + x_4 \end{cases}, \text{得解的矩阵形式为:}$$

$$X = \begin{bmatrix} 1 \\ 0 \\ 2 \\ 0 \end{bmatrix} + k \begin{bmatrix} -2 \\ 1 \\ -1 \\ 1 \end{bmatrix} = (1 \quad 0 \quad 2 \quad 0)^T + k(-2 \quad 1 \quad -1 \quad 1)^T, \text{ 其中 } k \text{ 为任意常数}.$$

k 的不同取值就决定了方程组的不同的解,所以这种解的表达式代表了方程组无穷多个解,理论上可以保证它表示了方程组的所有解. 这种解我们称为线性方程组的通解.

通过以上三例可以看到,在线性方程组仅有唯一解和无解时的讨论都是很简单的,只有在方程组有无穷多解时问题的讨论要复杂些. 下面我们单对线性方程组有无穷多解的情况加以讨论.

线性方程组(*)有无穷多解 $\Leftrightarrow r(A) = r(\tilde{A}) = r < n$(未知数个数).

其中系数矩阵 A 与增广矩阵 $\tilde{A}$ 的秩 r 表示线性方程组中对求解方程组真正有用的方程个数. 因为这时 $r < n$,即用于求解未知数的方程个数低于未知数个数,也就是说,这时只能从中解出 r 个未知数,其余 $n-r$ 个未知数只能人为地视为已知数即常数来求解. 这 $n-r$ 个未知数我们将其称为自由未知数(即可以自由取值的未知数),它们的取值决定了其余 r 个未知数的值. 而且正是这 $n-r$ 个自由未知数的自由性导致方程组的解有无穷多. 所以当 $r(A) = r(\tilde{A}) = r < n$ 时,我们保留阶梯矩阵中 r 个非 0 行的第一个未知数,其余 $n-r$ 个为自由未知数,然后来求解方程组.

显然以上讨论对齐次方程组同样有效.

例 2.6 求解齐次方程组 $\begin{cases} x_1 + x_2 + x_3 + x_4 + x_5 = 0 \\ 3x_1 + 2x_2 + x_3 - 3x_5 = 0 \\ x_2 + 2x_3 + 3x_4 + 6x_5 = 0 \\ 5x_1 + 4x_2 + 3x_3 + 2x_4 + x_5 = 0 \end{cases}$.

解 对齐次方程组只需对系数矩阵进行变换即可,于是有:

$$A = \begin{bmatrix} 1 & 1 & 1 & 1 & 1 \\ 3 & 2 & 1 & 0 & -3 \\ 0 & 1 & 2 & 3 & 6 \\ 5 & 4 & 3 & 2 & 1 \end{bmatrix} \xrightarrow[r_4-5r_1]{r_2-3r_1} \begin{bmatrix} 1 & 1 & 1 & 1 & 1 \\ 0 & -1 & -2 & -3 & -6 \\ 0 & 1 & 2 & 3 & 6 \\ 0 & -1 & -2 & -3 & -4 \end{bmatrix}$$

$$\xrightarrow[r_4+r_3]{r_2+r_3} \begin{bmatrix} 1 & 1 & 1 & 1 & 1 \\ 0 & 0 & 0 & 0 & 0 \\ 0 & 1 & 2 & 3 & 6 \\ 0 & 0 & 0 & 0 & 2 \end{bmatrix} \xrightarrow[\substack{(r_2,r_3) \\ r_4 \div 2 \\ (r_3,r_4)}]{} \begin{bmatrix} 1 & 1 & 1 & 1 & 1 \\ 0 & 1 & 2 & 3 & 6 \\ 0 & 0 & 0 & 0 & 1 \\ 0 & 0 & 0 & 0 & 0 \end{bmatrix}$$

$$\xrightarrow[r_1-r_3]{r_2-6r_3} \begin{bmatrix} 1 & 1 & 1 & 1 & 0 \\ 0 & 1 & 2 & 3 & 0 \\ 0 & 0 & 0 & 0 & 1 \\ 0 & 0 & 0 & 0 & 0 \end{bmatrix} \xrightarrow{r_1-r_2} \begin{bmatrix} 1 & 0 & -1 & -2 & 0 \\ 0 & 1 & 2 & 3 & 0 \\ 0 & 0 & 0 & 0 & 1 \\ 0 & 0 & 0 & 0 & 0 \end{bmatrix}.$$

$r(A) = r = 3 < 5 = n$，方程组有非 0 解，令 x_3、x_4 为自由未知数，得方程组的解为

$$\begin{cases} x_1 = x_3 + 2x_4 \\ x_2 = -2x_3 - 3x_4 \\ x_3 = x_3 \\ x_4 = x_4 \\ x_5 = 0 \end{cases} \Rightarrow X = k_1 \begin{bmatrix} 1 \\ -2 \\ 1 \\ 0 \\ 0 \end{bmatrix} + k_2 \begin{bmatrix} 2 \\ -3 \\ 0 \\ 1 \\ 0 \end{bmatrix},$$ 为方程组的通解．也可以表示为

$X = k_1 (1 \ -2 \ 1 \ 0 \ 0)^T + k_2 (2 \ -3 \ 0 \ 1 \ 0)^T$．其中 k_1、k_2 为任意常数，当它们取值不全为 0 时可得到该齐次方程组的非 0 解．

用消元法解线性方程组应注意的问题：

（1）对增广矩阵 $\tilde{A}$（而不是系数矩阵 A）进行初等行变换后的矩阵与前面的矩阵之间不能写等号 "="，只能写箭头 "→"；

（2）最后的矩阵一定要化成阶梯矩阵或行最简阶梯矩阵；

（3）不要认为方程个数小于（大于）未知量个数的线性方程组一定有解（无解）．

*2.3 线性空间

2.3.1 n 维向量及 n 维向量组的线性相关性

定义 2.1（n 维向量） 把有顺序的 n 个数 $a_1, a_2, \cdots, a_n$ 称为一个 n 维向量，记为 $\alpha = (a_1 \ a_2 \ \cdots \ a_n)^T$，其中 $a_i (i=1,2,3,\cdots,n)$ 称为 n 维向量 α 的第 i 个分量．

定义 2.2（n 维向量的线性组合） 对于向量 $\alpha, \alpha_1, \alpha_2, \cdots, \alpha_m$，如果有一组数 $k_1, k_2, k_3, \cdots, k_m$，使得：

$$\alpha = k_1\alpha_1 + k_2\alpha_2 + \cdots + k_m\alpha_m$$

则说 α 是 $\alpha_1, \alpha_2, \cdots, \alpha_m$ 的线性组合，或说 α 由 $\alpha_1, \alpha_2, \cdots, \alpha_m$ 线性表出，$k_1, k_2, k_3, \cdots, k_m$ 为组合系数.

易知，β 由 $\alpha_1, \alpha_2, \cdots, \alpha_s$ 线性表出的充分必要条件是：以 $\alpha_1, \alpha_2, \cdots, \alpha_s$ 为系数列向量、以 β 为常数项向量的线性方程组有解，且此线性方程组的一组解就是线性组合的一组系数.

定义 2.3（线性相关与线性无关） 对于向量组 $\alpha_1, \alpha_2, \cdots, \alpha_s$，若存在 s 个不全为 0 的数 $k_1, k_2, k_3, \cdots, k_s$，使得：

$$k_1\alpha_1 + k_2\alpha_2 + \cdots + k_s\alpha_s = 0$$

则称向量组 $\alpha_1, \alpha_2, \cdots, \alpha_s$ 线性相关，否则称向量组 $\alpha_1, \alpha_2, \cdots, \alpha_s$ 线性无关.

定义 2.4 对于向量组 $\alpha_1, \alpha_2, \cdots, \alpha_s$，如果 $k_1\alpha_1 + k_2\alpha_2 + \cdots + k_s\alpha_s = 0$，必有 $k_1 = k_2 = k_3 = \cdots = k_s = 0$，则称向量组 $\alpha_1, \alpha_2, \cdots, \alpha_s$ 线性无关，否则称向量组 $\alpha_1, \alpha_2, \cdots, \alpha_s$ 线性相关.

易知，下列结论成立：

（1）含有零向量的向量组必线性相关；

（2）n 维向量组 $e_1, e_2, \cdots, e_n$ 必线性无关；

（3）向量组 $\alpha_1, \alpha_2, \cdots, \alpha_s$，若齐次线性方程组 $x_1\alpha_1 + x_2\alpha_2 + \cdots + x_s\alpha_s = 0$ 有非零解，则向量组 $\alpha_1, \alpha_2, \cdots, \alpha_s$ 线性相关；若齐次线性方程组 $x_1\alpha_1 + x_2\alpha_2 + \cdots + x_s\alpha_s = 0$ 只有零解，则向量组 $\alpha_1, \alpha_2, \cdots, \alpha_s$ 线性无关；

（4）向量组 $\alpha_1, \alpha_2, \cdots, \alpha_s$，设矩阵 $A = [\alpha_1 \quad \alpha_2 \quad \cdots \quad \alpha_s]$，若 $r(A) = s$，则向量组 $\alpha_1, \alpha_2, \cdots, \alpha_s$ 线性无关；若 $r(A) < s$，则向量组 $\alpha_1, \alpha_2, \cdots, \alpha_s$ 线性相关；

（5）若 n 维向量组中向量的个数超过 n，则该向量组一定线性相关；

（6）向量组 $\alpha_1, \alpha_2, \cdots, \alpha_s (s \geq 2)$ 线性相关的充分必要条件是：其中每一个向量都可以由其余向量线性表出；

（7）向量组 $\alpha_1, \alpha_2, \cdots, \alpha_s (s \geq 2)$ 线性无关的充分必要条件是：其中每一个向量都不能由其余向量线性表出；

（8）若向量组的一部分线性相关，则整个向量组也线性相关；

（9）设向量组 $\alpha_1, \alpha_2, \cdots, \alpha_s$ 线性无关，而 $\alpha_1, \alpha_2, \cdots, \alpha_s, \beta$ 线性相关，则 β 一定可以由

向量 $\alpha_1,\alpha_2,\cdots,\alpha_s$ 线性表出;

（10）若向量组 $\alpha_1,\alpha_2,\cdots,\alpha_s$ 中每一个向量都是 $\beta_1,\beta_2,\cdots,\beta_t$ 的线性组合，且 $t<s$，则 $\alpha_1,\alpha_2,\cdots,\alpha_s$ 线性相关.

定义 2.5（向量组的极大无关组与向量组的秩） 若向量组 S 中的部分向量组 S_0 满足：S_0 线性无关；S 中的每一个向量都是 S_0 中向量的线性组合，则称部分向量组 S_0 为向量组 S 的极大无关组. 对于一个向量组，其所有极大无关组所含向量的个数都相同.

对于向量组 S，其极大无关组所含向量的个数称为向量组 S 的秩.

易知:

（1）列向量组通过初等行变换不改变线性相关性;

（2）矩阵 A 的秩=矩阵 A 列向量组的秩=矩阵 A 行向量组的秩;

（3）向量组中每一个向量由极大无关组向量线性表出的表达式是唯一的.

求向量组的秩的方法：把向量作为矩阵的列构成一个矩阵，用初等变换将其化为阶梯矩阵，则非零行的数目即为向量组的秩，主元所在列对应的原来的向量组即为极大无关组.

2.3.2 向量空间

定义 2.6（向量空间） 分量为实数的所有 n 维向量组成的集合，连同向量的加法运算和实数乘向量的运算，称为实数集 R 上的 n 维向量空间，记为 R^n.

定义 2.7 R^n 中的向量组 V 如果满足下列两个条件：

（1）对于任意实数 k 和任意向量 $\alpha \in V$，都有 $k\alpha \in V$;

（2）对于任意向量 $\alpha,\beta \in V$，都有 $\alpha+\beta \in V$.

则称向量组 V 为 R^n 的一个向量子空间.

定义 2.8 设向量组 V 是 R^n 的一个子空间，则向量组 V 的一个极大无关组称为子空间 V 的一组基，并且向量组 V 的秩称为子空间 V 的维数，记为 $\dim V$.

定义 2.9 设 $\{\alpha_1,\alpha_2,\cdots,\alpha_r\}$ 为向量子空间 V 的基，对任何 $\alpha \in V$，其唯一表达式为：

$$\alpha = a_1\alpha_1 + a_2\alpha_2 + \cdots + a_r\alpha_r$$

则称向量 $(a_1 \quad a_2 \quad \cdots \quad a_r)^T$ 为 α 在基 $\{\alpha_1,\alpha_2,\cdots,\alpha_r\}$ 下的坐标向量，而 $a_1 \quad a_2 \quad \cdots \quad a_r$ 为 α 的坐标分量.

求向量子空间 V 一组基的方法：

(1) 设向量子空间 V 中每个向量是由 r 个独立的任意常数所确定的，则分别令一个任意常数取 1，其余取 0，所对应得到的 r 个向量即构成一组基.

(2) 设向量子空间 V 是由向量组 $\{\alpha_1,\alpha_2,\cdots,\alpha_s\}$ 所生成的，即由 $a_1\ \ a_2\ \cdots\ a_s$ 所有可能的线性组合构成的向量子空间：$V=\{\beta=\sum\limits_{i=1}^{s}k_i\alpha_i\,|\,k_i\text{任意}\}$，则 $\{\alpha_1,\alpha_2,\cdots,\alpha_s\}$ 的极大无关组即为 V 的一组基.

2.4 基础解系及通解

定理 2.1（齐次线性方程组 $AX=0$ 有解的条件）

① 当 A 为 $m\times n$ 矩阵时，$AX=0$ 只有唯一零解的充分必要条件是：秩 $r(A)=n$；

② 当 A 为 $m\times n$ 矩阵时，$AX=0$ 有非零解的充分必要条件是：秩 $r(A)<n$；

③ 当秩 $r(A)=r$ 时，方程组 $AX=0$ 有 $n-r$ 个自由元.

定理 2.2（齐次线性方程组 $AX=0$ 解的性质）

① 若 X_1 和 X_2 为齐次线性方程组 $AX=0$ 的解，则 $k_1X_1+k_2X_2$ 也是 $AX=0$ 的解；

② 齐次线性方程组 $AX=0$ 的所有解向量构成一个 R^n 中的向量子空间，称为齐次线性方程组 $AX=0$ 的解空间；

③ 若 $X_1,X_2,\cdots,X_s$ 为 $AX=0$ 的解空间的一组基（基础解系），那么齐次线性方程组 $AX=0$ 的全部分解为：$k_1X_1+k_2X_2+\cdots+k_sX_s$；

④ 当 A 为 $m\times n$ 矩阵，秩 $r(A)=r$ 时，方程组的所有解向量构成 R^n 中的 $n-r$ 维向量子空间（解空间），它的每一个基础解系含有 $n-r$ 个解向量. 若 $X_1,X_2,\cdots,X_{n-r}$ 为基础解系，则 $k_1X_1+k_2X_2+\cdots+k_{n-r}X_{n-r}$ 为 $AX=0$ 的全部解；

⑤ 求齐次线性方程组 $AX=0$ 基础解系的方法：第一步，写出系数矩阵 A；第二步，对系数矩阵 A 施行初等行变换化为阶梯矩阵（行最简阶梯矩阵）；第三步，写出同解方程组的一般解；第四步，分别令自由元中一个为 1、其余为 0 来求得 $n-r$ 个解向量——基础解系.

定理 2.3（非齐次线性方程组 $AX=b$ 有解的条件）

$AX=b$ 有解的充分必要条件是：

① $r[A\vdots b]=r(A)$；

② 当 A 为 $m \times n$ 矩阵时，$r[A \vdots b] = r(A) = n$，$AX = b$ 的解唯一；

③ 当 A 为 $m \times n$ 矩阵时，$r[A \vdots b] = r(A) = r < n$，$AX = b$ 有无穷多组解，也有 $n-r$ 个自由元．

定理 2.4（非齐次线性方程组 $AX = b$ 解的性质）

设 X_0 是非齐次线性方程组 $AX = b$ 的一个解，$X_1, X_2, \cdots, X_{n-r}$ 为对应的齐次线性方程组 $AX = 0$ 的一个基础解系，则 $AX = b$ 的全部解为：$X = X_0 + k_1 X_1 + k_2 X_2 + \cdots + k_{n-r} X_{n-r}$，$k_1, k_2, \cdots, k_{n-r}$ 为任意常数．

例 2.7 设有齐次线性方程组：

$$\begin{cases} x_1 - 3x_2 + 5x_3 - 2x_4 + x_5 = 0 \\ -2x_1 + x_2 - 3x_3 + x_4 - 4x_5 = 0 \\ -x_1 - 7x_2 + 9x_3 - 4x_4 - 5x_5 = 0 \\ 3x_1 - 14x_2 + 22x_3 - 9x_4 + x_5 = 0 \end{cases},$$

求其基础解系和通解．

解 系数矩阵 A：

$$A = \begin{bmatrix} 1 & -3 & 5 & -2 & 1 \\ -2 & 1 & -3 & 1 & -4 \\ -1 & -7 & 9 & -4 & -5 \\ 3 & -14 & 22 & -9 & 1 \end{bmatrix} \xrightarrow[\substack{r_3 + r_1 \\ r_4 - 3r_1}]{r_2 + 2r_1} \begin{bmatrix} 1 & -3 & 5 & -2 & 1 \\ 0 & -5 & 7 & -3 & -2 \\ 0 & -10 & 14 & -6 & -4 \\ 0 & -5 & 7 & -3 & -2 \end{bmatrix}$$

$$\xrightarrow[\substack{r_3 - 2r_4 \\ r_4 - r_2}]{} \begin{bmatrix} 1 & -3 & 5 & -2 & 1 \\ 0 & -5 & 7 & -3 & -2 \\ 0 & 0 & 0 & 0 & 0 \\ 0 & 0 & 0 & 0 & 0 \end{bmatrix} \xrightarrow{-r_2 \div 5} \begin{bmatrix} 1 & -3 & 5 & -2 & 1 \\ 0 & 1 & -\dfrac{7}{5} & \dfrac{3}{5} & \dfrac{2}{5} \\ 0 & 0 & 0 & 0 & 0 \\ 0 & 0 & 0 & 0 & 0 \end{bmatrix}$$

$$\xrightarrow{r_1 + 3r_2} \begin{bmatrix} 1 & 0 & \dfrac{4}{5} & -\dfrac{1}{5} & \dfrac{11}{5} \\ 0 & 1 & -\dfrac{7}{5} & \dfrac{3}{5} & \dfrac{2}{5} \\ 0 & 0 & 0 & 0 & 0 \\ 0 & 0 & 0 & 0 & 0 \end{bmatrix}.$$

对应的线性方程组为：

$$\begin{cases} x_1 + \dfrac{4}{5}x_3 - \dfrac{1}{5}x_4 + \dfrac{11}{5}x_5 = 0 \\ x_2 - \dfrac{7}{5}x_3 + \dfrac{3}{5}x_4 + \dfrac{2}{5}x_5 = 0 \end{cases}$$

即 $\begin{cases} x_1 = -\dfrac{4}{5}x_3 + \dfrac{1}{5}x_4 - \dfrac{11}{5}x_5 \\ x_2 = \dfrac{7}{5}x_3 - \dfrac{3}{5}x_4 - \dfrac{2}{5}x_5 \end{cases}$, x_3、x_4、x_5 为自由元.

令 $(x_3, x_4, x_5) = (5,0,0)$ 得 $X_1 = (-4\ \ 7\ \ 5\ \ 0\ \ 0)^T$,

令 $(x_3, x_4, x_5) = (0,5,0)$ 得 $X_2 = (1\ \ -3\ \ 0\ \ 5\ \ 0)^T$,

令 $(x_3, x_4, x_5) = (0,0,5)$ 得 $X_3 = (-11\ \ -2\ \ 0\ \ 0\ \ 5)^T$.

该齐次线性方程组的一个基础解系为:

$X_1 = (-4\ \ 7\ \ 5\ \ 0\ \ 0)^T$

$X_2 = (1\ \ -3\ \ 0\ \ 5\ \ 0)^T$

$X_3 = (-11\ \ -2\ \ 0\ \ 0\ \ 5)^T$.

全部解为:

$$X = k_1 X_1 + k_2 X_2 + k_3 X_3 = k_1(-4\ \ 7\ \ 5\ \ 0\ \ 0)^T + k_2(1\ \ -3\ \ 0\ \ 5\ \ 0)^T + k_3(-11\ \ -2\ \ 0\ \ 0\ \ 5)^T.$$

k_1、k_2、k_3 为任意常数.

例 2.8 λ 为何值时下列非齐次线性方程组有解,有解时求出它的通解:

$$\begin{cases} 2x_1 - x_2 + 3x_3 - x_4 = 1 \\ -x_1 - 2x_2 - x_3 + 2x_4 = -1 \\ 3x_1 + x_2 + 4x_3 - 3x_4 = 2 \\ x_1 - 3x_2 + 2x_3 + x_4 = \lambda \end{cases}.$$

解 (1) 增广矩阵 $\tilde{A}$:

$$\tilde{A} = \begin{bmatrix} 2 & -1 & 3 & -1 & 1 \\ -1 & -2 & -1 & 2 & -1 \\ 3 & 1 & 4 & -3 & 2 \\ 1 & -3 & 2 & 1 & \lambda \end{bmatrix} \rightarrow \begin{bmatrix} 0 & -5 & 1 & 3 & -1 \\ -1 & -2 & -1 & 2 & -1 \\ 0 & -5 & 1 & 3 & -1 \\ 0 & -5 & 1 & 3 & \lambda-1 \end{bmatrix} \rightarrow \begin{bmatrix} 0 & -5 & 1 & 3 & -1 \\ -1 & -2 & -1 & 2 & -1 \\ 0 & 0 & 0 & 0 & 0 \\ 0 & 0 & 0 & 0 & \lambda \end{bmatrix} \rightarrow$$

$$\rightarrow \begin{bmatrix} 1 & 2 & 1 & -2 & 1 \\ 0 & 1 & -\dfrac{1}{5} & -\dfrac{3}{5} & \dfrac{1}{5} \\ 0 & 0 & 0 & 0 & \lambda \\ 0 & 0 & 0 & 0 & 0 \end{bmatrix} \rightarrow \begin{bmatrix} 1 & 0 & \dfrac{7}{5} & -\dfrac{4}{5} & \dfrac{3}{5} \\ 0 & 1 & -\dfrac{1}{5} & -\dfrac{3}{5} & \dfrac{1}{5} \\ 0 & 0 & 0 & 0 & \lambda \\ 0 & 0 & 0 & 0 & 0 \end{bmatrix}.$$

当 $\lambda=0$ 时，线性方程组有解，一般解为 $\begin{cases} x_1 = \dfrac{3}{5} - \dfrac{7}{5}x_3 + \dfrac{4}{5}x_4 \\ x_2 = \dfrac{1}{5} + \dfrac{1}{5}x_3 + \dfrac{3}{5}x_4 \end{cases}$，$x_3$、$x_4$ 为自由元.

令 $(x_3, x_4) = (0,0)$ 得 $X_0 = \left(\dfrac{3}{5} \quad \dfrac{1}{5} \quad 0 \quad 0\right)^T$.

（2）对应的齐次线性方程组的同解线性方程组为 $\begin{cases} x_1 = -\dfrac{7}{5}x_3 + \dfrac{4}{5}x_4 \\ x_2 = \dfrac{1}{5}x_3 + \dfrac{3}{5}x_4 \end{cases}$，$x_3$、$x_4$ 为自由元. 本同解线性方程组由取消非齐次线性方程组的一般解中的常数项得到.

令 $(x_3, x_4) = (5,0)$ 得 $X_1 = (-7 \quad 1 \quad 5 \quad 0)^T$.

令 $(x_3, x_4) = (0,5)$ 得 $X_2 = (4 \quad 3 \quad 0 \quad 5)^T$.

（3）非齐次线性方程组的通解为：

$$X = X_0 + k_1 X_1 + k_2 X_2 = \left(\dfrac{3}{5}, \dfrac{1}{5}, 0, 0\right)^T + k_1(-7,1,5,0)^T + k_2(4,3,0,5)^T$$

$$= \left(\dfrac{3}{5} \quad \dfrac{1}{5} \quad 0 \quad 0\right)^T + k_1(-7 \quad 1 \quad 5 \quad 0)^T + k_2(4 \quad 3 \quad 0 \quad 5)^T.$$

k_1、k_2 为任意常数.

2.5 线性方程组的综合应用

例 2.9 交通流量.

如图 2.1 所示，某城市市区的交叉路口由两条单向车道组成. 图中给出了在交通高峰时段每小时进入和离开路口的车辆数，计算在 4 个交叉路口间车辆的数量.

解 在每一个路口，必有进入的车辆数与离开的车辆数相等. 例如，在路口 A，进入该路口的车辆数为 $x_1 + 450$，离开路口的车辆为 $x_2 + 610$. 因此：

$$x_1 + 450 = x_2 + 610 \quad \text{（路口 A）}.$$

类似地：

$$x_2 + 520 = x_3 + 480 \quad \text{（路口 B）},$$

$$x_3 + 390 = x_4 + 600 \quad \text{（路口 C）},$$

$$x_4 + 640 = x_1 + 310 \quad \text{（路口 D）}.$$

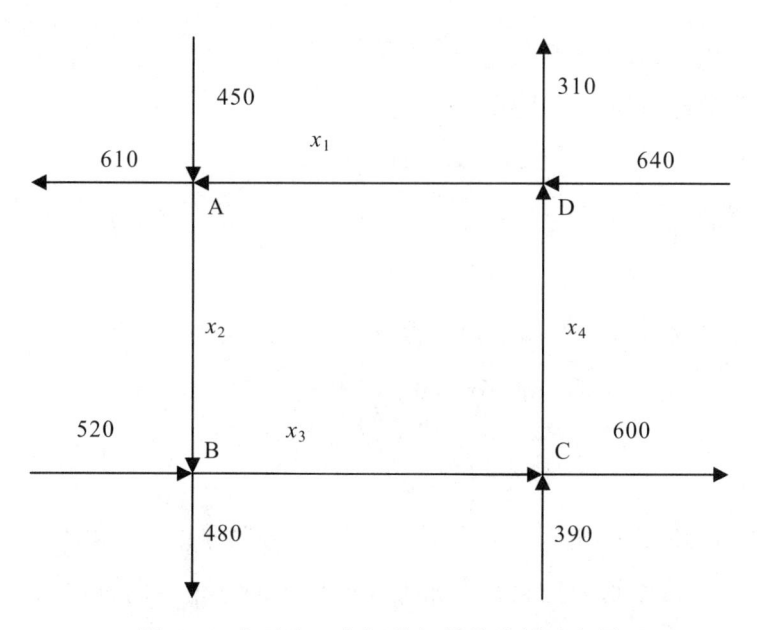

图 2.1　交叉路口车辆通行数量分析示意图

此方程组的增广矩阵为：

$$\tilde{A} = \begin{bmatrix} 1 & -1 & 0 & 0 & 160 \\ 0 & 1 & -1 & 0 & -40 \\ 0 & 0 & 1 & -1 & 210 \\ -1 & 0 & 0 & 1 & -330 \end{bmatrix} \rightarrow \begin{bmatrix} 1 & 0 & 0 & -1 & 330 \\ 0 & 1 & 0 & -1 & 170 \\ 0 & 0 & 1 & -1 & 210 \\ 0 & 0 & 0 & 0 & 0 \end{bmatrix}.$$

该方程组是相容的，且由于方程组中存在一个自由变量，因此有无穷多组解. 而交通示意图并没有给出足够的信息来确定唯一的 x_1、x_2、x_3 和 x_4.

如果知道某一路口的车辆数量，则其他路口的车辆数量即可求得. 例如，假如在路口 C 和 D 之间的平均车辆数量为 $x_4 = 200$，则相应的 x_1、x_2 和 x_3 分别为：

$$x_1 = x_4 + 330 = 530,$$
$$x_2 = x_4 + 170 = 370,$$
$$x_3 = x_4 + 210 = 410.$$

例 2.10　化学方程式.

在光合作用中，植物利用太阳提供的辐射能将二氧化碳（CO_2）和水（H_2O）转化为葡萄糖（$C_6H_{12}O_6$）和氧气（O_2）. 该化学反应的方程式为：

$$x_1 CO_2 + x_2 H_2O \rightarrow x_3 O_2 + x_4 C_6H_{12}O_6.$$

为平衡该方程式，需选择合适的 x_1、x_2、x_3、x_4，使得方程式两边的碳、氢和氧原子的数量分别相等. 由于一个二氧化碳分子含有一个碳原子，而一个葡萄糖分子含有 6 个碳原子，因此为平衡方程，需要有：

$$x_1 = 6x_4.$$

类似地，要平衡氧原子需要满足：

$$2x_1 + x_2 = 2x_3 + 6x_4.$$

氢原子需要满足：

$$2x_2 = 12x_4.$$

将所有未知量移到等式左端，即可得到一个齐次线性方程组：

$$\begin{cases} x_1 - 6x_4 = 0 \\ 2x_1 + x_2 - 2x_3 - 6x_4 = 0 \\ 2x_2 - 12x_4 = 0 \end{cases}.$$

由定理 2.1，该方程组有非平凡解．为平衡化学方程式，我们需要找到一组解 (x_1, x_2, x_3, x_4)，其中每个均为正整数．如果我们使用通常使用的方法求解方程组，可以看出 x_4 为自由变量且：

$$x_1 = x_2 = x_3 = 6x_4.$$

如果令 $x_4 = 1$，$x_1 = x_2 = x_3 = 6$，化学方程式的形式为：

$$6CO_2 + 6H_2O \rightarrow 6O_2 + C_6H_{12}O_6.$$

例 2.11 商品交换的经济模型．

假设一个原始社会的部落中，人们从事三种职业：农业生产、工具和器皿的手工制作、缝制衣物．最初，假设部落中不存在货币制度，所有的商品和服务均进行实物交换．我们记这三类人为 F、M 和 C，并假设有如图 2.2 所示的实际的实物交易系统．

图 2.2 说明，农民留他们收成的一半给自己、$\frac{1}{4}$ 收成给手工业者，并将 $\frac{1}{4}$ 收成给制衣工人；手工业者将他们的产品平均分为三份，每一类成员得到 $\frac{1}{3}$；制衣工人将一半的衣物给农民，并将剩余的一半平均分给手工业者和他们自己．综上所述，可得如下表格：

人群＼产品	农产品	工具和器皿	缝制衣物
F	1/2	1/3	1/2
M	1/4	1/3	1/4
C	1/4	1/3	1/4

该表格的第一列表示农民生产产品的分配、第二列表示手工业者生产产品的分配、第三列表示制衣工人生产产品的分配.

当部落规模增大时，实物交易系统就变得非常复杂，因此部落决定使用货币系统. 对这个简单的经济体系，我们假设没有资本的积累和债务，并且每一种产品的价格均可反映实物交换系统中产品的价值. 问题是，如何给三种产品定价，才可以公平地体现当前的实物交易系统.

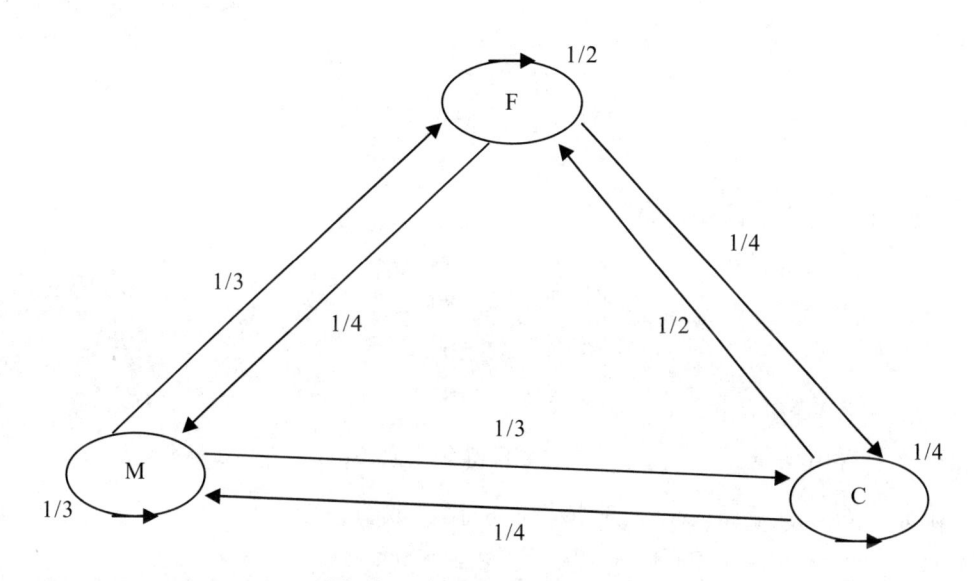

图 2.2 商品交换的经济模型

这个问题可以利用诺贝尔奖获得者——经济学家列昂惕夫提出的经济模型转化为线性方程组模型. 对这个模型，我们令 x_1 为所有农产品的价值，x_2 为所有手工业产品的价值，x_3 为所有服装的价值. 由表格的第一行知，农民获得的产品价值是所有农产品价值的一半，加上 $\frac{1}{3}$ 的手工业产品的价值，再加上 $\frac{1}{2}$ 的服装价值. 因此，农民总共得到的产品价值为：

$$\frac{1}{2}x_1 + \frac{1}{3}x_2 + \frac{1}{2}x_3 = x_1,$$

利用表格的第二行，将手工业者得到和制造的产品价值写成方程，我们得到第二个方程：

$$\frac{1}{4}x_1 + \frac{1}{3}x_2 + \frac{1}{4}x_3 = x_2,$$

最后，利用表格的第三行我们得到：

$$\frac{1}{4}x_1 + \frac{1}{3}x_2 + \frac{1}{4}x_3 = x_3.$$

这些方程可写成齐次方程组：

$$\begin{cases} -\frac{1}{2}x_1 + \frac{1}{3}x_2 + \frac{1}{2}x_3 = 0 \\ \frac{1}{4}x_1 - \frac{2}{3}x_2 + \frac{1}{4}x_3 = 0 \\ \frac{1}{4}x_1 + \frac{1}{3}x_2 - \frac{3}{4}x_3 = 0 \end{cases}$$

该方程组对应的增广矩阵的行最简形式为：

$$\begin{bmatrix} 1 & 0 & -\frac{5}{3} & 0 \\ 0 & 1 & -1 & 0 \\ 0 & 0 & 0 & 0 \end{bmatrix}$$

它有一个自由变量 x_3。令 $x_3 = 3$，我们得到解 (5,3,3)，并且通解包含所有 (5,3,3) 的倍数。由此可得，变量 x_1、x_2、x_3 应按下面的比例取值：

$$x_1 : x_2 : x_3 = 5 : 3 : 3.$$

这个简单的封闭系统是列昂惕夫生产－消费模型的例子。列昂惕夫模型是我们理解经济体系的基础，现代应用则会包含成千上万的工厂并得到一个非常庞大的线性方程组。

习题 2

1. 当 $\lambda = \underline{\qquad}$ 时，齐次线性方程组 $\begin{cases} x_1 + x_2 = 0 \\ \lambda x_1 + x_2 = 0 \end{cases}$ 有非零解。

2. 设 n 元齐次线性方程组系数矩阵的秩为 r，则方程组有非零解的充分必要条件是 $\underline{\qquad}$。

3. 矩阵 $A_{m \times n}$ 的秩为 $r < n$，则齐次线性方程组 $AX = 0$ 一定有非零解，且自由元的个数为 $\underline{\qquad}$。

4. 用消元法得 $\begin{cases} x_1 + 2x_2 - 4x_3 = 1 \\ x_2 + x_3 = 0 \\ -x_3 = 2 \end{cases}$ 的解为（　　）.

A. $\begin{pmatrix} x_1 \\ x_2 \\ x_3 \end{pmatrix} = \begin{pmatrix} 1 \\ 0 \\ -2 \end{pmatrix}$ 　　　　B. $\begin{pmatrix} x_1 \\ x_2 \\ x_3 \end{pmatrix} = \begin{pmatrix} -7 \\ 2 \\ -2 \end{pmatrix}$

C. $\begin{pmatrix} x_1 \\ x_2 \\ x_3 \end{pmatrix} = \begin{pmatrix} -11 \\ 2 \\ -2 \end{pmatrix}$ 　　　　D. $\begin{pmatrix} x_1 \\ x_2 \\ x_3 \end{pmatrix} = \begin{pmatrix} -11 \\ -2 \\ 2 \end{pmatrix}$

5. 用消元法得 $\begin{cases} x_1 + 2x_2 - 4x_3 = 1 \\ x_2 + x_3 = 0 \\ -x_3 = 2 \end{cases}$ 的解 $\begin{bmatrix} x_1 \\ x_2 \\ x_3 \end{bmatrix}$ 为（　　）.

A. $[1, 0, -2]^T$ 　　　　B. $[-7, 2, -2]^T$

C. $[-11, 2, -2]^T$ 　　　　D. $[-11, -2, -2]^T$

6. 线性方程组 $\begin{cases} x_1 + 2x_2 + 3x_3 = 2 \\ x_1 - x_3 = 6 \\ -3x_2 + 3x_3 = 4 \end{cases}$ （　　）.

A. 有无穷多解　　　　B. 有唯一解

C. 无解　　　　D. 只有零解

7. 若 x_1、x_2 是线性方程组 $AX = b$ 的解，而 η_1、η_2 是方程组 $AX = 0$ 的解，则（　　）是 $AX = b$ 的解.

A. $\dfrac{1}{3}x_1 + \dfrac{2}{3}x_2$ 　　　　B. $\dfrac{1}{3}\eta_1 + \dfrac{2}{3}\eta_2$

C. $x_1 - x_2$ 　　　　D. $x_1 + x_2$

8. A 与 $\tilde{A}$ 分别代表一个线性方程组的系数矩阵和增广矩阵，若这个方程组无解，则（　　）.

A. 秩$(A) = $秩$(\tilde{A})$ 　　　　B. 秩$(A) < $秩$(\tilde{A})$

C. 秩$(A) > $秩$(\tilde{A})$ 　　　　D. 秩$(A) = $秩$(\tilde{A}) - 1$

9. 若某个线性方程组相应的齐次线性方程组只有零解，则该线性方程组（　　）.

A．可能无解 B．有唯一解

C．有无穷多解 D．无解

10．以下结论正确的是（   ）．

A．方程个数小于未知量个数的线性方程组一定有解

B．方程个数等于未知量个数的线性方程组一定有唯一解

C．方程个数大于未知量个数的线性方程组一定有无穷多解

D．齐次线性方程组一定有解

11．λ 取何值时线性方程组 $\begin{cases} x_1 - x_2 - x_3 = 1 \\ 2x_1 - x_2 - x_3 = 3 \\ -3x_1 + 2x_2 + 2x_3 = \lambda \end{cases}$ 有解，有解时求解．

12．求线性方程组 $\begin{cases} x_1 - 5x_2 + 2x_3 - 3x_4 = 11 \\ -3x_1 + x_2 - 4x_3 + 2x_4 = -5 \\ -x_1 - 9x_2 - 4x_4 = 17 \\ 5x_1 + 3x_2 + 6x_3 - x_4 = -1 \end{cases}$ 的全部解．

13．设齐次线性方程组 $AX = 0$，已知 $A \xrightarrow{\text{初等行变换}} \begin{pmatrix} 1 & -1 & 3 & 0 \\ 0 & 1 & 1 & 2 \\ 0 & 0 & 1 & 1 \\ 0 & 0 & 0 & t-1 \end{pmatrix}$，求：（1）$t$ 取何值时，$AX = 0$ 有非零解；（2）求 $AX = 0$ 的全部解．

14．求线性方程组 $\begin{cases} x_1 + x_2 - x_3 - x_4 = 1 \\ 2x_1 + x_2 + x_3 + x_4 = 4 \\ 4x_1 + 3x_2 - x_3 - x_4 = 6 \\ x_1 + 2x_2 - 4x_3 - 4x_4 = -1 \end{cases}$ 的全部解．

15．λ 为何值时线性方程组 $\begin{cases} x_1 + 2x_2 + x_3 = 1 \\ x_2 + x_3 = 0 \\ -5x_2 - 5x_3 = \lambda - 3 \end{cases}$ 有解，有解时求解．

16．判断齐次线性方程组 $\begin{cases} 2x_1 + 2x_2 - x_3 = 0 \\ x_1 - 2x_2 + 4x_3 = 0 \\ 5x_1 + 8x_2 - 2x_3 = 0 \end{cases}$ 是否只有零解．

17. 给定齐次线性方程组 $\begin{cases} kx+y-z=0 \\ x+ky-z=0 \\ 2x-y+z=0 \end{cases}$，$k$ 取何值时方程组有非零解，k 取何值时只有零解．

18. 判别下列齐次线性方程组是否有非零解，若有非零解求其通解及基础解系：

（1）$\begin{cases} x_1+2x_2+2x_3=0 \\ -5x_2-x_3=0 \\ 3x_1+x_2+5x_3=0 \\ -2x_1+x_2-3x_3=0 \end{cases}$；
（2）$\begin{cases} x_1-2x_2+4x_3-7x_4=0 \\ 2x_1+x_2-2x_3+3x_4=0 \\ 3x_1-x_2+2x_3-4x_4=0 \end{cases}$；

（3）$\begin{cases} 2x_1-x_2+3x_3=0 \\ 3x_1-2x_2-3x_3=0 \end{cases}$；
（4）$x_1+x_2-x_3+2x_4-2x_5=0$．

19. 求解下列线性方程组：

（1）$\begin{cases} 2x_1-x_2+3x_3=3 \\ 3x_1+x_2-5x_3=0 \\ 4x_1-x_2+x_3=3 \\ x_1+3x_2-13x_3=-6 \end{cases}$；
（2）$\begin{cases} x_1+x_2+x_3+x_4+x_5=7 \\ 3x_1+2x_2+x_3+x_4-3x_5=-2 \\ x_2+2x_3+2x_4+6x_5=23 \\ 5x_1+4x_2+3x_3+3x_4-x_5=12 \end{cases}$；

（3）$\begin{cases} x_1+2x_2+3x_3=0 \\ 2x_1+5x_2+3x_3=0 \\ x_1+8x_3=0 \end{cases}$；
（4）$\begin{cases} x_1+2x_2-3x_3+3x_4+x_5=2 \\ -x_1-2x_2+x_3-x_4+3x_5=4 \\ 2x_1+4x_2-2x_3+6x_4+3x_5=6 \end{cases}$；

（5）$\begin{cases} 2x_1+x_2-2x_3+3x_4=0 \\ 3x_1+2x_2-x_3+2x_4=0 \\ x_1+x_2+x_3-x_4=0 \end{cases}$；
（6）$\begin{cases} x_1+x_2-x_3+2x_4+x_5=0 \\ x_3+3x_4-x_5=0 \\ 2x_3+x_4-2x_5=0 \end{cases}$；

（7）$\begin{cases} x_1+2x_2-x_3+3x_4+x_5=2 \\ -x_1-2x_2+x_3-x_4+3x_5=4 \\ 2x_1+4x_2-2x_3+6x_4=3x_5=6 \end{cases}$．

20. 解答题．

（1）设有线性方程组 $\begin{bmatrix} \lambda & 1 & 1 \\ 1 & \lambda & 1 \\ 1 & 1 & \lambda \end{bmatrix} \begin{bmatrix} x \\ y \\ z \end{bmatrix} = \begin{bmatrix} 1 \\ \lambda \\ \lambda^2 \end{bmatrix}$，$\lambda$ 为何值时方程组有唯一解或有无穷多解？

（2）当 a 为何值时 $\begin{cases} x_1+5x_2-x_3-x_4=-1 \\ x_1+7x_2=x_3+3x_4=3 \\ 3x_1+17x_2-x_3+x_4=a \\ x_1+3x_2+3x_2-5x_4=-5 \end{cases}$ 有解？若有解求出它的通解.

21．试证：线性方程组有解时，它有唯一解的充分必要条件是相应的齐次线性方程组只有零解.

第 3 章　行列式与特征值

行列式和特征值、特征向量是研究矩阵的重要工具，也是读者后续学习很多学科（如计算机科学、经济学、管理学等）的重要应用工具．本章将给出行列式和特征值的具体求法．

3.1　行列式及其计算

3.1.1　二阶、三阶行列式

对于二元一次方程组：

$$\begin{cases} a_{11}x_1 + a_{12}x_2 = b_1 \\ a_{21}x_1 + a_{22}x_2 = b_2 \end{cases},\tag{3-1}$$

令 $\begin{vmatrix} a_{11} & a_{12} \\ a_{21} & a_{22} \end{vmatrix} = a_{11}a_{22} - a_{12}a_{21}$，称其为二阶行列式，每个横排称为行列式的行，每个竖排称为行列式的列，a_{ij} 称为行列式的元素．于是（3-1）可用行列式求解．

由（3-1）有：

$$\begin{cases} (a_{11}a_{22} - a_{12}a_{21})x_1 = a_{22}b_1 - a_{12}b_2 \\ (a_{11}a_{22} - a_{12}a_{21})x_2 = a_{11}b_2 - a_{21}b_1 \end{cases},$$

$$x_1 = \frac{\begin{vmatrix} b_1 & a_{12} \\ b_2 & a_{22} \end{vmatrix}}{\begin{vmatrix} a_{11} & a_{12} \\ a_{21} & a_{22} \end{vmatrix}} = \frac{D_1}{D},\quad x_2 = \frac{\begin{vmatrix} a_{11} & b_1 \\ a_{21} & b_2 \end{vmatrix}}{\begin{vmatrix} a_{11} & a_{12} \\ a_{21} & a_{22} \end{vmatrix}} = \frac{D_2}{D}.$$

对于三元一次方程组：

$$\begin{cases} a_{11}x_1 + a_{12}x_2 + a_{13}x_3 = b_1 \\ a_{21}x_1 + a_{22}x_2 + a_{23}x_3 = b_2 \\ a_{31}x_1 + a_{32}x_2 + a_{33}x_3 = b_3 \end{cases},\tag{3-2}$$

令 $D = \begin{vmatrix} a_{11} & a_{12} & a_{13} \\ a_{21} & a_{22} & a_{23} \\ a_{31} & a_{32} & a_{33} \end{vmatrix} = (-1)^{1+1} a_{11} \begin{vmatrix} a_{22} & a_{23} \\ a_{32} & a_{33} \end{vmatrix} + (-1)^{1+2} a_{12} \begin{vmatrix} a_{21} & a_{23} \\ a_{31} & a_{33} \end{vmatrix} + (-1)^{1+3} a_{13} \begin{vmatrix} a_{21} & a_{22} \\ a_{31} & a_{32} \end{vmatrix}$

$= (-1)^{1+1} a_{11} M_{11} + (-1)^{1+2} a_{12} M_{12} + (-1)^{1+3} a_{13} M_{13} = a_{11} A_{11} + a_{12} A_{12} + a_{13} A_{13},$

其中 M_{11}、M_{12}、M_{13} 分别为元素 a_{11}、a_{12}、a_{13} 的余子式，A_{11}、A_{12}、A_{13} 分别为元素 a_{11}、a_{12}、a_{13} 的代数余子式（一般有 $A_{ij} = (-1)^{i+j} M_{ij}$），$D$ 称为三阶行列式．于是（3-2）有解：$x_1 = \dfrac{D_1}{D}$，$x_2 = \dfrac{D_2}{D}$，$x_3 = \dfrac{D_3}{D}$．

其中 $D_1 = \begin{vmatrix} b_1 & a_{12} & a_{13} \\ b_2 & a_{22} & a_{23} \\ b_3 & a_{32} & a_{33} \end{vmatrix}$，$D_2 = \begin{vmatrix} a_{11} & b_1 & a_{13} \\ a_{21} & b_2 & a_{23} \\ a_{31} & b_3 & a_{33} \end{vmatrix}$，$D_3 = \begin{vmatrix} a_{11} & a_{12} & b_1 \\ a_{21} & a_{22} & b_2 \\ a_{31} & a_{32} & b_3 \end{vmatrix}$．

例 3.1 计算行列式 $D = \begin{vmatrix} 2 & 1 & 0 \\ -1 & 0 & 1 \\ 1 & -1 & 3 \end{vmatrix}$．

解 $\begin{vmatrix} 2 & 1 & 0 \\ -1 & 0 & 1 \\ 1 & -1 & 3 \end{vmatrix} = (-1)^{1+1} \times 2 \begin{vmatrix} 0 & 1 \\ -1 & 3 \end{vmatrix} + (-1)^{1+2} \times 1 \begin{vmatrix} -1 & 1 \\ 1 & 3 \end{vmatrix} = 6$．

3.1.2 n 阶行列式

定义 3.1 若数 $D_n = \begin{vmatrix} a_{11} & a_{12} & \cdots & a_{1n} \\ a_{21} & a_{22} & \cdots & a_{2n} \\ \cdots & \cdots & \cdots & \cdots \\ a_{n1} & a_{n2} & \cdots & a_{nn} \end{vmatrix} = a_{i1} A_{i1} + a_{i2} A_{i2} + \cdots + a_{in} A_{in}$

$= a_{1j} A_{1j} + a_{2j} A_{2j} + \cdots + a_{nj} A_{nj},$

则称为 n 阶行列式．

定理 3.1 $D = D^T$，即行列式转置后的值不变．

定理 3.2 互换行列式的两行（列），行列式的值变号．

定理 3.3 $D_n = a_{11} A_{11} + a_{12} A_{12} + \cdots + a_{1n} A_{1n} = a_{11} A_{11} + a_{21} A_{21} + \cdots + a_{n1} A_{n1}$．

定理 3.4 $a_{k1} A_{i1} + a_{k2} A_{i2} + \cdots + a_{kn} A_{in} = 0 \; (i \neq k)$．

定理 3.5 行列式一行（列）的公因子可以提出去.

定理 3.6
$$\begin{vmatrix} a_{11} & a_{12} & \cdots & a_{1n} \\ a_{21}+b_{21} & a_{22}+b_{22} & \cdots & a_{2n}+b_{2n} \\ \cdots & \cdots & \cdots & \cdots \\ a_{n1} & a_{n2} & \cdots & a_{nn} \end{vmatrix} = \begin{vmatrix} a_{11} & a_{12} & \cdots & a_{1n} \\ a_{21} & a_{22} & \cdots & a_{2n} \\ \cdots & \cdots & \cdots & \cdots \\ a_{n1} & a_{n2} & \cdots & a_{nn} \end{vmatrix} + \begin{vmatrix} a_{11} & a_{12} & \cdots & a_{1n} \\ b_{21} & b_{22} & \cdots & b_{2n} \\ \cdots & \cdots & \cdots & \cdots \\ a_{n1} & a_{n2} & \cdots & a_{nn} \end{vmatrix}.$$

定理 3.7 用常数 λ 遍乘某一行（列）的各元素，然后再加到另一行（列）对应元素上，则行列式的值不变.

推论 1 行列式的某一行（列）的元素全为 0，则行列式的值为 0.

推论 2 行列式的两行（列）对应的元素成比例，则行列式的值为 0.

例 3.2 计算上三角行列式：$\begin{vmatrix} 1 & 2 & 2 & 4 \\ 0 & 1 & 8 & 2 \\ 0 & 0 & 2 & 5 \\ 0 & 0 & 0 & 3 \end{vmatrix}$.

解 $\begin{vmatrix} 1 & 2 & 2 & 4 \\ 0 & 1 & 8 & 2 \\ 0 & 0 & 2 & 5 \\ 0 & 0 & 0 & 3 \end{vmatrix} = 1 \times (-1)^{1+1} \begin{vmatrix} 1 & 8 & 2 \\ 0 & 2 & 5 \\ 0 & 0 & 3 \end{vmatrix} = 1 \times (-1)^{1+1} \begin{vmatrix} 2 & 5 \\ 0 & 3 \end{vmatrix} = 2 \times 3 = 6$.

不难证明，上三角行列式（对角线以下的元素全为 0 的行列式）的值等于其对角线上元素的乘积，即：

$$\begin{vmatrix} a_{11} & a_{12} & \cdots & a_{1n} \\ 0 & a_{22} & \cdots & a_{2n} \\ \cdots & \cdots & \cdots & \cdots \\ 0 & 0 & \cdots & a_{nn} \end{vmatrix} = a_{11}a_{22}\cdots a_{nn}.$$

例 3.3 计算行列式：$D = \begin{vmatrix} -2 & 1 & 4 & -1 \\ 1 & -2 & 3 & 0 \\ 3 & 4 & 1 & 2 \\ 2 & 1 & -4 & 1 \end{vmatrix}$.

解 $D = \begin{vmatrix} -2 & 1 & 4 & -1 \\ 1 & -2 & 3 & 0 \\ 3 & 4 & 1 & 2 \\ 2 & 1 & -4 & 1 \end{vmatrix} \xrightarrow{r_1+r_4} \begin{vmatrix} 0 & 2 & 0 & 0 \\ 1 & -2 & 3 & 0 \\ 3 & 4 & 1 & 2 \\ 2 & 1 & -4 & 1 \end{vmatrix} \xrightarrow{r_3-2r_4} \begin{vmatrix} 0 & 2 & 0 & 0 \\ 1 & -2 & 3 & 0 \\ -1 & 2 & 9 & 0 \\ 2 & 1 & -4 & 1 \end{vmatrix}$

$$\xrightarrow{r_3-3r_2}\begin{vmatrix}0&2&0&0\\1&-2&3&0\\-4&8&0&0\\2&1&-4&1\end{vmatrix}\xrightarrow{(r_3,r_2)}-\begin{vmatrix}0&2&0&0\\-4&8&0&0\\1&-2&3&0\\2&1&-4&1\end{vmatrix}\xrightarrow{r_2-4r_1}-\begin{vmatrix}0&2&0&0\\-4&0&0&0\\1&-2&3&0\\2&1&-4&1\end{vmatrix}$$

$$\xrightarrow{(r_1,r_2)}\begin{vmatrix}-4&0&0&0\\0&2&0&0\\1&-2&3&0\\2&1&-4&1\end{vmatrix}=\begin{vmatrix}-4&0&1&2\\0&2&-2&1\\0&0&3&-4\\0&0&0&1\end{vmatrix}^T=-24.$$

例 3.4 计算行列式：$D=\begin{vmatrix}-\dfrac{1}{3}&\dfrac{2}{3}&\dfrac{1}{3}&1\\2&1&0&3\\2&-2&-1&-2\\\dfrac{3}{2}&-\dfrac{1}{2}&1&\dfrac{1}{2}\end{vmatrix}.$

解 $D=\dfrac{1}{6}\begin{vmatrix}-1&2&1&3\\2&1&0&3\\2&-2&-1&-2\\3&-1&2&1\end{vmatrix}\xrightarrow[\substack{r_3+2r_1\\r_4+3r_1}]{r_2+2r_1}\dfrac{1}{6}\begin{vmatrix}-1&2&1&3\\0&5&2&9\\0&2&1&4\\0&5&5&10\end{vmatrix}\xrightarrow{r_1+2r_4}\dfrac{5}{6}\begin{vmatrix}-1&2&1&3\\0&5&2&9\\0&2&1&4\\0&1&1&2\end{vmatrix}$

$\xrightarrow[\substack{r_2-5r_4\\r_3-2r_4}]{}\dfrac{5}{6}\begin{vmatrix}-1&2&1&3\\0&0&-3&-1\\0&0&-1&0\\0&1&1&2\end{vmatrix}=-\dfrac{5}{6}\begin{vmatrix}-1&2&1&3\\0&1&1&2\\0&0&-1&0\\0&0&-3&-1\end{vmatrix}=-\dfrac{5}{6}\begin{vmatrix}-1&2&1&3\\0&1&1&2\\0&0&-1&0\\0&0&0&-1\end{vmatrix}=\dfrac{5}{6}.$

3.1.3 行列式的应用

设有 n 元线性方程组：

$$\begin{cases}a_{11}x_1+a_{12}x_2+\cdots+a_{1n}x_n=b_1\\a_{21}x_1+a_{22}x_2+\cdots+a_{2n}x_n=b_2\\\cdots\cdots\\a_{n1}x_1+a_{n2}x_2+\cdots+a_{nn}x_n=b_n\end{cases}\tag{3-3}$$

$$\begin{cases}a_{11}x_1+a_{12}x_2+\cdots+a_{1n}x_n=0\\a_{21}x_1+a_{22}x_2+\cdots+a_{2n}x_n=0\\\cdots\cdots\\a_{n1}x_1+a_{n2}x_2+\cdots+a_{nn}x_n=0\end{cases}\tag{3-4}$$

定理 3.8（克莱姆法则） 如果线性方程组（3-3）的系数行列式 $D \neq 0$，则方程组（3-4）有唯一解：

$$x_1 = \frac{D_1}{D}, \ x_2 = \frac{D_2}{D}, \ \cdots, \ x_n = \frac{D_n}{D},$$

其中 $D_j(j=1,2,\cdots,n)$ 是把系数行列式 D 中第 j 列的元素依次用方程组右端的常数 $b_1, b_2, \cdots, b_n$ 代替后得到的 n 阶行列式，即：

$$D_j = \begin{vmatrix} a_{11} & \cdots & a_{1,j-1} & b_1 & a_{1,j+1} & \cdots & a_{1n} \\ a_{21} & \cdots & a_{2,j-1} & b_2 & a_{2,j+1} & \cdots & a_{2n} \\ \cdots & \cdots & \cdots & \cdots & \cdots & \cdots \\ a_{n1} & \cdots & a_{n,j-1} & b_n & a_{n,j+1} & \cdots & a_{nn} \end{vmatrix}, \ j=1,2,\cdots,n.$$

定理 3.9 如果系数行列式 $D \neq 0$，则齐次线性方程组（3-4）只有零解．

例 3.5 信息编码．

一个通用的传递信息的方法是，将每一个字母与一个整数相对应，然后传输一串整数．例如，信息：

SEND   MONEY

可以编码为：

5,8,10,21,7,2,10,8,3．

其中 S 表示为 5，E 表示为 8 等．但是，这种编码很容易破译．在一段较长的信息中，我们可以根据数字出现的相对频率猜测每一数字表示的字母．例如，若 8 为编码信息中最常出现的数字，则它最有可能表示字母 E，即英文中最常出现的字母．

我们可以用矩阵乘法对信息进行进一步的伪装．设 A 是所有元素均为整数的矩阵，且其行列式为 ± 1，由于 $A^{-1} = A$，则 A^{-1} 的元素也是整数．我们可以用这个矩阵对信息进行变换，变换后的信息将很难破译．为演示这个技术，令：

$$A = \begin{bmatrix} 1 & 2 & 1 \\ 2 & 5 & 3 \\ 2 & 3 & 2 \end{bmatrix},$$

需要编码的信息放置在三行矩阵 B 的各个列上．

$$B = \begin{bmatrix} 5 & 21 & 10 \\ 8 & 7 & 8 \\ 10 & 2 & 3 \end{bmatrix},$$

乘积：

$$AB = \begin{bmatrix} 1 & 2 & 1 \\ 2 & 5 & 3 \\ 2 & 3 & 2 \end{bmatrix} \begin{bmatrix} 5 & 21 & 10 \\ 8 & 7 & 8 \\ 10 & 2 & 3 \end{bmatrix} = \begin{bmatrix} 31 & 37 & 29 \\ 80 & 83 & 69 \\ 54 & 67 & 50 \end{bmatrix}.$$

给出了用于传输的编码信息：

$$31, 80, 54, 37, 83, 67, 29, 69, 50.$$

接收信息的人可通过乘以 A^{-1} 进行译码：

$$\begin{bmatrix} 1 & -1 & 1 \\ 2 & 0 & -1 \\ -4 & 1 & 1 \end{bmatrix} \begin{bmatrix} 31 & 37 & 29 \\ 80 & 83 & 69 \\ 54 & 67 & 50 \end{bmatrix} = \begin{bmatrix} 5 & 21 & 10 \\ 8 & 7 & 8 \\ 10 & 2 & 3 \end{bmatrix}.$$

为构造编码矩阵 A，我们可以从单位矩阵 I 开始，利用行运算 I，仔细地将它的某一行的整数倍数加到其他行上．也可利用行运算 I，结果矩阵 A 将仅有整数元，且由于

$$\det(A) = \pm \det(I) = \pm 1,$$

因此 A^{-1} 也将仅有整数元．

例 3.6 求解线性方程组：

$$\begin{cases} x_1 + x_2 - 2x_3 = -3 \\ 5x_1 - 2x_1 + 7x_3 = 22 \\ 2x_1 - 5x_2 + 4x_3 = 4 \end{cases}.$$

解 计算以下行列式：

$$D = \begin{vmatrix} 1 & 1 & -2 \\ 5 & -2 & 7 \\ 2 & -5 & 4 \end{vmatrix} = \begin{vmatrix} 1 & 0 & 0 \\ 5 & -7 & 17 \\ 2 & -7 & 8 \end{vmatrix} = (-7)(8-17) = 63,$$

$$D_1 = \begin{vmatrix} -3 & 1 & -2 \\ 22 & -2 & 7 \\ 4 & -5 & 4 \end{vmatrix} = \begin{vmatrix} 0 & 1 & 0 \\ 16 & -2 & 3 \\ -11 & -5 & -6 \end{vmatrix} = -\begin{vmatrix} 16 & 3 \\ -11 & -6 \end{vmatrix} = 63,$$

$$D_2 = \begin{vmatrix} 1 & -3 & -2 \\ 5 & 22 & 7 \\ 2 & 4 & 4 \end{vmatrix} = \begin{vmatrix} 1 & 0 & 0 \\ 5 & 37 & 17 \\ 2 & 10 & 8 \end{vmatrix} = 296 - 170 = 126,$$

$$D_3 = \begin{vmatrix} 1 & 1 & -3 \\ 5 & -2 & 22 \\ 2 & -5 & 4 \end{vmatrix} = \begin{vmatrix} 1 & 0 & 0 \\ 5 & -7 & 37 \\ 2 & -7 & 10 \end{vmatrix} = (-7)(10-37) = 189.$$

由于方程组的系数行列式 $D \neq 0$，根据克拉默法则，得方程组的唯一解：

$$x_1 = 1, \ x_2 = 2, \ x_3 = 3.$$

如果 n 元一次方程组（3-3）的常数项 $b_1, b_2, \cdots, b_n$ 均为 0，即：

$$\begin{cases} a_{11}x_1 + a_{12}x_2 + \ldots + a_{1n}x_n = 0 \\ a_{21}x_1 + a_{22}x_2 + \ldots + a_{2n}x_n = 0 \\ \cdots\cdots \\ a_{n1}x_1 + a_{n2}x_2 + \ldots + a_{nn}x_n = 0 \end{cases}$$

称为齐次线性方程组.

例 3.7 判断线性方程组：

$$\begin{cases} x_1 + 3x_2 - x_3 + 2x_4 = 0 \\ x_1 - 5x_2 + 3x_3 - 4x_4 = 0 \\ 2x_2 + x_3 - x_4 = 0 \\ -5x_1 + x_2 + 3x_3 - 3x_4 = 0 \end{cases}$$

是否只有零解.

解 因为方程组的系数行列式：

$$D = \begin{vmatrix} 1 & 3 & -1 & 2 \\ 1 & -5 & 3 & -4 \\ 0 & 2 & 1 & -1 \\ -5 & 1 & 3 & -3 \end{vmatrix} = \begin{vmatrix} 1 & 3 & -1 & 2 \\ 0 & -8 & 4 & -6 \\ 0 & 2 & 1 & -1 \\ 0 & 16 & -2 & 7 \end{vmatrix} = -2 \times \begin{vmatrix} 4 & -2 & 3 \\ 2 & 1 & -1 \\ 16 & -2 & 7 \end{vmatrix} = -2 \times 2 \times \begin{vmatrix} 2 & -2 & 3 \\ 1 & 1 & -1 \\ 8 & -2 & 7 \end{vmatrix}$$

$$= 4 \begin{vmatrix} 5 & 1 & 3 \\ 0 & 0 & -1 \\ 15 & 5 & 7 \end{vmatrix} = 4 \times \begin{vmatrix} 5 & 1 \\ 15 & 5 \end{vmatrix} = 40 \neq 0,$$

所以方程组只有零解.

例 3.8 当 k 为何值时，线性方程组：

$$\begin{cases} kx_1 + x_4 = 0 \\ x_1 + 2x_2 - x_4 = 0 \\ (k+2)x_1 - x_2 + 4x_4 = 0 \\ 2x_1 + x_2 + 3x_3 + kx_4 = 0 \end{cases}$$

只有零解？

解 方程组的系数行列式：

$$D = \begin{vmatrix} k & 0 & 0 & 1 \\ 1 & 2 & 0 & -1 \\ k+2 & -1 & 0 & 4 \\ 2 & 1 & 3 & k \end{vmatrix} = -3\begin{vmatrix} k & 0 & 1 \\ 1 & 2 & -1 \\ k+2 & -1 & 4 \end{vmatrix} = -3\begin{vmatrix} k & 0 & 1 \\ 2k+5 & 0 & 7 \\ k+2 & -1 & 4 \end{vmatrix} = -3(5k-5),$$

由 $D \neq 0 \Leftrightarrow k \neq 1$ 时，此齐次线性方程组只有零解.

3.2 矩阵的特征值和特征向量

定义 3.2 设 A 为 n 阶矩阵，λ 是一个数，如果存在非零 n 维向量 α 使得 $A\alpha = \lambda\alpha$，则称 λ 是矩阵 A 的一个特征值，非零向量 α 为矩阵 A 的属于（或对应于）特征值 λ 的特征向量.

下面讨论一般方阵的特征值和它所对应的特征向量的计算方法.

设 A 是 n 阶矩阵，如果 λ_0 是 A 的特征值，α 是 A 的属于 λ_0 的特征向量，则：

$$A\alpha = \lambda_0\alpha \Rightarrow \lambda_0\alpha - A\alpha = 0 \Rightarrow (\lambda_0 E - A)\alpha = 0\,(\alpha \neq 0).$$

因为 α 是非零向量，这说明 α 是齐次线性方程组 $(\lambda_0 E - A)X = 0$ 的非零解，而齐次线性方程组有非零解的充分必要条件是其系数矩阵 $\lambda_0 E - A$ 的行列式等于 0，即：

$$|\lambda_0 E - A| = 0.$$

而属于 λ_0 的特征向量就是齐次线性方程组 $(\lambda_0 E - A)x = 0$ 的非零解.

定理 3.10 设 A 是 n 阶矩阵，则 λ_0 是 A 的特征值，α 是 A 的属于 λ_0 的特征向量的充分必要条件是：λ_0 是 $|\lambda_0 E - A| = 0$ 的根，α 是齐次线性方程组 $(\lambda_0 E - A)x = 0$ 的非零解.

定义 3.3 矩阵 $\lambda E - A$ 称为 A 的特征矩阵，它的行列式 $|\lambda E - A|$ 称为 A 的特征多项式，$|\lambda E - A| = 0$ 称为 A 的特征方程，其根为矩阵 A 的特征值.

由定理 3.10 可归纳出求矩阵 A 的特征值及特征向量的步骤：

（1）计算 $|\lambda E - A|$；

（2）求 $|\lambda E - A| = 0$ 的全部根，它们就是 A 的全部特征值；

（3）对于矩阵 A 的每一个特征值 λ_0，求出齐次线性方程组 $(\lambda_0 E - A)x = 0$ 的一个基础解系：$\eta_1, \eta_2, \cdots, \eta_{n-r}$，其中 r 为矩阵 $\lambda_0 E - A$ 的秩，则矩阵 A 的属于 λ_0 的全部特征向量为：

$$K_1\eta_1 + K_2\eta_2 + \cdots + K_{n-r}\eta_{n-r},$$

其中 $K_1, K_2, \cdots, K_{n-r}$ 为不全为 0 的常数.

例 3.9 求 $A = \begin{pmatrix} 0 & -1 & -1 \\ -1 & 0 & -1 \\ -1 & -1 & 0 \end{pmatrix}$ 的特征值及对应的特征向量.

解
$$|\lambda E - A| = \begin{vmatrix} \lambda & 1 & 1 \\ 1 & \lambda & 1 \\ 1 & 1 & \lambda \end{vmatrix} = \begin{vmatrix} \lambda+2 & 1 & 1 \\ \lambda+2 & \lambda & 1 \\ \lambda+2 & 1 & \lambda \end{vmatrix} = (\lambda+2)\begin{vmatrix} 1 & 1 & 1 \\ 1 & \lambda & 1 \\ 1 & 1 & \lambda \end{vmatrix}$$

$$= (\lambda+2)\begin{vmatrix} 1 & 1 & 1 \\ 0 & \lambda-1 & 0 \\ 0 & 0 & \lambda-1 \end{vmatrix} = (\lambda+2)(\lambda-1)^2.$$

令 $|\lambda E - A| = 0$ 得：$\lambda_1 = \lambda_2 = 1, \lambda_3 = -2$.

当 $\lambda_1 = \lambda_2 = 1$ 时，解齐次线性方程组 $(E - A)X = 0$，即：$E - A = \begin{pmatrix} 1 & 1 & 1 \\ 1 & 1 & 1 \\ 1 & 1 & 1 \end{pmatrix} \rightarrow \begin{pmatrix} 1 & 1 & 1 \\ 0 & 0 & 0 \\ 0 & 0 & 0 \end{pmatrix}$.

可知 $r(E - A) = 1$，取 x_2、x_3 为自由未知量，对应的方程为 $x_1 + x_2 + x_3 = 0$.

求得一个基础解系为 $\alpha_1 = (-1,1,0)^T$，$\alpha_2 = (-1,0,1)^T$，所以 A 的属于特征值 1 的全部特征向量为 $K_1\alpha_1 + K_2\alpha_2$，其中 K_1、K_2 为不全为 0 的常数.

当 $\lambda_3 = -2$ 时，解齐次线性方程组 $(-2E - A)X = 0$：

$$-2E - A = \begin{pmatrix} -2 & 1 & 1 \\ 1 & -2 & 1 \\ 1 & 1 & -2 \end{pmatrix} \rightarrow \begin{pmatrix} 1 & 1 & -2 \\ 1 & -2 & 1 \\ -2 & 1 & 1 \end{pmatrix} \rightarrow \begin{pmatrix} 1 & 1 & -2 \\ 0 & -3 & 3 \\ 0 & 3 & -3 \end{pmatrix} \rightarrow \begin{pmatrix} 1 & 1 & -2 \\ 0 & 1 & -1 \\ 0 & 0 & 0 \end{pmatrix}.$$

$r(-2E-A)=2$,取 x_3 为自由未知量,对应的方程组为 $\begin{cases} x_1+x_2-2x_3=0 \\ x_2-x_3=0 \end{cases}$,求得它的

一个基础解系为 $\alpha_3 = \begin{pmatrix} 1 \\ 1 \\ 1 \end{pmatrix}$,所以 A 的属于特征值 -2 的全部特征向量为 $K_3\alpha_3$,其中 K_3 是不为 0 的常数.

例 3.10 求 $A = \begin{pmatrix} 0 & 1 & 0 \\ 0 & 0 & 1 \\ 0 & 0 & 0 \end{pmatrix}$ 的特征值及对应的特征向量.

解 $|\lambda E - A| = \begin{vmatrix} \lambda & -1 & 0 \\ 0 & \lambda & -1 \\ 0 & 0 & \lambda \end{vmatrix} = \lambda^3$.

令 $|\lambda E - A| = 0$,解得 $\lambda_1 = \lambda_2 = \lambda_3 = 0$.

对于 $\lambda_1 = \lambda_2 = \lambda_3 = 0$,解齐次线性方程组 $(0E-A)X=0$.

$-A = \begin{pmatrix} 0 & -1 & 0 \\ 0 & 0 & -1 \\ 0 & 0 & 0 \end{pmatrix}$,$-A$ 的秩为 2,取 x_1 为自由未知量,对应的方程组为 $\begin{cases} x_2=0 \\ x_3=0 \end{cases}$,求

得它的一个基础解系为 $\alpha = \begin{pmatrix} 1 \\ 0 \\ 0 \end{pmatrix}$,所以 A 的属于特征值 0 的全部特征向量为 $K\alpha$,其中 K 是不为 0 的常数.

例 3.11 求 $A = \begin{pmatrix} 1 & 2 & 2 \\ 2 & 1 & -2 \\ -2 & -2 & 1 \end{pmatrix}$ 的特征值及对应的特征向量.

解 $|\lambda E - A| = \begin{vmatrix} \lambda-1 & -2 & -2 \\ -2 & \lambda-1 & 2 \\ 2 & 2 & \lambda-1 \end{vmatrix} = \begin{vmatrix} \lambda-1 & -2 & -2 \\ 0 & \lambda+1 & \lambda+1 \\ 2 & 2 & \lambda-1 \end{vmatrix}$

$$= (\lambda+1)\begin{vmatrix} \lambda-1 & -2 & -2 \\ 0 & 1 & 1 \\ 2 & 2 & \lambda-1 \end{vmatrix} = (\lambda+1)\begin{vmatrix} \lambda-1 & -2 & 0 \\ 0 & 1 & 0 \\ 2 & 2 & \lambda-3 \end{vmatrix}$$

$$= (\lambda+1)(\lambda-1)(\lambda-3).$$

令 $|\lambda E - A| = 0$，解得 $\lambda_1 = -1$，$\lambda_2 = 1$，$\lambda_3 = 3$.

当 $\lambda_1 = -1$ 时，$\lambda_1 E - A = \begin{pmatrix} -2 & -2 & -2 \\ -2 & -2 & 2 \\ 2 & 2 & -2 \end{pmatrix} \to \begin{pmatrix} 1 & 1 & 0 \\ 0 & 0 & 1 \\ 0 & 0 & 0 \end{pmatrix}$，$r(\lambda_1 E - A) = 2$，取 x_2 为自由未知量，对应的方程组为 $\begin{cases} x_1 + x_2 = 0 \\ x_3 = 0 \end{cases}$，解得一个基础解系为 $\alpha_1 = \begin{pmatrix} -1 \\ 1 \\ 0 \end{pmatrix}$，所以 A 的属于特征值 -1 的全部特征向量为 $K_1 \alpha_1$，其中 K_1 是不为 0 的常数.

当 $\lambda_2 = 1$ 时，$\lambda_2 E - A = \begin{pmatrix} 0 & -2 & -2 \\ -2 & 0 & 2 \\ 2 & 2 & 0 \end{pmatrix} \to \begin{pmatrix} 1 & 1 & 0 \\ 0 & 1 & 1 \\ 0 & 0 & 0 \end{pmatrix}$，$r(\lambda_2 E - A) = 2$，取 x_3 为自由未知量，对应的方程组为 $\begin{cases} x_1 + x_2 = 0 \\ x_2 + x_3 = 0 \end{cases}$，解得一个基础解系为 $\alpha_2 = \begin{pmatrix} 1 \\ -1 \\ 1 \end{pmatrix}$，所以 A 的属于特征值 1 的全部特征向量为 $K_2 \alpha_2$，其中 K_2 是不为 0 的常数.

当 $\lambda_3 = 3$ 时，$\lambda_3 E - A = \begin{pmatrix} 2 & -2 & -2 \\ -2 & 2 & 2 \\ 2 & 2 & 2 \end{pmatrix} \to \begin{pmatrix} 1 & 1 & 1 \\ 0 & 1 & 1 \\ 0 & 0 & 0 \end{pmatrix}$，$r(\lambda_3 E - A) = 2$，取 x_3 为自由未知量，对应的方程组为 $\begin{cases} x_1 + x_2 + x_3 = 0 \\ x_2 + x_3 = 0 \end{cases}$，解得一个基础解系为 $\alpha_3 = \begin{pmatrix} 0 \\ -1 \\ 1 \end{pmatrix}$，所以 A 的属于特征值 3 的全部特征向量为 $K_3 \alpha_3$，其中 K_3 是不为 0 的常数.

例 3.12 已知矩阵 $\begin{pmatrix} 20 & 30 \\ -12 & x \end{pmatrix}$ 有一个特征向量 $\begin{pmatrix} -5 \\ 3 \end{pmatrix}$，求 x 的值.

解 由已知有：

$$\begin{pmatrix} 20 & 30 \\ -12 & x \end{pmatrix} \begin{pmatrix} -5 \\ 3 \end{pmatrix} = \lambda \begin{pmatrix} -5 \\ 3 \end{pmatrix},$$

得 $\begin{pmatrix} -10 \\ 60+3x \end{pmatrix} = \begin{pmatrix} -5\lambda \\ 3\lambda \end{pmatrix}$，所以有 $\begin{cases} \lambda = 2 \\ x = -18 \end{cases}$。

3.3 特征值、特征向量的基本性质

性质 1 如果 α 是 A 的属于特征值 λ_0 的特征向量，则 α 一定是非零向量，且对于任意非零常数 K，$K\alpha$ 也是 A 的属于特征值 λ_0 的特征向量.

性质 2 如果 α_1、α_2 是 A 的属于特征值 λ_0 的特征向量，则当 $k_1\alpha_1 + k_2\alpha_2 \neq 0$ 时，$k_1\alpha_1 + k_2\alpha_2$ 也是 A 的属于特征值 λ_0 的特征向量.

证 $A(k_1\alpha_1 + k_2\alpha_2) = k_1 A\alpha_1 + k_2 A\alpha_2 = k_1\lambda_0\alpha_1 + k_2\lambda_0\alpha_2 = \lambda_0(k_1\alpha_1 + k_2\alpha)$.

性质 3 n 阶矩阵 A 与它的转置矩阵 A^T 有相同的特征值.

证 $\left|\lambda I - A^T\right| = \left|(\lambda I - A)^T\right| = \left|\lambda I - A\right|$.

注：A 与 A^T 同一特征值的特征向量不一定相同，A 与 A^T 的特征矩阵不一定相同.

性质 4 设 $A = (a_{ij})_{n\times n}$，则：

（a） $\lambda_1 + \lambda_2 + \cdots + \lambda_n = a_{11} + a_{22} + \cdots + a_{nn}$；

（b） $\lambda_1\lambda_2\cdots\lambda_n = |A|$.

推论 A 可逆的充分必要条件是 A 的所有特征值都不为 0，即 $\lambda_1\lambda_2\cdots\lambda_n = |A| \neq 0$.

定义 3.4 设 $A = (a_{ij})_{n\times n}$，把 A 的主对角线元素之和称为 A 的迹，记作 $tr(A)$，即 $tr(A) = a_{11} + a_{22} + \cdots + a_{nn}$.

由性质（a）可记为 $tr(A) = \lambda_1 + \lambda_2 + \cdots + \lambda_n$.

性质 5 设 λ 是 A 的特征值，且 α 是 A 的属于 λ 的特征向量，则：

（a） $a\lambda$ 是 aA 的特征值，有 $(aA)\alpha = (a\lambda)\alpha$；

（b） λ^k 是 A^k 的特征值，有 $A^k\alpha = \lambda^k\alpha$；

（c） 若 A 可逆，则 $\lambda \neq 0$，且 $\dfrac{1}{\lambda}$ 是 A^{-1} 的特征值，$A^{-1}\alpha = \dfrac{1}{\lambda}\alpha$.

证 因为 α 是 A 的属于 λ 的特征向量，有 $A\alpha = \lambda\alpha$.

（a）两边同乘 a 得 $(aA)\alpha = (a\lambda)\alpha$，则 $a\lambda$ 是 aA 的特征值；

（b）$A^k\alpha = A^{k-1}(A\alpha) = A^{k-1}(\lambda\alpha) = \lambda A^{k-2}(A\alpha) = \lambda A^{k-2}(\lambda\alpha) = \lambda^2(A^{k-2}\alpha)$
$= \cdots = \lambda^{k-1}(A\alpha) = \lambda^k\alpha$

则 λ^k 是 A^k 的特征值；

（c）因为 A 可逆，所以它所有的特征值都不为 0，由 $A\alpha = \lambda\alpha$ 得 $A^{-1}(A\alpha) = A^{-1}(\lambda\alpha)$，即 $(A^{-1}A)\alpha = \lambda(A^{-1}\alpha) \Rightarrow \alpha = \lambda(A^{-1}\alpha)$.

再由 $\lambda \neq 0$，两边同除以 λ 得：

$$A^{-1}\alpha = \frac{1}{\lambda}\alpha$$

所以 $\lambda \neq 0$，$\dfrac{1}{\lambda}$ 是 A^{-1} 的特征值.

例 3.13 已知三阶方阵 A 有一特征值是 3，且 $tr(A) = |A| = 6$，求 A 的所有特征值.

解 设 A 的特征值为 3、λ_2、λ_3，由上述性质得：

$$\lambda_2 + \lambda_3 + 3 = tr(A) = 6,$$
$$\lambda_2 \cdot \lambda_3 \cdot 3 = |A| = 6,$$

由此得 $\lambda_2 = 1$，$\lambda_3 = 2$.

例 3.14 已知三阶方阵 A 的三个特征值是 1、-2、3，求：

（1）$|A|$；　　　　　　　　　　　　（2）A^{-1} 的特征值；

（3）A^T 的特征值；　　　　　　　　（4）A^* 的特征值.

解 （1）$|A| = 1 \times (-2) \times 3 = -6$；

（2）A^{-1} 的特征值：1、$-\dfrac{1}{2}$、$\dfrac{1}{3}$；

（3）A^T 的特征值：1、-2、3；

（4）$A^* = |A|A^{-1} = -6A^{-1}$，则 A^* 的特征值为 -6×1、$-6 \times \left(-\dfrac{1}{2}\right)$、$-6 \times \dfrac{1}{3}$，即为 -6、3、-2.

例 3.15 已知矩阵 $A = \begin{pmatrix} 2 & 1 & 1 \\ 1 & 2 & 1 \\ 1 & 1 & 2 \end{pmatrix}$，向量 $\alpha = \begin{pmatrix} 1 \\ k \\ 1 \end{pmatrix}$ 是逆矩阵 A^{-1} 的特征向量，试求常数 k.

解 设 λ 是 A 对应于 α 的特征值，所以 $A\alpha = \lambda\alpha$，即：

$$\lambda \begin{pmatrix} 1 \\ k \\ 1 \end{pmatrix} = \begin{pmatrix} 2 & 1 & 1 \\ 1 & 2 & 1 \\ 1 & 1 & 2 \end{pmatrix} \begin{pmatrix} 1 \\ k \\ 1 \end{pmatrix} = \begin{pmatrix} 3+k \\ 2+2k \\ 3+k \end{pmatrix},$$

得 $\begin{cases} \lambda = 3+k \\ k\lambda = 2+2k \end{cases} \Rightarrow \begin{cases} \lambda_1 = 1 \\ k_1 = -2 \end{cases}$ 或 $\begin{cases} \lambda_2 = 4 \\ k_2 = 1 \end{cases}$.

例 3.16 设 A 为 n 阶方阵，证明 $|A|=0$ 的充分必要条件是 0 为矩阵 A 的一个特征值.

证明 $|A|=0 \Leftrightarrow |0 \cdot I - A|=0 \Leftrightarrow 0$ 为矩阵 A 的一个特征值.

例 3.17 若 $A^2 = 0$，则 A 的特征值只有是 0.

证明 设 λ 是矩阵 A 的任一特征值，α 是对应的特征向量，则：

$$A\alpha = \lambda\alpha.$$

所以 $0 = A^2\alpha = A(A\alpha) = \lambda^2\alpha$，而 $\alpha \neq 0$，所以 $\lambda = 0$.

3.4 相似矩阵

3.4.1 相似矩阵的定义

定义 3.5 设 A、B 为 n 阶矩阵，如果存在 n 阶可逆矩阵 P 使得 $P^{-1}AP = B$ 成立，则称矩阵 A 与 B 相似，记作 $A \sim B$.

例 3.18 已知 $A = \begin{pmatrix} 3 & 1 \\ 5 & -1 \end{pmatrix}$，$B = \begin{pmatrix} 4 & 0 \\ 0 & -2 \end{pmatrix}$，$P = \begin{pmatrix} 1 & 1 \\ 1 & -5 \end{pmatrix}$，则 $P^{-1} = \begin{pmatrix} \dfrac{5}{6} & \dfrac{1}{6} \\ \dfrac{1}{6} & -\dfrac{1}{6} \end{pmatrix}$，且：

$$P^{-1}AP = \begin{pmatrix} \dfrac{5}{6} & \dfrac{1}{6} \\ \dfrac{1}{6} & -\dfrac{1}{6} \end{pmatrix} \begin{pmatrix} 3 & 1 \\ 5 & -1 \end{pmatrix} \begin{pmatrix} 1 & 1 \\ 1 & -5 \end{pmatrix} = \begin{pmatrix} 4 & 0 \\ 0 & -2 \end{pmatrix} = B,$$

所以 $A \sim B$.

例 3.19 如果 n 阶矩阵 A 与 n 阶单位矩阵 I 相似，则 $A = I$.

解 因为 $A \sim I$，所以一定存在可逆矩阵 P 使 $P^{-1}AP = I$ 成立，由此得

$A = P \cdot I \cdot P^{-1} = PP^{-1} = I$.

3.4.2 相似矩阵的性质

相似矩阵具有下述性质：

（1）反身性：对任意 n 阶方阵 A，都有 $A \sim A$（$A = I^{-1}AI$）.

（2）对称性：若 $A \sim B$，则 $B \sim A$（因 $P^{-1}AP = B \Rightarrow A = (P^{-1})^{-1}BP^{-1}$）.

（3）传递性：若 $A \sim B$，$B \sim C$，则 $A \sim C$.

由 $P^{-1}AP = B$，$U^{-1}BU = C \Rightarrow (PU)^{-1}A(PU) = C$.

（4）若 n 阶矩阵 A、B 相似，则它们具有相同的特征值.

证明 由已知得 $P^{-1}AP = B$，

$$|\lambda I - B| = |P^{-1}\lambda IP - P^{-1}AP| = |P^{-1}(\lambda I - A)P| = |P^{-1}| \cdot |\lambda I - A| \cdot |P| = |\lambda I - A|.$$

注：相似矩阵对于同一特征值不一定有相同的特征向量.

（5）若 n 阶矩阵 A、B 相似，则它们具有相同的行列式.

证明 因为 A 与 B 相似，所以 $P^{-1}AP = B$.

两边求行列式得：$|P^{-1}AP| = |B| \Rightarrow |P^{-1}| \cdot |A| \cdot |P| = |B|$，

即得：$|A| = |B|$.

推论 相似矩阵具有相同的可逆性.

（6）若 n 阶矩阵 A、B 相似，则它们具有相同的迹.

（7）若 n 阶矩阵 A、B 相似，则它们具有相同的秩.

（8）若 n 阶矩阵 A、B 相似，即 $P^{-1}AP = B$，则 $A^k \sim B^k$（k 为任意非负整数）且 $P^{-1}A^kP = B^k$.

证明 当 $k = 1$ 时，$P^{-1}AP = B$ 成立（矩阵 A、B 相似）；

假设 $k = m$ 时成立，即有 $P^{-1}A^mP = B^m$；

现证 $k = m+1$ 时也成立，$B^{m+1} = B^mB = (P^{-1}A^mP)(P^{-1}AP) = P^{-1}A^m(PP^{-1})AP = P^{-1}A^{m+1}P$，

则 $k = m+1$ 时也成立.

例 3.20 已知 n 阶方阵 A、B 相似，$|A| = 5$，求 $|B^T|$ 和 $|(A^TB)^{-1}|$.

解 因为 $A \sim B$，所以有 $|A| = |B|$，又因 $|B^T| = |B|$，则得 $|B^T| = 5$.

$$|(A^TB)^{-1}| = |(A^TB)|^{-1} = (|A^T| \cdot |B|)^{-1} = (|A| \cdot |B|)^{-1} = \frac{1}{25}.$$

例 3.21 若 $A = \begin{pmatrix} 22 & 31 \\ y & x \end{pmatrix}$ 与 $B = \begin{pmatrix} 1 & 2 \\ 3 & 4 \end{pmatrix}$ 相似，求 x、y 的值.

解 因为 $A \sim B$，所以 $|A| = |B|$，由此得 $22x - 31y = -2$.

又由于 $A \sim B$，所以 $tr(A) = tr(B)$，得 $22 + x = 1 + 4$.

解得 $x = -17$，$y = -12$.

例 3.22 如果矩阵 A 可逆，试证 AB 与 BA 的特征值相同.

证明 因为 A 可逆，所以 $A^{-1}(AB)A = (A^{-1}A)BA = BA$，即 AB 与 BA 相似，由性质（4）得 AB 与 BA 的特征值相同.

3.4.3 方阵对角化

定义 3.6 若方阵 A 可以和某个对角矩阵相似，则称矩阵 A 可对角化.

定理 3.10 设 $\lambda_1, \lambda_2, \cdots, \lambda_m$ 为 n 阶矩阵 A 的不同特征值，$\alpha_1, \alpha_2, \cdots, \alpha_m$ 分别是属于 $\lambda_1, \lambda_2, \cdots, \lambda_m$ 的特征向量，则 $\alpha_1, \alpha_2, \cdots, \alpha_m$ 线性无关.

定理 3.11 n 阶矩阵 A 相似于对角矩阵的充分必要条件是 A 有 n 个线性无关的特征向量.

从定理 3.11 可知，只要能求出 A 的 n 个线性无关的特征向量 $\alpha_1, \alpha_2, \cdots, \alpha_n$，令 $P = (\alpha_1, \alpha_2, \cdots, \alpha_n)$ 就能使 $P^{-1}AP = \Lambda$，其中矩阵 $\Lambda = \begin{pmatrix} \lambda_1 & & & \\ & \lambda_2 & & \\ & & \ddots & \\ & & & \lambda_n \end{pmatrix}$，对角矩阵的主对角元素依次为 $\alpha_1, \alpha_2, \cdots, \alpha_n$ 所对应的特征值 $\lambda_1, \lambda_2, \cdots, \lambda_n$.

推论 若 n 阶矩阵 A 有 n 个相异的特征值 $\lambda_1, \lambda_2, \cdots, \lambda_n$，则矩阵 A 一定可对角化.

定理 3.12 设 λ 是 n 阶矩阵 A 的特征多项式的 k 重根，则 A 的属于特征值 λ 的线性无关的特征向量个数最多有 k 个.

定理 3.13 设 n 阶矩阵 A 有 m 个不同特征值 $\lambda_1, \lambda_2, \cdots, \lambda_m$，设 $\alpha_{i1}, \alpha_{i2}, \cdots, \alpha_{is_i}$ 是矩阵 A 的属于 λ_i 的线性无关的特征向量（$i = 1, 2, \cdots, m$），则向量组 $\alpha_{11}, \alpha_{12}, \cdots, \alpha_{1s_1}$，$\alpha_{21}, \alpha_{22}, \cdots, \alpha_{2s_2}$，$\cdots$，$\alpha_{m1}, \alpha_{m2}, \cdots, \alpha_{ms_m}$ 线性无关.

定理 3.14 n 阶矩阵 A 与对角矩阵相似的充分必要条件是对每一个特征值对应的特征向量线性无关的最大个数等于该特征值的重数，即对每一个 n_i 重特征值 λ_i，

$(\lambda_i E - A)X = 0$ 的基础解系含有 n_i 个向量 ($i = 1, 2, \cdots, m$) ($n_1 + n_2 + \cdots + n_m = n$).

例 3.23 已知 $A = \begin{pmatrix} 1 & 2 & 2 \\ 2 & 1 & -2 \\ -2 & -2 & 1 \end{pmatrix}$，问矩阵 A 可否对角化？若可对角化求出可逆矩阵 P 及对角阵 Λ.

解 $|\lambda E - A| = (\lambda + 1)(\lambda - 1)(\lambda - 3)$，解得 $\lambda_1 = -1$、$\lambda_2 = 1$、$\lambda_3 = 3$，由推论可得矩阵 A 可对角化.

当 $\lambda_1 = -1$ 时，$\lambda_1 E - A = \begin{pmatrix} -2 & -2 & -2 \\ -2 & -2 & 2 \\ 2 & 2 & -2 \end{pmatrix} \to \begin{pmatrix} 1 & 1 & 0 \\ 0 & 0 & 1 \\ 0 & 0 & 0 \end{pmatrix}$，取 x_2 为自由未知量，对应的方程组为 $\begin{cases} x_1 + x_2 = 0 \\ x_3 = 0 \end{cases}$，解得一个基础解系为 $\alpha_1 = (-1, 1, 0)^T$；

当 $\lambda_2 = 1$，$\lambda_2 E - A = \begin{pmatrix} 0 & -2 & -2 \\ -2 & 0 & 2 \\ 2 & 2 & 0 \end{pmatrix} \to \begin{pmatrix} 1 & 1 & 0 \\ 0 & 1 & 1 \\ 0 & 0 & 0 \end{pmatrix}$，取 x_3 为自由未知量，对应的方程组为 $\begin{cases} x_1 + x_2 = 0 \\ x_2 + x_3 = 0 \end{cases}$，解得一个基础解系为 $\alpha_2 = (1, -1, 1)^T$；

当 $\lambda_3 = 3$ 时，$\lambda_3 E - A = \begin{pmatrix} 2 & -2 & -2 \\ -2 & 2 & 2 \\ 2 & 2 & 2 \end{pmatrix} \to \begin{pmatrix} 1 & 1 & 1 \\ 0 & 1 & 1 \\ 0 & 0 & 0 \end{pmatrix}$，取 x_3 为自由未知量，对应的方程组为 $\begin{cases} x_1 + x_2 + x_3 = 0 \\ x_2 + x_3 = 0 \end{cases}$，解得一个基础解系为 $\alpha_3 = (0, -1, 1)^T$.

则可逆矩阵为 $P = (\alpha_1, \alpha_2, \alpha_3) = \begin{pmatrix} -1 & 1 & 0 \\ 1 & -1 & -1 \\ 0 & 1 & 1 \end{pmatrix}$，对应的对角阵 $\Lambda = \begin{pmatrix} -1 & 0 & 0 \\ 0 & 1 & 0 \\ 0 & 0 & 3 \end{pmatrix}$.

例 3.24 已知 $A = \begin{pmatrix} 0 & -1 & -1 \\ -1 & 0 & -1 \\ -1 & -1 & 0 \end{pmatrix}$，问矩阵 A 可否对角化？若可对角化求出可逆矩阵 P 及对角阵 Λ.

解 $|\lambda E - A| = (\lambda+2)(\lambda-1)^2$，令 $|\lambda E - A| = 0$ 得 $\lambda_1 = \lambda_2 = 1$、$\lambda_3 = -2$．

当 $\lambda_1 = \lambda_2 = 1$ 时，$E - A = \begin{pmatrix} 1 & 1 & 1 \\ 1 & 1 & 1 \\ 1 & 1 & 1 \end{pmatrix} \to \begin{pmatrix} 1 & 1 & 1 \\ 0 & 0 & 0 \\ 0 & 0 & 0 \end{pmatrix}$，取 x_2、x_3 为自由未知量，对应的方程为 $x_1 + x_2 + x_3 = 0$，求得基础解系为 $\alpha_1 = (-1,1,0)^T$，$\alpha_2 = (-1,0,1)^T$．

当 $\lambda_3 = -2$ 时，$-2E - A = \begin{pmatrix} -2 & 1 & 1 \\ 1 & -2 & 1 \\ 1 & 1 & -2 \end{pmatrix} \to \begin{pmatrix} 1 & 1 & -2 \\ 1 & -2 & 1 \\ -2 & 1 & 1 \end{pmatrix} \to \begin{pmatrix} 1 & 1 & -2 \\ 0 & -3 & 3 \\ 0 & -3 & 3 \end{pmatrix} \to \begin{pmatrix} 1 & 1 & -2 \\ 0 & -1 & 1 \\ 0 & 0 & 0 \end{pmatrix}$，

取 x_3 为自由未知量，对应的方程组为 $\begin{cases} x_1 + x_2 - 2x_3 = 0 \\ -x_2 + x_3 = 0 \end{cases}$，求得一个基础解系为 $\alpha_3 = (1,1,1)^T$．

则由定理 3.14 可得矩阵 A 可对角化，即存在可逆矩阵 $P = (\alpha_3, \alpha_1, \alpha_2) = \begin{pmatrix} 1 & -1 & -1 \\ 1 & 1 & 0 \\ 1 & 0 & 1 \end{pmatrix}$，相应的对角阵 $\Lambda = \begin{pmatrix} -2 & 0 & 0 \\ 0 & 1 & 0 \\ 0 & 0 & 1 \end{pmatrix}$．

例 3.25 已知 $A = \begin{pmatrix} 3 & -1 & 1 \\ 2 & 0 & 1 \\ 1 & -1 & 2 \end{pmatrix}$，问矩阵 A 可否对角化？若可对角化求出可逆矩阵 P 及对角阵 Λ．

解 $|\lambda E - A| = \begin{vmatrix} \lambda-3 & 1 & -1 \\ -2 & \lambda & -1 \\ -1 & 1 & \lambda-2 \end{vmatrix} = \begin{vmatrix} \lambda-1 & 1-\lambda & 0 \\ -2 & \lambda & -1 \\ -1 & 1 & \lambda-2 \end{vmatrix} = (\lambda-1) \begin{vmatrix} 1 & -1 & 0 \\ -2 & \lambda & -1 \\ -1 & 1 & \lambda-2 \end{vmatrix}$

$= (\lambda-1) \begin{vmatrix} 0 & -1 & 0 \\ \lambda-2 & \lambda & -1 \\ 0 & 1 & \lambda-2 \end{vmatrix} = (\lambda-1)(\lambda-2)^2$，

所以矩阵 A 的特征值为 $\lambda_1 = \lambda_2 = 2$、$\lambda_3 = 1$．

当 $\lambda_1 = \lambda_2 = 2$ 时，$\lambda_1 E - A = \begin{pmatrix} -1 & 1 & -1 \\ -2 & 2 & -1 \\ -1 & 1 & 0 \end{pmatrix} \to \begin{pmatrix} 1 & -1 & 1 \\ 0 & 0 & 1 \\ 0 & 0 & 0 \end{pmatrix}$，取 x_2 为自由未知量，对应的

方程组为 $\begin{cases} x_1 + x_3 = x_2 \\ x_3 = 0 \end{cases}$，求得它的一个基础解系为 $\alpha_1 = (1,1,0)^T$.

当 $\lambda_3 = 1$ 时，$\lambda_3 E - A = \begin{pmatrix} -2 & 1 & -1 \\ -2 & 1 & -1 \\ -1 & 1 & -1 \end{pmatrix} \to \begin{pmatrix} 1 & -1 & 1 \\ -2 & 1 & -1 \\ -2 & 1 & -1 \end{pmatrix} \to \begin{pmatrix} 1 & -1 & 1 \\ 0 & 1 & -1 \\ 0 & 0 & 0 \end{pmatrix}$，取 x_3 为自由未知

量，对应的方程组为 $\begin{cases} x_1 - x_2 + x_3 = 0 \\ x_2 - x_3 = 0 \end{cases}$，求得它的一个基础解系为 $\alpha_2 = (0,1,1)^T$.

因为 A 只有两个线性无关的特征向量 α_1 和 α_2，而 $n = 3$，所以矩阵 A 不能对角化. 注意对重根一般有 $r(\lambda E - A) \geq n - \lambda$ 的重数.

由性质（8）知：当 n 阶矩阵 A、B 相似，即 $P^{-1}AP = B$ 时，有 $A^k \sim B^k$（k 为任意非负整数），且 $P^{-1}A^k P = B^k$. 由此可得 $A^k = PB^k P^{-1}$，如果 B 是对角阵 Λ，则 $A^k = P\Lambda^k P^{-1}$.

例 3.26 已知 $A = \begin{pmatrix} 4 & 6 & 0 \\ -3 & -5 & 0 \\ -3 & -6 & 1 \end{pmatrix}$，试计算 A^{10}.

解 $|\lambda E - A| = \begin{vmatrix} \lambda - 4 & -6 & 0 \\ 3 & \lambda + 5 & 0 \\ 3 & 6 & \lambda - 1 \end{vmatrix} = (\lambda - 1) \begin{vmatrix} \lambda - 4 & -6 \\ 3 & \lambda + 5 \end{vmatrix} = (\lambda + 2)(\lambda - 1)^2$，

令 $|\lambda E - A| = 0$，得 $\lambda_1 = \lambda_2 = 1$、$\lambda_3 = -2$.

当 $\lambda_1 = \lambda_2 = 1$ 时，$E - A = \begin{pmatrix} -3 & -6 & 0 \\ 3 & 6 & 0 \\ 3 & 6 & 0 \end{pmatrix} \to \begin{pmatrix} -3 & -6 & 0 \\ 0 & 0 & 0 \\ 0 & 0 & 0 \end{pmatrix} \to \begin{pmatrix} 1 & 2 & 0 \\ 0 & 0 & 0 \\ 0 & 0 & 0 \end{pmatrix}$，取 x_2、x_3 为自由未

知量，对应的方程为 $x_1 + 2x_2 = 0$，求得它的基础解系为 $\alpha_1 = (-2,1,0)^T$，$\alpha_2 = (0,0,1)^T$.

当 $\lambda_3 = -2$ 时，$-2E - A = \begin{pmatrix} -6 & -6 & 0 \\ 3 & 3 & 0 \\ 3 & 6 & -3 \end{pmatrix} \to \begin{pmatrix} 1 & 1 & 0 \\ 0 & 0 & 0 \\ 0 & 1 & -1 \end{pmatrix} \to \begin{pmatrix} 1 & 1 & 0 \\ 0 & 1 & -1 \\ 0 & 0 & 0 \end{pmatrix}$，取 x_3 为自由未知

量，对应的方程组为 $\begin{cases} x_1 + x_2 = 0 \\ x_2 - x_3 = 0 \end{cases}$，求得它的一个基础解系为 $\alpha_3 = (-1,1,1)^T$.

所以可逆矩阵为 $P = (\alpha_1, \alpha_2, \alpha_3) = \begin{pmatrix} -2 & 0 & -1 \\ 1 & 0 & 1 \\ 0 & 1 & 1 \end{pmatrix}$，相应的对角阵 $\Lambda = \begin{pmatrix} 1 & 0 & 0 \\ 0 & 1 & 0 \\ 0 & 0 & -2 \end{pmatrix}$.

从而 $A^{10} = P\Lambda^{10}P^{-1} = \begin{pmatrix} -2 & 0 & -1 \\ 1 & 0 & 1 \\ 0 & 1 & 1 \end{pmatrix} \begin{pmatrix} 1 & 0 & 0 \\ 0 & 1 & 0 \\ 0 & 0 & -2 \end{pmatrix}^{10} \begin{pmatrix} -1 & -1 & 0 \\ -1 & -2 & 1 \\ 1 & 2 & 0 \end{pmatrix}$

$= \begin{pmatrix} -2 & 0 & -1024 \\ 1 & 0 & 1024 \\ 0 & 1 & 1024 \end{pmatrix} \begin{pmatrix} -1 & -1 & 0 \\ -1 & -2 & 1 \\ 1 & 2 & 0 \end{pmatrix} = \begin{pmatrix} -1022 & -2046 & 0 \\ 1023 & 2047 & 0 \\ 1023 & 2046 & 1 \end{pmatrix}$.

例 3.27 已知 $A = \begin{pmatrix} 3 & 1 \\ 5 & -1 \end{pmatrix}$，求 A^n.

解 $|\lambda E - A| = (\lambda - 4)(\lambda + 2)$，解得 A 的特征值为 $\lambda_1 = 4$、$\lambda_2 = -2$.

当 $\lambda_1 = 4$ 时，解线性方程组 $(4E - A)X = 0$，解得一个基础解系 $\alpha_1 = (1,1)^T$.

当 $\lambda_2 = -2$ 时，解线性方程组 $(-2E - A)X = 0$，解得一个基础解系 $\alpha_2 = (1,5)^T$.

所以可逆矩阵 $P = (\alpha_1, \alpha_2) = \begin{pmatrix} 1 & 1 \\ 1 & 5 \end{pmatrix}$，相应的对角阵 $\Lambda = \begin{pmatrix} 4 & 0 \\ 0 & -2 \end{pmatrix}$.

从而 $A^n = P\Lambda^n P^{-1} = \begin{pmatrix} 1 & 1 \\ 1 & 5 \end{pmatrix} \begin{pmatrix} 4 & 0 \\ 0 & -2 \end{pmatrix}^n \begin{pmatrix} \dfrac{5}{6} & \dfrac{1}{6} \\ \dfrac{1}{6} & \dfrac{1}{6} \end{pmatrix}$

$= \begin{pmatrix} \dfrac{5}{6}4^n + \dfrac{1}{6}(-2)^n & \dfrac{1}{6}4^n + \dfrac{1}{6}(-2)^n \\ \dfrac{5}{6}4^n + \dfrac{5}{6}(-2)^n & \dfrac{1}{6}4^n + \dfrac{5}{6}(-2)^n \end{pmatrix}$.

例 3.28 设三阶矩阵 A 的特征值为 $\lambda_1 = 1$、$\lambda_2 = 2$、$\lambda_3 = 3$，对应的特征向量依次为 $\alpha_1 = \begin{pmatrix} 1 \\ 1 \\ 1 \end{pmatrix}$，$\alpha_2 = \begin{pmatrix} 1 \\ 2 \\ 4 \end{pmatrix}$，$\alpha_3 = \begin{pmatrix} 1 \\ 3 \\ 9 \end{pmatrix}$，求 A^n.

解 $A = P\Lambda P^{-1}$，其中 $P = (\alpha_1, \alpha_2, \alpha_3) = \begin{pmatrix} 1 & 1 & 1 \\ 1 & 2 & 3 \\ 1 & 4 & 9 \end{pmatrix}$，$\Lambda = \begin{pmatrix} 1 & 0 & 0 \\ 0 & 2 & 0 \\ 0 & 0 & 3 \end{pmatrix}$，

$$A^n = P\Lambda^n P^{-1} = \begin{pmatrix} 1 & 2^n & 3^n \\ 1 & 2^{n+1} & 3^{n+1} \\ 1 & 2^{n+2} & 3^{n+2} \end{pmatrix} \begin{pmatrix} 3 & -\dfrac{5}{2} & \dfrac{1}{2} \\ -3 & 4 & -1 \\ 1 & -\dfrac{3}{2} & \dfrac{1}{2} \end{pmatrix}$$

$$= \begin{pmatrix} 3 - 3 \cdot 2^n + 3^n & -\dfrac{5}{2} + 2^{n+2} - \dfrac{3^{n+1}}{2} & \dfrac{1}{2} - 2^n + \dfrac{3^n}{2} \\ 3 - 3 \cdot 2^{n+1} + 3^{n+1} & -\dfrac{5}{2} + 2^{n+3} - \dfrac{3^{n+2}}{2} & \dfrac{1}{2} - 2^{n+1} + \dfrac{3^{n+1}}{2} \\ 3 - 3 \cdot 2^{n+2} + 3^{n+2} & -\dfrac{5}{2} + 2^{n+4} - \dfrac{3^{n+3}}{2} & \dfrac{1}{2} - 2^{n+2} + \dfrac{3^{n+2}}{2} \end{pmatrix}.$$

例 3.29 设方阵 $A = \begin{pmatrix} 2 & 0 & 0 \\ 0 & 0 & 1 \\ 0 & 1 & x \end{pmatrix}$ 与 $B = \begin{pmatrix} 2 & 0 & 0 \\ 0 & y & 0 \\ 0 & 0 & -1 \end{pmatrix}$ 相似，求 x、y 的值，并求可逆矩阵 P 使 $P^{-1}AP = B$.

解 因为 A 与 B 相似，有 $|A| = |B| \Rightarrow -2 = -2y \Rightarrow y = 1$.

又有 $tr(A) = tr(B) \Rightarrow 2 + x = 2 + y + (-1) \Rightarrow x = 0$.

A 的特征值分别是：$\lambda_1 = 2$、$\lambda_2 = 1$、$\lambda_3 = -1$.

而 $\lambda_1 = 2$ 对应的特征向量为 $k\begin{pmatrix} 1 \\ 0 \\ 0 \end{pmatrix}$ $(k \neq 0)$，$\lambda_2 = 1$ 对应的特征向量为 $k\begin{pmatrix} 0 \\ 1 \\ 1 \end{pmatrix}$ $(k \neq 0)$，

$\lambda_3 = -1$ 对应的特征向量为 $k\begin{pmatrix} 0 \\ 1 \\ -1 \end{pmatrix}$ $(k \neq 0)$，所以 $P = \begin{pmatrix} 1 & 0 & 0 \\ 0 & 1 & 1 \\ 0 & 1 & -1 \end{pmatrix}$.

3.5 实对称矩阵的对角化

定理 3.15 实对称矩阵的特征值都是实数.

定理 3.16 实对称矩阵的属于不同特征值的特征向量是正交的.

我们还可以证明：如果实对称矩阵 A 的特征值 λ 的重数是 k，则恰好有 k 个属于特征值 λ 的线性无关的特征向量. 如果利用施密特正交化方法把这 k 个向量正交化，它们仍是矩阵 A 的属于特征值 λ 的特征向量.

定理 3.17 设 A 为 n 阶实对称矩阵，则存在 n 阶正交矩阵 Q 使 $Q^{-1}AQ$ 为对角阵 Λ.

假设 A 有 m 个不同特征值 $\lambda_1, \lambda_2, \cdots, \lambda_m$，其重数分别为 $k_1, k_2, \cdots, k_m$，$k_1 + k_2 + \cdots + k_m = n$. 由上述说明可知，对同一特征值 λ_i，相应有 k_i 个正交的特征向量. 而不同特征值对应的特征向量也是正交的，因此 A 一定有 n 个正交的特征向量，再将这 n 个正交的特征向量单位化，记其为 $\alpha_1, \alpha_2, \cdots, \alpha_n$，显然这是一个标准正交向量组，令 $Q = (\alpha_1, \alpha_2, \cdots, \alpha_n)$，则 Q 为正交矩阵，且 $Q^{-1}AQ$ 为对角阵 Λ.

总结实对称矩阵对角化的步骤如下：

（1）求 $|\lambda I - A| = 0$ 全部不同的根 $\lambda_1, \lambda_2, \cdots, \lambda_m$，它们是 A 的全部不同的特征值；

（2）对于每个特征值 λ_i（k_i 重根），求齐次线性方程组 $(\lambda_i I - A)X = 0$ 的一个基础解系 $\eta_{i1}, \eta_{i2}, \cdots, \eta_{ik_i}$，利用施密特正交化方法将其正交化，再将其单位化得 $\alpha_{i1}, \alpha_{i2}, \cdots, \alpha_{ik_i}$；

（3）在第二步中将每个特征值得到的一组标准正交向量组合为一个向量组：

$$\alpha_{11}, \alpha_{12}, \cdots, \alpha_{1k_1}, \alpha_{21}, \alpha_{22}, \cdots, \alpha_{2k_2}, \cdots, \alpha_{m1}, \alpha_{m2}, \cdots, \alpha_{mk_m},$$

共有 $k_1 + k_2 + \cdots + k_m = n$ 个. 它们是 n 个向量组成的标准正交向量组，其中列向量组的矩阵 Q 就是所求正交矩阵.

（4）$Q^{-1}AQ = Q^T AQ = \Lambda$，其主对角线元素依次为：

$$\underbrace{\lambda_1, \cdots, \lambda_1}_{k_1 \text{个}}, \underbrace{\lambda_2, \cdots, \lambda_2}_{k_2 \text{个}}, \cdots\cdots, \underbrace{\lambda_m, \cdots, \lambda_m}_{k_m \text{个}}.$$

例 3.30 求正交矩阵 Q 使 $Q^T AQ$ 为对角阵，其中 $A = \begin{pmatrix} 2 & -2 & 0 \\ -2 & 1 & -2 \\ 0 & -2 & 0 \end{pmatrix}$.

解 $|\lambda E - A| = \begin{vmatrix} \lambda-2 & 2 & 0 \\ 2 & \lambda-1 & 2 \\ 0 & 2 & \lambda \end{vmatrix} = (\lambda-1)(\lambda-4)(\lambda+2)$，得 A 的特征值为 $\lambda_1 = 1$、$\lambda_2 = 4$、$\lambda_3 = -2$.

分别求出属于 λ_1、λ_2、λ_3 的线性无关的向量为：

$$\alpha_1 = (-2,-1,2)^T, \quad \alpha_2 = (2,-2,1)^T, \quad \alpha_3 = (1,2,2)^T,$$

则 α_1、α_2、α_3 是正交的，再将 α_1、α_2、α_3 单位化，得：

$$\eta_1 = \left(-\frac{2}{3},-\frac{1}{3},\frac{2}{3}\right)^T, \quad \eta_2 = \left(\frac{2}{3},-\frac{2}{3},\frac{1}{3}\right)^T, \quad \eta_3 = \left(\frac{1}{3},\frac{2}{3},\frac{2}{3}\right)^T.$$

令 $Q = (\eta_1,\eta_2,\eta_3) = \dfrac{1}{3}\begin{pmatrix} -2 & 2 & 1 \\ -1 & -2 & 2 \\ 2 & 1 & 2 \end{pmatrix}$，则 $Q^{-1}AQ = \begin{pmatrix} 1 & 0 & 0 \\ 0 & 4 & 0 \\ 0 & 0 & -2 \end{pmatrix}$.

例 3.31 求正交矩阵 Q 使 Q^TAQ 为对角阵，其中 $A = \begin{pmatrix} 1 & -2 & 2 \\ -2 & -2 & 4 \\ 2 & 4 & -2 \end{pmatrix}$.

解 $|\lambda E - A| = \begin{vmatrix} \lambda-1 & 2 & -2 \\ 2 & \lambda+2 & -4 \\ -2 & -4 & \lambda+2 \end{vmatrix} = (\lambda+7)(\lambda+2)^2$，得矩阵 A 的特征值为 $\lambda_1 = -7$、$\lambda_2 = \lambda_3 = 2$.

求出属于 $\lambda_1 = -7$ 的特征向量为 $\alpha_1 = (1,2,-2)^T$，属于 $\lambda_2 = \lambda_3 = 2$ 的特征向量为 $\alpha_2 = (-2,1,0)^T$，$\alpha_3 = (2,0,1)^T$，利用施密特正交化方法将 α_2、α_3 正交化得：

$$\beta_2 = (-2,1,0)^T, \quad \beta_3 = \left(\frac{2}{5},\frac{4}{5},1\right)^T.$$

所以 α_1、β_2、β_3 相互正交，再将其单位化得：

$$\eta_1 = \left(\frac{1}{3},\frac{2}{3},-\frac{2}{3}\right)^T, \quad \eta_2 = \left(-\frac{2}{\sqrt{5}},\frac{1}{\sqrt{5}},0\right)^T, \quad \eta_3 = \left(\frac{2}{3\sqrt{5}},\frac{4}{3\sqrt{5}},\frac{5}{3\sqrt{5}}\right)^T.$$

令 $Q = \begin{pmatrix} \dfrac{1}{3} & -\dfrac{2}{\sqrt{5}} & \dfrac{2}{3\sqrt{5}} \\ \dfrac{2}{3} & \dfrac{1}{\sqrt{5}} & \dfrac{4}{3\sqrt{5}} \\ -\dfrac{2}{3} & 0 & \dfrac{5}{3\sqrt{5}} \end{pmatrix}$，则 $Q^{-1}AQ = \begin{pmatrix} -7 & 0 & 0 \\ 0 & 2 & 0 \\ 0 & 0 & 2 \end{pmatrix}$.

例 3.32 设三阶实对称矩阵 A 的特征值是 1、2、3，矩阵 A 的属于特征值 1、2 的特征向量分别为 $\alpha_1 = (-1,-1,1)^T$，$\alpha_2 = (1,-2,-1)^T$.

（1）求 A 的属于 3 的特征向量；（2）求矩阵 A.

解 （1）设 A 的属于 3 的特征向量为 $\alpha_3 = (x_1, x_2, x_3)^T$，因为 α_1、α_2、α_3 是实对称矩阵 A 的属于不同特征值的特征向量，所以 α_1、α_2、α_3 两两正交，故有 $\alpha_1^T \alpha_3 = 0$，$\alpha_2^T \alpha_3 = 0$.

即得一线性方程组 $\begin{cases} -x_1 - x_2 + x_3 = 0 \\ x_1 - 2x_2 - x_3 = 0 \end{cases}$，解得非零解为 $\alpha_3 = (1, 0, 1)^T$，则 A 的属于 3 的特征向量为 $k(1, 0, 1)^T$（k 为非零常数）.

（2）将 α_1、α_2、α_3 单位化得：

$$\beta_1 = \left(-\frac{1}{\sqrt{3}}, -\frac{1}{\sqrt{3}}, \frac{1}{\sqrt{3}}\right)^T, \quad \beta_2 = \left(\frac{1}{\sqrt{6}}, -\frac{2}{\sqrt{6}}, -\frac{1}{\sqrt{6}}\right)^T, \quad \beta_3 = \left(\frac{1}{\sqrt{2}}, 0, \frac{1}{\sqrt{2}}\right)^T.$$

令 $P = (\beta_1, \beta_2, \beta_3) = \begin{pmatrix} -\dfrac{1}{\sqrt{3}} & \dfrac{1}{\sqrt{6}} & \dfrac{1}{\sqrt{2}} \\ -\dfrac{1}{\sqrt{3}} & -\dfrac{2}{\sqrt{6}} & 0 \\ \dfrac{1}{\sqrt{3}} & -\dfrac{1}{\sqrt{6}} & \dfrac{1}{\sqrt{2}} \end{pmatrix}$，

则有 $P^{-1}AP = \Lambda = \begin{pmatrix} 1 & 0 & 0 \\ 0 & 2 & 0 \\ 0 & 0 & 3 \end{pmatrix}$，故：

$$A = P\Lambda P^{-1} = P\Lambda P^T = \begin{pmatrix} -\dfrac{1}{\sqrt{3}} & \dfrac{1}{\sqrt{6}} & \dfrac{1}{\sqrt{2}} \\ -\dfrac{1}{\sqrt{3}} & -\dfrac{2}{\sqrt{6}} & 0 \\ \dfrac{1}{\sqrt{3}} & -\dfrac{1}{\sqrt{6}} & \dfrac{1}{\sqrt{2}} \end{pmatrix} \begin{pmatrix} 1 & 0 & 0 \\ 0 & 2 & 0 \\ 0 & 0 & 3 \end{pmatrix} \begin{pmatrix} -\dfrac{1}{\sqrt{3}} & -\dfrac{1}{\sqrt{3}} & \dfrac{1}{\sqrt{3}} \\ \dfrac{1}{\sqrt{6}} & -\dfrac{2}{\sqrt{6}} & -\dfrac{1}{\sqrt{6}} \\ \dfrac{1}{\sqrt{2}} & 0 & \dfrac{1}{\sqrt{2}} \end{pmatrix}$$

$$= \frac{1}{6}\begin{pmatrix} 13 & -2 & 5 \\ -2 & 10 & 2 \\ 5 & 2 & 13 \end{pmatrix}.$$

习题 3

1. 计算下列二阶行列式：

（1）$\begin{vmatrix} -1 & 2 \\ -3 & 5 \end{vmatrix}$;

（2）$\begin{vmatrix} \sin\varphi & -\cos\varphi \\ \cos\varphi & \sin\varphi \end{vmatrix}$.

2．计算下列三阶行列式

（1）$\begin{vmatrix} 3 & -6 & 2 \\ 2 & 3 & 6 \\ -6 & -2 & 3 \end{vmatrix}$;

（2）$\begin{vmatrix} 1 & -4 & 2 \\ 3 & 0 & -3 \\ -2 & 4 & 5 \end{vmatrix}$;

（3）$\begin{vmatrix} 1 & 1 & 1 \\ x & y & z \\ x^2 & y^2 & z^2 \end{vmatrix}$;

（4）$\begin{vmatrix} 2 & 2 & 2 & 2 \\ 2 & -2 & 2 & 2 \\ 2 & 2 & -2 & 2 \\ 2 & 2 & 2 & -2 \end{vmatrix}$;

（5）$\begin{vmatrix} 3 & 1 & -1 & 2 \\ -5 & 1 & 3 & -4 \\ 2 & 0 & 1 & -1 \\ 1 & -5 & 3 & -3 \end{vmatrix}$;

（6）$\begin{vmatrix} a & 1 & 1 & 1 & 1 \\ 1 & a & 1 & 1 & 1 \\ 1 & 1 & a & 1 & 1 \\ 1 & 1 & 1 & a & 1 \\ 1 & 1 & 1 & 1 & a \end{vmatrix}$;

（7）$\begin{vmatrix} 2 & 0 & 0 & -4 \\ 7 & -1 & 0 & 5 \\ -2 & 6 & 1 & 0 \\ 8 & 4 & -3 & -5 \end{vmatrix}$.

3．求矩阵 $A = \begin{pmatrix} 1 & 2 \\ 2 & 4 \end{pmatrix}$ 的特征值及相应的特征向量．

4．求矩阵 $A = \begin{pmatrix} 1 & -2 & 2 \\ -2 & -2 & 4 \\ 2 & 4 & -2 \end{pmatrix}$ 的特征值及相应的特征向量．

5．已知矩阵 $B = \begin{pmatrix} 3 & 2 & -1 \\ a & -2 & 2 \\ 3 & b & -1 \end{pmatrix}$ 有一个特征向量 $\alpha_1 = \begin{pmatrix} 1 \\ -2 \\ 3 \end{pmatrix}$，试求 a、b 及 α_1 所对应的特征值．

6．已知矩阵 $A = \begin{pmatrix} 7 & 4 & -1 \\ 4 & 7 & -1 \\ -4 & -4 & x \end{pmatrix}$ 有特征值 $\lambda_1 = 3$（二重），$\lambda_2 = 12$，试确定 x 的值．

7．求三阶方阵 A 使得它的特征值 λ_1、λ_2、λ_3 和对应的特征向量 p_1、p_2、p_3 如下：

$$\lambda_1 = 1,\ \lambda_2 = 0,\ \lambda_3 = -1;\ p_1 = \begin{pmatrix} 1 \\ 2 \\ 2 \end{pmatrix},\ p_2 = \begin{pmatrix} 2 \\ -2 \\ 1 \end{pmatrix},\ p_3 = \begin{pmatrix} -2 \\ -1 \\ 2 \end{pmatrix}.$$

8．求出以下方阵的特征值，并问能否相似于对角矩阵？若能，则求出其相似标准形：

（1）$A = \begin{pmatrix} 5 & 4 & 2 \\ 4 & 5 & 2 \\ 2 & 2 & 2 \end{pmatrix}$；

（2）$A = \begin{pmatrix} -1 & 4 & -2 \\ -3 & 4 & 0 \\ -3 & 1 & 3 \end{pmatrix}$；

（3）$A = \begin{pmatrix} 0 & 0 & 0 \\ 0 & 0 & 0 \\ 3 & 0 & 1 \end{pmatrix}$；

（4）$A = \begin{pmatrix} 19 & -9 & -6 \\ 25 & -11 & -9 \\ 17 & -9 & -4 \end{pmatrix}$．

9．将 $A = \begin{pmatrix} 1 & 2 & 2 \\ 2 & 1 & 2 \\ 2 & 2 & 1 \end{pmatrix}$ 对角化．

10．若三阶实对称矩阵 A 的特征值是 -9（二重）和 9，且 A 的属于 -9 的全部特征向量为 $C_1(1,-2,2)^T + C_2(1,1,1)^T$（$C_1$、$C_2$ 不全为 0），求：

（1）A 的属于 9 的全部特征向量；（2）正交阵 P，使得 $P^{-1}AP$ 为对角阵．

11．求出 $A = \begin{pmatrix} 6 & 2 & 4 \\ 2 & 3 & 2 \\ 4 & 2 & 6 \end{pmatrix}$ 的特征值和线性无关的特征向量．

12．设下述两个矩阵相似：$A = \begin{pmatrix} 1 & 0 & 0 \\ 0 & 0 & 1 \\ 0 & 1 & x \end{pmatrix}$，$B = \begin{pmatrix} 1 & 0 & 0 \\ 0 & y & 0 \\ 0 & 0 & -1 \end{pmatrix}$．

（1）求出参数 x 和 y 的值；

（2）求出可逆矩阵 P 使得 $B = P^{-1}AP$．

13．求出 $A = \begin{pmatrix} 1 & -1 & 1 \\ 1 & 3 & -1 \\ 1 & 1 & 1 \end{pmatrix}$ 的特征值和线性无关的特征向量．

14. 求出 $A = \begin{pmatrix} -1 & 1 & 0 \\ -4 & 3 & 0 \\ 1 & 0 & 2 \end{pmatrix}$ 的特征值和线性无关的特征向量.

15. 问 $A = \begin{pmatrix} 3 & -1 & -2 \\ 2 & 0 & -2 \\ 2 & -1 & -1 \end{pmatrix}$ 是否相似于对角矩阵？若是，则求出其相似标准形.

16. 已知 12 是 $A = \begin{pmatrix} 7 & 4 & -1 \\ 4 & 7 & -1 \\ -4 & a & 4 \end{pmatrix}$ 的一个特征值，求出 a 的值和另外两个特征值.

第 4 章 随机事件及概率

概率论是一门研究随机现象统计规律的学科，它是各种数理统计方法的理论基础．随机事件及其运算是概率论中最基本的概念．

4.1 随机事件

4.1.1 随机事件

在自然界存在着两类不同的现象．一类是在相同条件下进行试验或观察时，其结果可以事先预言的现象，这称为确定性现象（必然现象）．例如，水在标准大气压下加热到 100℃会沸腾就是一种确定性现象．另一类是在相同条件下进行一系列的试验或观察时，会得到不同的结果，即每次试验的结果无法事先预言的现象，这称为随机现象．例如，抛掷一枚硬币，我们无法预言它是出现正面还是反面，这就是一种随机现象．随机现象带有随机性、偶然性，即随时都发生也可能不发生的现象．

定义 4.1 在一项试验中，若每次试验的可能结果不止一个，且事先不能肯定会出现哪一个结果，这样的试验称为随机试验．

定义 4.2 在随机试验中，可能发生也可能不发生的事件称为随机事件，简称事件，用字母 A、B、C 表示．在一定条件下必定发生的事件称为必然事件，用 Ω 表示．在一定条件下绝对不发生的事件称为不可能事件，用 $\varnothing$ 表示．

例 4.1 抛两枚均匀的硬币，观察正反面出现的情况（显然，这是一个随机试验）．A 表示"两个都是正面朝上"，B 表示"两个都是正面朝下"，C 表示"一个正面朝上，一个正面朝下"，A、B、C 都是随机试验．而"两枚硬币的正面或反面之一朝上"是一个必然事件，"两枚硬币的正面和反面都朝上"是一个不可能事件．

由此可知，一个随机试验有各种各样的可能结果，这些结果中有的比较简单，有的比较复杂．

定义 4.3 一个试验的最基本的可能结果（即在研究中不可再分拆）称为基本事件，由若干基本事件组合而成的结果称为复合事件．

定义 4.4 称全体基本事件的集合为样本空间，每一基本事件称为样本点．显然，任一事件都是样本空间的子集．

4.1.2 事件间的关系与运算

由于一个试验涉及的许多事件并不是孤立的，为了描述它们之间的某些联系，我们引入以下概念：

事件的包含与相等：若事件 A 发生时事件 B 一定发生，称事件 A 包含事件 B，或称 B 包含于 A，记为 $A \supseteq B$ 或 $B \subseteq A$．若 $B \supseteq A$ 且 $B \subseteq A$，则称 A 与 B 相等，记为 $A = B$．

和事件：事件 A 与事件 B 中至少有一个发生，称为 A 与 B 的和事件，记为 $A+B$．

积事件：事件 A 与事件 B 均发生的事件，称为 A 与 B 的积事件，记为 AB．

互不相容事件：事件 A 与事件 B 不能同时发生，即 $AB = \varnothing$，称事件 A 与事件 B 互不相容或互斥．

对立事件：称事件"非 A"为 A 的对立事件，也称 A 的逆，记为 $\bar{A}$．$A\bar{A} = \varnothing$，$A + \bar{A} = \Omega$．

差事件：事件 A 发生而事件 B 不发生的事件，称为 A 与 B 的差事件，记为 $A - B = A\bar{B}$．

由于任一事件都是样本空间的子集，故概率论中事件之间的关系和运算与集合论中集合之间的关系是一致的，即事件的运算满足：

交换律：$A + B = B + A$，$AB = BA$

结合律：$A + (B + C) = (A + B) + C$，$A(BC) = (AB)C$

分配律：$A(B + C) = AB + AC$，$A + (BC) = (A + B)(A + C)$

摩根律：$\overline{A + B} = \bar{A}\bar{B}$，$\overline{AB} = \bar{A} + \bar{B}$

例 4.2 设 A、B、C 为 3 个事件，试用 A、B、C 分别表示下列事件：

（1）A、B、C 中至少有一个发生；

（2）A、B、C 中只有一个发生；

（3）A、B、C 中至多有一个发生．

解 （1）$A\bar{B}\bar{C} + \bar{A}B\bar{C} + \bar{A}\bar{B}C + AB\bar{C} + A\bar{B}C + \bar{A}BC + ABC$．

（2） $AB\bar{C}+\bar{A}B\bar{C}+\bar{A}BC$.

（3） $AB\bar{C}+\bar{A}B\bar{C}+\bar{A}BC+\overline{ABC}$.

4.2 随机事件的概率

4.2.1 随机事件概率的定义

为了研究事件发生的可能性大小，需要用一个数值来描述，于是有：

定义 4.5 事件 A 发生的可能性大小称为事件 A 的概率，记为 $P(A) = p$.

对于任意事件 A 的概率具有以下性质：

（1） $0 \leqslant P(A) \leqslant 1$，$P(\varnothing) = 0$，$P(\Omega) = 1$；

（2） $AB = \varnothing \Rightarrow P(A+B) = P(A) + P(B)$；

（3） $A \subset B \Rightarrow P(B-A) = P(B) - P(A)$；

（4） $P(A-B) = P(A-AB) = P(A) - P(AB)$；

（5） $P(\bar{A}) = 1 - P(A)$.

例 4.3 设 A、B 为随机事件，$P(A) = 0.5$，$P(A-B) = 0.2$，求 $P(\overline{AB})$.

解 由（4）知：$P(A-B) = P(A-AB) = P(A) - P(AB)$，于是：
$$P(AB) = P(A) - P(A-B) = 0.5 - 0.2 = 0.3,$$
因此 $P(\overline{AB}) = 1 - P(AB) = 0.7$.

概率的定义虽然直观，但据此计算事件的概率是困难的．下面我们介绍一种在概率论发展史上最早研究的也是最基本的随机试验的概率计算类型——古典概型．

定义 3.6 若事件组 $A_1, A_2, A_3, \cdots, A_n$ 满足：

（1） $P(A_i) = \dfrac{1}{n}$，$i = 1,2,3,\cdots,n$（等概性）；（2） $A_1 + A_2 + A_3 + \cdots + A_n = \Omega$（完全性）；

（3） $A_i A_j = \varnothing$（$i \neq j$）（两两互斥），则称 $A_1, A_2, A_3, \cdots, A_n$ 为等概基本事件组．若 n 为有限数，则 $P(B) = \dfrac{k}{n}$（其中 $B = A_{i_1} + A_{i_2} + \cdots + A_{i_k}$）．

例 4.4（摸球问题或随机抽样问题） 10 个灯泡中有 3 个次品，现从中任取 4 个，求恰好有 2 个次品的概率．

解 设 $B=\{$取出的 4 个灯泡中有 2 个次品$\}$，则基本事件数为 $n=C_{10}^4$（10 个灯泡中取 4 个灯泡），$k=C_3^2 C_7^2$（事件 B 可分两步完成：第 1 步，在 3 个次品中取 2 个；第 2 步，在 7 个合格品中取 2 个），$P(B)=\dfrac{C_3^2 C_7^2}{C_{10}^4}=\dfrac{3}{10}$.

例 4.5（分房问题） 将张三、李四、王五 3 人等可能地分配到三间房中去，试求每一个房间恰有一人的概率.

解 首先将张三分配到三间房中的任意一间去，有 3 种分法；然后将李四分配到三间房中的任意一间去，也有 3 种分法；最后分王五，仍有 3 种分法. 由乘法原理，共有 $3\times3\times3=3^3$（$=n$）种分法. 设 B：每个房间恰有一人. 首先分张三，有 3 种分法；再分李四时，只有两间空房，只有 2 种分法；最后一间空房分给王五，只有 1 种分法，由乘法原理，共有 $3\times2\times1=3!$（$=k$）种分法. 于是 $P(B)=\dfrac{3!}{3^3}=\dfrac{2}{9}$.

例 4.6（随机取数问题） 在 0～9 这十个整数中无重复地任意取 4 个数字，试求所取的 4 个数字能组成四位偶数的概率.

解 从十个数字中任取 4 个进行排列，共可排 $A_{10}^4=n$ 个四位数.

设 B：排成四位偶数.

B：0，2，4，6，8 作个位数，有 A_5^1 种排法；然后从剩下 9 个数字中任取 3 个排列到剩下三个位置上，有 A_9^3 种排法；其个位数上是偶数的排法有 $A_5^1 A_9^3$. 但它包含了 "0" 排在千位上的情况，故应减去 "0" 作千位的排列数 $A_1^1 A_4^1 A_8^2$（"0" 排千位上，剩下 4 个偶数任选一个排在个位上，剩下 8 个数中任取 2 排在中间两个位置上），故 B 包含事件数 $A_5^1 A_9^3 - A_1^1 A_4^1 A_8^2 = 56\times41=k$，于是 $P(B)=\dfrac{56\times41}{A_{10}^4}=\dfrac{41}{90}$.

例 4.7 为了估计自然保护区中猴子的数量，可采用以下的方法. 先从保护区内捕捉一定数量的猴子，例如 120 只. 给每只猴子做上标记，然后放回保护区. 经过适当的时间，带记号的猴子与不带记号的猴子充分混合. 然后再从保护区中捕捉，例如 80 只，查看其中有记号的猴子，发现有 6 只. 根据上述数据，估计自然保护区中猴子的数量.

解 设自然保护区有 n 只猴子，n 是未知数. 现估计 n 的数值，n 的估计值记为 $\hat{n}$. 假定每只猴子被捕到的可能性相等.

设 B 为带有记号的猴子,则由古典概型的概率定义得 $P(B)=\frac{120}{n}$;第二次捕捉 80 只中有 6 只带有记号,则有 $P(B)\approx\frac{6}{80}$;于是 $\frac{120}{n}\approx\frac{6}{80}$,解得 $n\approx1600$(只).最后我们可以认为,自然保护区中约有 1600 只猴子.

4.2.2 概率的加法公式

定理 4.1 对于任意两个集合 A、B,有 $P(A+B)=P(A)+P(B)-P(AB)$.

证明 因为 $A+B=A+(B-AB)$ 且 $A(B-AB)=\varnothing$,又 $AB\subset B$,所以 $P(B-AB)=P(B)-P(AB)$.从而 $P(A+B)=P(A)+P(B-AB)=P(A)+P(B)-P(AB)$.

例 4.8 掷两个均匀骰子,设 A 表示"第一个骰子出现奇数",B 表示"第二个骰子出现偶数",求 $P(A+B)$.

解 $P(A)=\frac{C_3^1 C_6^1}{C_6^1 C_6^1}=\frac{18}{36}=\frac{1}{2}$,同理可得 $P(B)=\frac{1}{2}$,$P(AB)=\frac{C_3^1 C_3^1}{C_6^1 C_6^1}=\frac{9}{36}=\frac{1}{4}$,所以

$$P(A+B)=P(A)+P(B)-P(AB)=\frac{3}{4}.$$

例 4.9 设 A 与 B 是两个随机事件,已知 A 与 B 至少有一个发生的概率为 $\frac{1}{3}$,A 发生且 B 不发生的概率为 $\frac{1}{9}$,求 B 发生的概率.

解 $\because P(A+B)=\frac{1}{3}$,$P(A\overline{B})=\frac{1}{9}$,

$$P(A+B)=P(A)+P(B)-P(AB),\ A=AB+A\overline{B} \Rightarrow P(A)=P(AB)+P(A\overline{B}).$$

$\therefore P(A+B)=P(AB)+P(A\overline{B})+P(B)-P(AB)$,

$\therefore P(B)=P(A+B)-P(A\overline{B})=\frac{1}{3}-\frac{1}{9}=\frac{2}{9}$.

例 4.10 某人写了 n 封不同的信,欲寄往 n 个不同的地址.现将这 n 封信随意地插入 n 只写有不同地址的信封里,求至少有一封信插对信封的概率.

解 设 $A=\{$至少有一封插对信封$\}$,$A_i=\{$第 i 封信插对信封$\}$($i=1,2,\cdots,n$),则

$A = \sum_{i=1}^{n} A_i$,由加法定理 $P(A) = P(\sum_{i=1}^{n} A_i) = \sum_{i=1}^{n} P(A_i) - \sum_{1 \leq i<j \leq n} P(A_i A_j) + \sum_{1 \leq i<j<k \leq n} P(A_i A_j A_k) - \cdots + (-1)^{n-1} P(A_1 A_2 \cdots A_n)$.

因为 $P(A_{i_1} A_{i_2} \cdots A_{i_k}) = \dfrac{(n-k)!}{n!}$,而在和式 $\sum_{i_1<i_2<\cdots<i_k} P(A_{i_1} A_{i_2} \cdots A_{i_k})$ 中共有 $C_n^k = \dfrac{n!}{k!(n-k)!}$ 项,故

$\sum_{i_1<i_2<\cdots<i_k} P(A_{i_1} A_{i_2} \cdots A_{i_k}) = C_n^k \dfrac{(n-k)!}{n!} = \dfrac{1}{k!}$,则 $P(A) = 1 - \dfrac{1}{2!} + \dfrac{1}{3!} - \cdots + (-1)^{n-1} \dfrac{1}{n!}$.

当 n 较大时,$P(A) \approx 1 - e^{-1} \approx 0.632$.

4.2.3 乘法公式及条件概率

例 4.11 10 件产品中有一等品 3 件,二等品 4 件,次品 3 件,如图 4.1 所示,求从 10 件中任取 1 件为一等品的概率.

一等品 3 件	次品 3 件
二等品 4 件	

图 4.1 例 4.11 图

为了解决这个问题,定义:

定义 4.7(条件概率) 称 $P(A|B) = \dfrac{P(AB)}{P(B)} (P(B) > 0)$ 为事件 B 发生的条件下事件 A 发生的条件概率.

定理 4.2(乘法公式) 若 $P(B) > 0$,则有 $P(AB) = P(B) P(A|B)$.

现在来解例 4.11.

设:$A = \{$取到一等品$\}$,$B = \{$取到正品$\}$,则从 10 件中任取 1 件为一等品的概率为 $P(A|B)$,则 $P(A|B) = \dfrac{P(AB)}{P(B)} = \dfrac{\frac{3}{10}}{\frac{7}{10}} = \dfrac{3}{7}$,$P(AB) = P(B) P(A|B) = \dfrac{7}{10} \times \dfrac{3}{7} = \dfrac{3}{10}$.

例 4.12 已知 100 件产品中有 4 件次品,无放回地从中抽取 2 次,每次抽取 1 件,

求下列事件的概率：（1）第一次取到次品，第二次取到正品；（2）两次都取到正品；（3）两次抽取中恰有一次取到正品．

解 设：$A=\{$第一次取到次品$\}$，$B=\{$第二次取到正品$\}$．

（1）$P(A) = \dfrac{4}{100}$，$P(B|A) = \dfrac{96}{99}$，$P(AB) = P(A)P(B|A) = 0.0388$；

（2）$P(\overline{A}) = 1 - P(A) = \dfrac{96}{100}$，$P(B|\overline{A}) = \dfrac{95}{99}$，$P(\overline{A}B) = P(\overline{A})P(B|\overline{A}) = 0.9212$；

（3）由 $(AB)(\overline{AB}) = \varnothing$，所以：

$$P(AB + \overline{AB}) = P(AB) + P(\overline{AB}) = P(A)P(B|A) + P(\overline{A})P(\overline{B}|\overline{A}) = 0.0776.$$

例 4.13 设 A 与 B 是两个随机事件，已知 $P(A) = P(B) = \dfrac{1}{3}$，$P(A|B) = \dfrac{1}{6}$，求 $P(\overline{A}|\overline{B})$．

解
$$P(\overline{A}|\overline{B}) = \dfrac{P(\overline{AB})}{P(\overline{B})} = \dfrac{P(\overline{A+B})}{1-P(B)} = \dfrac{1-P(A+B)}{1-P(B)} = \dfrac{1-P(A)-P(B)+P(AB)}{1-P(B)}$$

$$= \dfrac{1-P(A)-P(B)+P(B)P(A|B)}{1-P(B)} = \dfrac{1-\dfrac{1}{3}-\dfrac{1}{3}+\dfrac{1}{3}\times\dfrac{1}{6}}{1-\dfrac{1}{3}} = \dfrac{7}{12}.$$

例 4.14 利率下降的可能性为 70%，如果利率下降，股票价格指数上涨的可能性为 60%，如果利率不下降，股票价格指数仍上涨的可能性为 40%，试问：股票价格指数上涨的可能性是多少？

解 设 A 表示利率下降，B 表示股票价格指数上涨．

因 $P(A) = 0.7$，$P(B|A) = 0.6$，$P(B|\overline{A}) = 0.4$，则 $P(B) = P(AB) + P(\overline{A}B) = P(A)P(B|A) + P(\overline{A})P(B|\overline{A}) = 0.54$．

例 4.15（保险精算问题） 某种动物由出生活到 20 岁的概率为 0.8，活到 25 岁的概率为 0.4，问现在 20 岁的这种动物活到 25 岁的概率是多少？

解 设 A 表示"活到 20 岁以上"，B 表示"活到 25 岁以上"．易知 $B \subset A$，故该问题是求条件概率 $P(B|A)$．由条件知 $P(A) = 0.8$，$P(B) = 0.4$．因 $B \subset A$，$AB=B$，故 $P(AB) = P(B) = 0.4$，所以 $P(B|A) = \dfrac{P(AB)}{P(A)} = \dfrac{0.4}{0.8} = 0.5$．

4.2.4 全概率与贝叶斯公式

在生活中，某一事件 A 发生有各种可能的原因 A_i，如果 A 是原因 A_i 所引起的，则

A 发生的概率与 $P(AA_i)$ 有关. 所以要解决这类问题，就需要同时运用概率的加法和乘法公式，于是引入**全概率公式**.

定理 4.3（全概率公式） 若 $A_1+A_2+\ldots+A_n=\Omega$，$A\subset\Omega$，$A_iA_j=\varnothing$（$i\neq j$），则有：

$$P(A)=\sum_{i=1}^{n}P(A_i)P(A\mid A_i).$$

例 4.16 某厂有四条流水线生产同一产品，该四条流水线的产量分别为 15%、20%、30%、35%，各流水线的次品率分别为 0.05、0.04、0.03、0.02，从出厂产品中随机抽取一件，求此产品为次品的概率是多少？

解 设 $A=\{$任取一件产品为次品$\}$，$A_i=\{$任取一件产品是第 i 条流水线生产的产品$\}$（$i=1,2,3,4$），则：

$P(A_1)=15\%$，$P(A_2)=20\%$，$P(A_3)=30\%$，$P(A_4)=35\%$，

$P(A\mid A_1)=0.05$，$P(A\mid A_2)=0.04$，$P(A\mid A_3)=0.03$，$P(A\mid A_4)=0.02$，

$P(A)=\sum_{i=1}^{4}P(A_i)P(A\mid A_i)=P(A_1)P(A\mid A_1)+P(A_2)P(A\mid A_2)+P(A_3)P(A\mid A_3)$

$+P(A_4)P(A\mid A_4)=0.0315$.

例 4.17 甲袋中放有 5 只红球和 10 只白球；乙袋中放有 5 只白球和 10 只红球. 今先从甲袋中任取一球放入乙袋，然后从乙袋中任取一球放入甲袋. 求再从甲袋中任取两球全是红球的概率.

解 设 $A_i=\{$从甲袋中任取一球放入乙袋，再从乙袋中任取一球放入甲袋后甲袋中含有 i 只红球$\}$（$i=4,5,6$），$B=\{$最后从甲袋中任取两球全是红球$\}$，则：

$P(A_4)=P$（先从甲袋中取出红球，然后从乙袋中取出白球）$=\dfrac{5}{15}\cdot\dfrac{5}{16}=\dfrac{5}{48}$；

$P(A_5)=P$（先从甲袋中取出红球，然后从乙袋中取出红球）$+P$（先从甲袋中取出白球，然后从乙袋中取出白球）$=\dfrac{5}{15}\cdot\dfrac{11}{16}+\dfrac{10}{15}\cdot\dfrac{6}{16}=\dfrac{23}{48}$；

$P(A_6)=P$（先从甲袋中取出白球，然后从乙袋中取出红球）$=\dfrac{10}{15}\cdot\dfrac{10}{16}=\dfrac{20}{48}$；

$P(B\mid A_4)=\dfrac{C_4^2}{C_{15}^2}=\dfrac{6}{105}$，$P(B\mid A_5)=\dfrac{C_5^2}{C_{15}^2}=\dfrac{10}{105}$，$P(B\mid A_6)=\dfrac{C_6^2}{C_{15}^2}=\dfrac{15}{105}$.

于是由全概率公式得：

$$P(B)=\sum_{i=4}^{6}P(A_i)P(B|A_i)=\frac{5}{48}\cdot\frac{6}{105}+\frac{23}{48}\cdot\frac{10}{105}+\frac{20}{48}\cdot\frac{15}{105}=\frac{1}{9}.$$

定理 4.4（贝叶斯公式） 若 $A_1+A_2+\ldots+A_n=\Omega$，$A\subset\Omega$，$A_iA_j=\varnothing$（$i\neq j$），则对任一事件 A 则有：

$$P(A_i|A)=\frac{P(A_i)P(A|A_i)}{\sum_{i=1}^{n}P(A_i)P(A|A_i)}\quad(i=1,2,\cdots,n).$$

例 4.18（信号还原问题） 无线电通信中，由于随机干扰，当发出信号"·"时，收到信号为"·"、"不清"和"—"的概率分别是 0.7、0.2 和 0.1；当发出信号"—"时，收到信号为"—"、"不清"和"·"的概率分别是 0.9、0.1 和 0；如果整个发报过程中"·"和"—"出现的概率分别是 0.6 和 0.4，问当收到信号"不清"时，原发出信号是什么？

解 令 A={收到信号"不清"}，B_1={发出信号"·"}，B_2={发出信号"—"}．

由于 $B_1B_2=\varnothing$，$B_1+B_2=\Omega$，故由贝叶斯公式有：

$$P(B_1|A)=\frac{P(B_1)P(A|B_1)}{P(B_1)P(A|B_1)+P(B_2)P(A|B_2)}=\frac{0.6\times0.2}{0.6\times0.2+0.4\times0.1}=\frac{3}{4},$$

$$P(B_2|A)=\frac{P(B_2)P(A|B_2)}{P(B_1)P(A|B_1)+P(B_2)P(A|B_2)}=\frac{0.4\times0.1}{0.6\times0.2+0.4\times0.1}=\frac{1}{4},$$

即当收到信号"不清"时原发出信号为"·"的可能性最大．

例 4.19 土建施工设施被破坏的可能性分析．

如图 4.2 所示，一重力挡土墙可能由于滑动 A 或倾覆 B 或 AB 同时发生而导致破坏．据经验统计：

（1）挡土墙破坏（F）的概率是 $P(F)=\frac{1}{1000}$；

（2）因滑动造成破坏的概率比因倾覆造成破坏的概率大一倍，即 $P(A)=2P(B)$；

（3）已由倾覆造成破坏后，又因滑动造成破坏的概率是 $P(A|B)=0.8$．

求：（1）发生滑动破坏的概率，即 $P(A)$．

（2）如果挡土墙已破坏：

它是仅由"滑动造成"的概率，即 $P(A\bar{B}|F)$；

它是仅由"倾覆造成"的概率，即 $P(\bar{A}B|F)$；

它是由"滑动与倾覆同时发生造成"的概率，即 $P(AB|F)$．

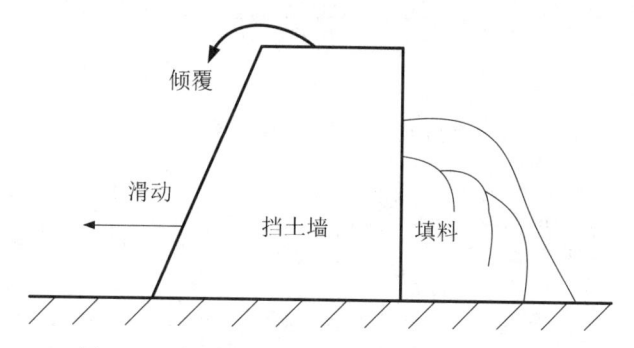

图 4.2　土建施工设施被破坏的可能性分析

解　（1）挡土墙被破坏，前提条件有三个：

一是仅由滑动造成，即 $A\bar{B}$ 发生；

二是仅由倾覆造成，即 $\bar{A}B$ 发生；

三是既有滑动又有倾覆，即 AB 发生．

因此，$A\bar{B}$、$\bar{A}B$、AB 是互斥的完备事件组．由全概率公式有：

$$P(F) = P(A\bar{B})P(F|A\bar{B}) + P(\bar{A}B)P(F|\bar{A}B) + P(AB)P(F|AB).$$

其中，$P(F|A\bar{B}) = P(F|\bar{A}B) = P(F|AB) = 1$，$P(F) = \dfrac{1}{1000}$，

$$P(AB) = P(B)P(A|B) = P(B) \cdot 0.8 = 0.8P(B),$$
$$P(\bar{A}B) = P(B)P(\bar{A}|B) = P(B)(1 - P(A|B)) = P(B)(1 - 0.8),$$
$$P(A) = P(A\bar{B}) + P(AB) = 2P(B)　(A = AU = A(B + \bar{B})),$$
$$P(A\bar{B}) = 2P(B) - P(AB) = 2P(B) - 0.8P(B) = 1.2P(B).$$

将上面的结果代入全概率公式得：

$$\dfrac{1}{1000} = 1 \times 1.2P(B) + 1 \times 0.2P(B) + 1 \times 0.8P(B),$$

$$P(B) = \dfrac{1}{2200} \approx 0.000455,$$

$$P(A) = 2P(B) = 2 \times 0.000455 = 0.00091.$$

由此可见发生滑动破坏及倾覆破坏的概率都相当小，该设施相当坚固．

（2）此三个概率可由贝叶斯公式求得.

①若挡土墙已破坏，仅由"滑动造成"的概率：

$$P(A\bar{B}|F) = \frac{P(A\bar{B})P(F|A\bar{B})}{P(F)} = \frac{1 \times 1.2 P(B)}{P(F)} = \frac{1.2 \times \frac{1}{2200}}{\frac{1}{1000}} = \frac{6}{11} \approx 0.545.$$

②若挡土墙已破坏，仅由"倾覆造成"的概率：

$$P(\bar{A}B|F) = \frac{P(\bar{A}B)P(F|\bar{A}B)}{P(F)} = \frac{1 \times 0.2 P(B)}{P(F)} = \frac{1 \times 0.2 \times \frac{1}{2200}}{\frac{1}{1000}} = \frac{1}{11} \approx 0.091.$$

③若挡土墙已破坏，是由"滑动与倾覆同时发生造成"的概率：

$$P(AB|F) = \frac{P(AB)P(F|AB)}{P(F)} = \frac{1 \times 0.8 P(B)}{P(F)} = \frac{1 \times 0.8 \times \frac{1}{2200}}{\frac{1}{1000}} = \frac{4}{11} \approx 0.364.$$

计算结果表明，造成挡土墙破坏主要是由"滑动造成".

4.3 贝努利概型

4.3.1 事件的独立性

定义 4.8（两个事件的独立性） 事件 B 发生与否可能对事件 A 发生的概率有影响，但也有相反的情况，即 $P(A|B) = P(A)$，这时 $P(AB) = P(A)P(B)$，则这种情况称 A 与 B 独立.

例 4.20 口袋中有 a 只黑球 b 只白球，连摸两次，每次一球. 记 $A=\{$第一次摸时得黑球$\}$，$B=\{$第二次摸时得黑球$\}$，问 A 与 B 是否独立？就两种情况进行讨论：①有放回；②无放回.

解 我们可以利用 $P(B|A)$ 来检验独立性. 对于情况①，利用古典概型，有

$$P(B|A) = P(B|\bar{A}) = \frac{a}{a+b},$$ 再利用全概率公式，得：

$$P(B) = P(A)P(B|A) + P(\overline{A})P(B|\overline{A}) = \frac{a}{a+b} \cdot \frac{a}{a+b} + \frac{b}{a+b} \cdot \frac{a}{a+b} = \frac{a}{a+b},$$

故 $P(B|A) = P(B)$，A 与 B 相互独立.

对于情况②，此时 $P(B|A) = \dfrac{a-1}{a+b-1}$，$P(B|\overline{A}) = \dfrac{a}{a+b-1}$，再利用全概率公式，有

$$P(B) = \frac{a}{a+b} \cdot \frac{a-1}{a+b-1} + \frac{b}{a+b} \cdot \frac{a}{a+b-1} = \frac{a}{a+b} \neq P(B|A)，\text{所以} A \text{ 与 } B \text{ 不独立}.$$

对 n 个事件，除考虑两两的独立性以外，还得考虑其整体的相互独立性. 以三个事件 A、B、C 为例，当 $P(AB) = P(A)P(B)$，$P(AC) = P(A)P(C)$，$P(BC) = P(B)P(C)$ 成立且 $P(ABC) = P(A)P(B)P(C)$ 成立时，才能称 A、B、C 相互独立.

例 4.21 一个均匀的正四面体，其第一面为红色，第二面为白色，第三面为黑色，第四面红白黑三色都有. 分别用 A、B、C 记投一次四面体时底面出现红、白、黑的事件. 由于在四面体中有两面出现红色，故 $P(A) = \dfrac{1}{2}$；同理，$P(B) = P(C) = \dfrac{1}{2}$；同时出现两色或同时出现三色只有第四面，故 $P(AB) = P(AC) = P(BC) = \dfrac{1}{4}$. 因此：

$$P(AB) = P(A)P(B)，P(AC) = P(A)P(C)，P(BC) = P(B)P(C)，$$

即 A、B、C 两两独立. 但 $P(ABC) \neq P(A)P(B)P(C)$，即 A、B、C 事件不独立.

类似地，n 个事件相互独立的定义如下：若对一切可能的组合 $1 \leq i \leq j \leq k \leq \cdots \leq n$，有：

$$P(A_i A_j) = P(A_i)P(A_j)，P(A_i A_j A_k) = P(A_i)P(A_j)P(A_k)，\cdots，P(A_1 A_2 \cdots A_n)$$
$$= P(A_1)P(A_2) \cdots P(A_n)，$$

则称 $A_1, \cdots, A_n$ 相互独立.

例 4.22（可靠性问题） 一个系统能正常工作的概率称为该系统的可靠性. 现有两系统都由同类电子元件 A、B、C、D 所组成，如图 4.3 所示，每个元件的可靠性都是 p，试分别求两个系统的可靠性.

解 以 R_1 与 R_2 分别记两个系统的可靠性，以 A、B、C、D 分别记相应元件正常工作的事件，则可认为 A、B、C、D 相互独立，有：

$$R_1 = P(A(B \cup C)D) = P(ABD \cup ACD) = P(ABD) + P(ACD) - P(ABCD)$$

$$= P(A)P(B)P(D) + P(A)P(C)P(D) - P(A)P(B)P(C)P(D)$$

$$= p^3(2-p).$$

$$R_2 = P(AB \cup CD) = P(AB) + P(CD) - P(ABCD) = p^2(2-p^2).$$

显然 $R_2 > R_1$，也就是说系统 2 的稳定性比系统 1 好．

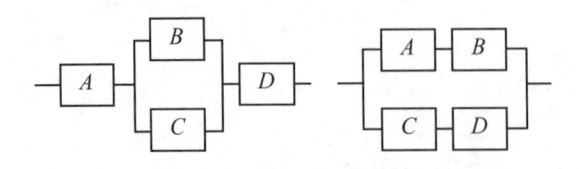

图 4.3　系统可靠性问题

可靠性理论在系统科学中有广泛的应用，系统可靠性的研究具有重要意义．

4.3.2　贝努利概型

n 个随机试验相互独立，是指各个试验的结果之间没有关系且互不影响，即若试验 E_1 与试验 E_2 独立，是指 E_1 中的任一随机事件与 E_2 中的任一随机事件是相互独立的．

概率中一类最重要的试验是所谓的重复独立试验．这里所说的"重复"是指各次试验的条件相同．如"有放回抽球"问题，由于每次抽球时的条件完全相同，且各次抽取结果之间互不影响，故若把每一次抽取当作一次试验，则是重复独立试验．

本节将研究最简单的一类重复独立试验——贝努利概型．

定义 4.9　一重复进行的 n 次独立试验，如果每次试验只有"成功"（事件 A 发生）或"失败"（$\bar{A}$ 发生）两种可能结果，它们出现的概率 $P(A) = p$，$P(\bar{A}) = 1 - p = q$，则称为 n 重贝努利试验，或贝努利概型．

定理 4.5　设事件 A 在每次试验中发生的概率为 p（$0 < p < 1$），则在 n 重贝努利试验中事件 A 恰好发生 k 次的概率为 $P_n(k) = C_n^k p^k q^{n-k}$（$q = 1 - p$，$k = 0, 1, \cdots, n$）．

例 4.23　某种产品的次品率为 5%，现从大批该产品中抽出 20 个进行检验，问 20 个该产品中恰有 2 个次品的概率是多少？

解　这里是不放回抽样，由于一批产品的总数很大，且抽出的样品的数量相对而言较小，因而可以当作是放回抽样处理，这样做会有一些误差，但误差不会太大，抽出 20 个样品检验，可看做是做了 20 次独立试验，每一次是否为次品可看成是一次试验的结果．

因此 20 个该产品中恰有 2 个次品的概率是 $p = C_{20}^2 (0.05)^2 (0.95)^{18} \approx 0.0993$.

例 4.24 某射手一次射击命中靶心的概率为 0.9，现该射手向靶心射击 5 次，求：
（1）命中靶心的概率；（2）命中靶心不少于 4 次的概率.

解 $X \sim B(5, 0.9)$.

（1）设：$A = \{命中靶心\}$.
$$P(A) = 1 - P(\bar{A}) = 1 - P(X = 0) = 1 - C_5^0 (0.9)^0 (0.1)^5 = 0.99999.$$

（2）设：$B = \{命中靶心不少于 4 次\}$.
$$P(B) = P(X = 4) + P(X = 5) = C_5^4 (0.9)^4 (0.1)^1 + C_5^5 (0.9)^5 (0.1)^0 = 0.91854.$$

习题 4

1. 根据事件关系 $A = AB + A\bar{B}$，由加法公式得 $P(A) = P(AB) + $ _____.

2. 设随机事件 A、B、C，则三个事件中至少有两个事件发生的概率表示为 _____.

3. 设随机事件 A、B，已知 $P(AB) = \dfrac{1}{2}$，$P(A\bar{B}) = \dfrac{1}{3}$，则 $P(\bar{A}) = $ _____.

4. 某人定点投篮的命中率是 40%，在一次定点投篮比赛中，连续投篮 10 次命中次数大于 4 次的概率是 _____.

5. 在下列几种情况中，（　　）表示 A、B、C 三个事件中至少有一个发生.
   A．ABC　　　　　　　　　　B．$A + B + C$
   C．$\bar{A}B\bar{C} + \bar{A}\bar{B}C + A\bar{B}\bar{C}$　　　D．$\overline{ABC}$

6. 设 A、B 为两个事件，其概率为 $P(A)$、$P(B)$，此时等式（　　）一定成立.
   A．$P(A + B) = P(A) + P(B)$　　　B．$P(AB) = P(A)P(B)$
   C．$P(A) = P(AB) - P(B)$　　　　　D．$P(A) + P(B) = P(A + B) + P(AB)$

7. 掷两颗匀称的骰子，出现事件"点数和为 4"的概率为（　　）.
   A．$\dfrac{3}{36}$　　　B．$\dfrac{4}{36}$　　　C．$\dfrac{3}{6}$　　　D．$\dfrac{4}{6}$

8. 设 A、B、C 为三个事件，试用 A、B、C 分别表示下列事件：
   （1）A、B、C 中至少有两个发生；（2）A、B、C 中不多于两个发生.

9. 袋中有 4 个白球与 1 个红球，5 人依次从中随机摸球，问 5 人中摸到红球的概率是否相同（与摸球先后顺序无关）？

10．袋中有 4 个红球与 3 个黄球，从中任取两球，试求取得两球颜色相同的概率．

11．制造某产品需要经过两道工序．设经第一道工序加工后制成的半成品的质量有上、中、下三种可能，它们的概率分别为 0.7、0.2、0.1；这三种质量的半成品经过第二道工序加工成合格品的概率分别为 0.8、0.7、0.1，求经过两道工序加工得到合格品的概率．

12．电灯泡耐用时间在 1000 小时以上的概率为 0.2，求三只电灯泡使用 1000 小时以后恰有一只坏与最多只有一只坏的概率．

13．设某人每次射击的命中率为 0.2，问至少必须进行多少次独立射击才能使至少击中一次的概率不少于 0.9．

14．甲、乙两人同时向目标射击，已知甲、乙两人的命中率分别为 0.85 和 0.7，求恰有一人命中目标的概率．

15．某车间有 5 台机床，每台机床正常工作的概率都为 p（$p>0$），问：（1）5 台机床都能正常工作的概率是多少？（2）至少一台能正常工作的概率是多少？

16．某工地有三台混凝土搅拌机，各自出故障的概率都是 0.10，求三台中至少有两台能正常工作的概率．

17．一个工人看三台机床，在一个小时内不需要工人照看的概率分别为第一台 0.9、第二台 0.8、第三台 0.7，求在一小时内三台机床最多有一台需要工人照看的概率．

18．设有一批产品共有 10 件，其中有 7 件是一等品，3 件是二等品，现从中任取 5 件，问恰有 2 件二等品的概率是多少？

19．某机械零件的加工由两道工序组成，第一道工序的废品率为 0.015，第二道工序的废品率为 0.02，假设两道工序出废品是彼此无关的，求产品合格率．

20．已知 $P(A)=0.6$，$P(B)=0.7$，且 A、B 至少有一个发生的概率为 0.8，则 A、B 同时发生的概率是多少？

21．已知某种产品中 96% 是合格的．用某种方法检验，此法把合格品误判为废品的概率是 2%，而把废品误认为是合格品的概率是 5%，现用此法检验一件产品是合格品，求这件产品确实是合格品的概率．

第 5 章 随机变量及数字特征

5.1 离散型随机变量

前一章讨论了随机事件及概率. 为了对随机现象进行更加全面、深入的研究,特别是使高等数学这个有力的工具能运用到概率论中来,这就需要将随机试验的结果与实数对应起来,引入随机变量的概念.

5.1.1 离散型随机变量的概率分布与分布函数

定义 5.1（分布函数） X 的分布函数指的是单变量实函数：
$$F(x) = P(X \leqslant x), \quad -\infty < x < \infty.$$

定义 5.2（离散型随机变量） 取值为可列集 $\{x_i\}$ $(i=1,2,3,\cdots)$ 的随机变量称为离散型随机变量.

若离散型随机变量 X 可能取的值为 $x_k (k=1,2,\cdots)$，X 取 x_k 的概率为 p_k，即：
$$P(X = x_k) = p_k \quad (k=1,2,3,\cdots),$$
则称上式为离散型随机变量 X 的概率分布（或分布律），其性质有 $p_k \geqslant 0 (k=1,2,\cdots)$，并且 $\sum_{k=1}^{+\infty} p_k = 1$. 则 X 的分布函数为 $F(x) = P(X \leqslant x) = \sum_{x_k \leqslant x} P(X = x_k) = \sum_{x_k \leqslant x} p_k$.

例 5.1 箱内装有 5 件产品,其中 2 件次品. 假设每次随机地取一件检查,取后不放回,直到查出全部次品为止. 设所需检查次数为 X，求 X 的分布律.

解 因为共有 5 件产品,其中 2 件次品,X 可能取的值显然为 2、3、4、5.
设 $A_i (i=1,2,3,4,5)$ 表示"第 i 次取得正品". 根据乘法定理可得：
$$P(X=2) = P(\bar{A}_1 \bar{A}_2) = P(\bar{A}_1) P(\bar{A}_2 \mid \bar{A}_1) = \frac{2}{5} \times \frac{1}{4} = \frac{1}{10};$$

$$P(X=3) = P(A_1\overline{A}_2\overline{A}_3) + P(\overline{A}_1 A_2 \overline{A}_3) = \frac{2}{10};$$

$$P(X=4) = P(\overline{A}_1\overline{A}_2 A_3\overline{A}_4) + P(A_1\overline{A}_2\overline{A}_3\overline{A}_4) + P(\overline{A}_1 A_2\overline{A}_3\overline{A}_4) = \frac{3}{10};$$

$$P(X=5) = 1 - \frac{1}{10} - \frac{2}{10} - \frac{3}{10} = \frac{4}{10}.$$

故 X 的分布律为：

X	2	3	4	5
P	$\frac{1}{10}$	$\frac{2}{10}$	$\frac{3}{10}$	$\frac{4}{10}$

例 5.2 当 a 为何值时，$P(X=k) = a\left(\frac{1}{3}\right)^k (k=1,2,\cdots)$ 为 X 的分布律.

解 由 $\sum\limits_{k=1}^{+\infty} p_k = 1$，$\sum\limits_{k=1}^{+\infty} a\left(\frac{1}{3}\right)^k = 1 \Rightarrow a = 2$.

例 5.3 设随机变量 X 的概率分布是：

X	0	1	2
P	$\frac{1}{10}$	$\frac{6}{10}$	$\frac{3}{10}$

求随机变量 X 的分布函数 $F(x)$.

解 当 $x<0$ 时，事件 $\{X \leqslant x\} = \varnothing$，所以 $F(x) = 0$；

当 $0 \leqslant x < 1$ 时，$F(x) = P(X \leqslant x) = P(X=0) = \frac{1}{10}$；

当 $1 \leqslant x < 2$ 时，$F(x) = P(X \leqslant x) = P(X=0) + P(X=1) = \frac{7}{10}$；

当 $2 \leqslant x$ 时，$F(x) = P(X \leqslant x) = P(X=0) + P(X=1) + P(X=2) = 1$.

$$F(x) = \begin{cases} 0, & x < 0 \\ \dfrac{1}{10}, & 0 \leqslant x < 1 \\ \dfrac{7}{10}, & 1 \leqslant x < 2 \\ 1, & 2 \leqslant x \end{cases}.$$

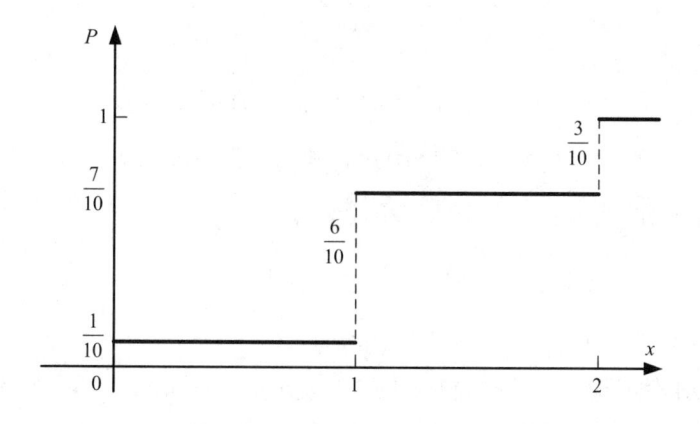

5.1.2 几种重要的离散型随机变量

1. (0–1)分布

在一次试验中,事件 A 发生的概率为 p,以 X 表示一次试验中事件 A 发生的次数,则 X 只能取 1 和 0 两个值,X 的概率分布为:

$$P(X=k) = p^k(1-p)^{1-k}, \quad k=0,1.$$

这个分布称为(0–1)分布,记成 $X \sim (0-1)$.

任何一个试验中,如果只关心某事件 A 发生与否,则可定义:

$$X = \begin{cases} 1, & A \text{ 发生时} \\ 0, & \overline{A} \text{ 发生时} \end{cases}$$

为 $X \sim (0-1)$ 分布.

2. 二项分布

如果在一次试验中事件 A 发生的概率为 p,以 X 表示在 n 次试验(即 n 重贝努利试验)中事件 A 发生的次数(不管是在哪 n 次试验中发生的),则 X 是一个随机变量,X 可能取的值为 $0,1,2,\cdots,n$,X 的概率分布为:

$$P(X=k) = C_n^k p^k (1-p)^{n-k}, \quad k=0,1,2,\cdots,n.$$

这个分布称为参数为 n、p 的二项分布,记作 $X \sim b(n,p)$.

3. 泊松分布

如果随机变量 X 的概率分布为:

$$P(X=k) = \frac{\lambda^k e^{-\lambda}}{k!}, \quad k=0,1,2,\cdots.$$

其中 $\lambda > 0$ 是常数,称 X 服从参数为 λ 的泊松分布,记作 $X \sim P(\lambda)$.

4. 几何分布

事件 A 在一次试验中发生的概率为 p，将此试验独立重复进行，直到 A 发生为止，以 X 表示事件 A 首次发生时的试验次数，则 X 是一个随机变量，X 可能取的值为 $0,1,2,\cdots$，X 的概率分布为：

$$P(X=k) = (1-p)^{k-1}p, \ k=1,2,3,\cdots,$$

则 X 的分布称为几何分布．

定理 5.1（泊松定理） 设随机变量 $X \sim b(n,p)$，$n=1,2,\cdots$，其概率分布为：

$$P(X_n=k) = C_n^k p_n^k (1-p_n)^{n-k} \begin{cases} k=0,1,2,\cdots,n \\ n=1,2,3,\cdots \end{cases}.$$

其中 p_n 是与 n 有关的数，$np_n = \lambda > 0$（λ 是常数），则有：

$$\lim_{n\to\infty} P(X_n=k) = \frac{\lambda^k e^{-\lambda}}{k!}.$$

由泊松定理可知，如果 $X \sim b(n,p)$，并且 n 很大、p 很小（$n \geq 10, p \leq 0.1$），则有以下近似公式：

$$P(X=k) = C_n^k p_n^k (1-p_n)^{n-k} \approx \frac{\lambda^k e^{-\lambda}}{k!}, \ k=0,1,2,\cdots,n,$$

其中 $\lambda = np$．

例 5.4 设试验成功的概率为 $\frac{3}{4}$，失败的概率为 $\frac{1}{4}$，重复独立试验直到成功两次和三次为止，分别求所需试验次数的概率分布．

解 设 X 表示直到成功两次为止所需的试验次数，则 X 是随机变量，X 可能取的值为 $2,3,4,\cdots$．

事件 $(X=k)$ 即前 $k-1$ 次中有一次成功（不论哪一次），并且第 k 次成功．由于各次试验是独立进行的，每一个"前 $k-1$ 次试验中有一次成功，并且第 k 次成功"这样的基本事件的概率均为 $\left(\frac{1}{4}\right)^{k-2}\left(\frac{3}{4}\right)^2$．而前 $k-1$ 次试验中有一次成功又有 C_{k-1}^1 种情况，即可以第一次成功、第二次成功……第 $k-1$ 次成功，故 X 的概率分布为：

$$P(X=k) = C_{k-1}^1 \left(\frac{1}{4}\right)^{k-2}\left(\frac{3}{4}\right)^2, \ k=2,3,4,\cdots.$$

设 Y 表示直到成功三次为止所需的试验次数，则 Y 可能取的值为 $3,4,5,\cdots$.

事件 $(Y=k)$ 即前 $k-1$ 次试验中有两次成功，并且第 k 次成功. 同理可得 Y 的概率分布为：

$$P(Y=k) = C_{k-1}^2 \left(\frac{1}{4}\right)^{k-3} \left(\frac{3}{4}\right)^3, \quad k=3,4,5,\cdots.$$

例 5.5 某产品的次品率为 0.1，检验员每天检验 4 次，每次独立地取 5 件产品进行检验，如果发现其中的次品数大于 1，就去调试设备. 以 X 表示一天中调试设备的次数，求 X 的分布律.

解 设 Y 为取出的 5 件产品中的次品数，则 $Y \sim b(5,0.1)$. 于是：

$$P(Y>1) = 1 - P(Y \leq 1) = 1 - P(Y=0) - P(Y=1)$$
$$= 1 - (1-0.1)^5 - 5 \times 0.1 \times (1-0.1)^4 = 0.082.$$

而 $P(Y>1)$ 即为每次检查后设备需要调试的概率. 独立检查 4 次，调试设备的次数 X 服从参数为 4、0.082 的二项分布，即：

$$P(X=k) = C_4^k (0.082)^k \times (1-0.082)^{4-k}, \quad k=0,1,2,3,4.$$

例 5.6 某公司根据以往资料，平均每月生丝销售量为 5 吨，生丝销售量服从 $\lambda=5$ 的泊松分布. 试问：该公司月底一次至少进多少吨货才有 95% 以上的把握保证下个月生丝不脱销？

解 设公司下个月销售生丝量为随机变量 ξ（吨），本月度进货量为 m（吨），当 $\xi \leq m$ 时不会脱销，按题意要求应该有 $P\{\xi \leq m\} \geq 0.95$.

查 $\lambda=5$ 的泊松分布表可得 $P\{\xi \leq 8\} = 0.9347$，$P\{\xi \leq 9\} = 0.9637$，故取 $m=9$，即进生丝 9 吨才有 95% 以上的把握保证下个月生丝不脱销.

5.2 连续型随机变量的概率密度

除了离散型随机变量外，还有一类重要的随机变量——连续型随机变量，这种随机变量 X 可以取某个区间 $[a,b]$ 或 $(-\infty,+\infty)$ 的一切值. 由于这种随机变量的所有可能取值无法像离散型随机变量那样一一排列，因而也就不能用离散型随机变量的分布律来描述它的概率分布，刻画这种随机变量的概率分布可以用分布函数，但在理论上和实践中更常用的方法是概率密度.

5.2.1 连续型随机变量的概念与分布函数

定义 5.3 设随机变量 X 的分布函数为 $F(x)$，如果存在一个非负可积函数 $f(x)$，使得对于任意实数 x，有：

$$F(x) = P(X \leqslant x) = \int_{-\infty}^{x} f(x) \mathrm{d}x,$$

则称 X 为连续型随机变量，而称 $f(x)$ 为 X 的分布密度函数（或概率密度函数），简称分布密度（或概率密度）.

由分布密度的定义及概率的性质可知，分布密度函数 $f(x)$ 必须满足：

（1）$f(x) \geqslant 0$：从几何上看，分布密度函数的曲线在横轴的上方；

（2）$-\infty < X < +\infty$：这是因为 $-\infty < X < +\infty$ 是必然事件，所以：

$$\int_{-\infty}^{+\infty} f(x) \mathrm{d}x = P(-\infty < X < +\infty) = P(\Omega) = 1.$$

从几何上看，对于任一连续型随机变量，分布密度函数与数轴所围成的面积是 1.

（3）对于任意实数 a、b，有 $a \leqslant b$ 且 $P(a < X \leqslant b) = F(b) - F(a) = \int_{a}^{b} f(x) \mathrm{d}x$.

①对于任意实数 a 有 $P(X = a) = 0$，即连续型随机变量取某一实数值的概率为 0，从而有 $P(a < X < b) = P(a \leqslant X < b) = P(a < X \leqslant b) = P(a \leqslant X \leqslant b) = \int_{a}^{b} f(x) \mathrm{d}x$.

该式说明，当计算连续型随机变量在某一区间上取值的概率时，区间端点对概率无影响.

② $P(a < X \leqslant b) = P(X \leqslant b) - P(X \leqslant a)$.

事实上，因为事件 $\{a < X \leqslant b\}$ 与事件 $\{X \leqslant a\}$ 互不相容，且：

$$\{X \leqslant b\} = \{a < X \leqslant b\} \cup \{X \leqslant a\},$$

所以：

$$P(X \leqslant b) = P(a < X \leqslant b) + P(X \leqslant a),$$

即 $P(a < X \leqslant b) = P(X \leqslant b) - P(X \leqslant a) = \int_{-\infty}^{b} f(x) \mathrm{d}x - \int_{-\infty}^{a} f(x) \mathrm{d}x = \int_{a}^{b} f(x) \mathrm{d}x$.

（4）若 $f(x)$ 在点 x 处连续，则有 $F'(x) = f(x)$.

例 5.7 设随机变量 X 具有概率密度：

$$f(x) = \begin{cases} Ke^{-3x}, & x > 0 \\ 0, & x \leq 0 \end{cases},$$

（1）试确定常数 K；（2）求 $P(X > 0.1)$；（3）求 $F(x)$.

解 （1）由于 $\int_{-\infty}^{+\infty} f(x)dx = 1$，即：

$$\int_{-\infty}^{+\infty} f(x)dx = \int_0^{+\infty} Ke^{-3x}dx = \frac{1}{-3}\int_0^{+\infty} Ke^{-3x}d(-3x) = \frac{K}{-3}e^{-3x}\Big|_0^{+\infty} = \frac{K}{3} = 1,$$

得 $K = 3$. 于是 X 的概率密度：

$$f(x) = \begin{cases} 3e^{-3x}, & x > 0 \\ 0, & x \leq 0 \end{cases}.$$

（2）$P(X > 0.1) = \int_{0.1}^{+\infty} f(x)dx = \int_{0.1}^{+\infty} 3e^{-3x}dx = 0.7408$.

（3）由定义 $F(x) = \int_{-\infty}^{x} f(t)dt$，当 $x \leq 0$ 时，$F(x) = 0$；当 $x > 0$ 时，$F(x) = \int_{-\infty}^{x} f(t)dt = \int_0^x 3e^{-3x}dx = 1 - e^{-3x}$，所以 $F(x) = \begin{cases} 1 - e^{-3x}, & x > 0 \\ 0, & x \leq 0 \end{cases}$.

5.2.2 几个常用的连续型随机变量的分布

定义 5.4（均匀分布） 如果随机变量 X 的概率密度为：

$$f(x) = \begin{cases} \dfrac{1}{b-a}, & a \leq x \leq b \\ 0, & \text{其他} \end{cases},$$

则称 X 服从 $[a,b]$ 上的均匀分布，记为 $X \sim U(a,b)$.

如果 X 服从 $[a,b]$ 上的均匀分布，那么，对于任意满足 $a \leq c \leq d \leq b$ 的 c、d，应有：

$$P(c \leq X \leq d) = \int_c^d f(x)dx = \frac{d-c}{b-a}.$$

该式说明 X 取值于 $[a,b]$ 中任意小区间的概率与该小区间的长度成正比，而与该小区间的具体位置无关，这就是均匀分布的概率意义.

$$F(x) = \begin{cases} 0, & x \leq a \\ \dfrac{x-a}{b-a}, & a < x < b \\ 1, & x \geq b \end{cases}.$$

例 5.8（候车问题） 11 路公共汽车站每隔 6 分钟有一辆汽车通过，乘客到达该汽车站的任一时刻是等可能的，求乘客等车时间不超过 2 分钟的概率．

解 由题意知，等车时间 X 是一个均匀分布的随机变量，$X \sim U(0,6)$，它的密度函数为 $f(x) = \begin{cases} \dfrac{1}{6}, & 0 \leq x \leq 6 \\ 0, & \text{其他} \end{cases}$，由此 $P\{X \leq 2\} = \int_0^2 \dfrac{1}{6} dx = \dfrac{2}{6} = \dfrac{1}{3}$，即乘客等车时间不超过 2 分钟的概率为 33%．

定义 5.5（指数分布） 如果随机变量 X 的概率密度为：

$$f(x) = \begin{cases} \lambda e^{-\lambda x}, & x \geq 0 \\ 0, & x < 0 \end{cases} (\lambda > 0),$$

则称 X 服从指数分布（参数为 λ），记为 $X \sim \theta(\lambda)$．

指数分布也被称为寿命分布，如电子元件的寿命、电话通话的时间、随机服务系统的服务时间等都可近似看做是服从指数分布的．

例 5.9 设某仪器有三只独立工作同型号的电子元件，其寿命（单位：小时）都服从同一指数分布，概率密度为 $f(t) = \begin{cases} \dfrac{1}{600} e^{-\frac{t}{600}}, & t \geq 0 \\ 0, & t < 0 \end{cases}$，试求在仪器使用的最初 200 小时内至少有一只元件损坏的概率 α．

解 设 A_i（$i = 1,2,3$）分别表示三个电子元件"在使用的最初 200 小时内损坏"的事件，于是 $\alpha = P(A_1 \cup A_2 \cup A_3) = 1 - P(\overline{A_1}\overline{A_2}\overline{A_3}) = 1 - P(\overline{A_1})P(\overline{A_2})P(\overline{A_3})$．

设 T_i（$i = 1,2,3$）表示第 i 只元件使用寿命的随机变量，则：

$$P(\overline{A_i}) = P\{T_i > 200\} = \int_{200}^{+\infty} \dfrac{1}{600} e^{-\frac{t}{600}} dt = e^{-\frac{1}{3}}, \quad i = 1,2,3.$$

因此 $\alpha = 1 - (e^{-\frac{1}{3}})^3 = 1 - e^{-1}$．

定义 5.6（正态分布） 如果随机变量 X 的概率密度为：

$$f(x)=\frac{1}{\sqrt{2\pi}\sigma}e^{-\frac{(x-\mu)^2}{2\sigma^2}} \quad (-\infty<x<+\infty),$$

其中 $\sigma>0$，σ、μ 为常数，则称 X 服从参数为 σ、μ 的**正态分布**，记为 $X\sim N(\mu,\sigma^2)$。特别地，当 $\mu=0$，$\sigma^2=1$ 时，称 X 服从标准正态分布，即 $X\sim N(0,1)$，密度函数为：

$$\varphi(x)=\frac{1}{\sqrt{2\pi}}e^{-\frac{x^2}{2}} \quad (-\infty<x<+\infty).$$

标准正态分布的分布函数为：

$$\Phi(x)=\int_{-\infty}^{x}\varphi(x)\mathrm{d}x=\int_{-\infty}^{x}\frac{1}{\sqrt{2\pi}}e^{-\frac{t^2}{2}}\mathrm{d}t.$$

对于标准正态分布的分布函数，有下列等式：

$$\Phi(-x)=1-\Phi(x),$$

对于 $X\sim N(\mu,\sigma^2)$，只要设 $\dfrac{x-\mu}{\sigma}=t$，就有：

$$\int_{-\infty}^{+\infty}\frac{1}{\sqrt{2\pi}\sigma}e^{-\frac{(x-\mu)^2}{2\sigma^2}}\mathrm{d}x=\int_{-\infty}^{+\infty}\frac{1}{\sqrt{2\pi}}e^{-\frac{t^2}{2}}\mathrm{d}t=1.$$

所以，如果 $X\sim N(\mu,\sigma^2)$，那么：

$$P(a<X<b)=F(b)-F(a)=\Phi\left(\frac{b-\mu}{\sigma}\right)-\Phi\left(\frac{a-\mu}{\sigma}\right).$$

为了应用方便，编制了标准正态分布函数 $\Phi(x)$ 的函数值表。对于一般的正态分布函数，可以通过变量替换化为标准正态分布函数。

例 5.10 设 $X\sim N(0,1)$，求：（1）$P(X\leqslant 0.3)$；（2）$P(0.2<X\leqslant 0.5)$。

解 （1）$P(X\leqslant 0.3)=\Phi(0.3)=0.6179$。

（2）$P(0.2<X\leqslant 0.5)=\Phi(0.5)-\Phi(0.2)=0.6915-0.5793=0.1122$。

例 5.11 设 $X\sim N(1.5,4)$，求：（1）$P(X\leqslant 3.5)$；（2）$P(|X|\leqslant 3)$。

解 （1）$P(X\leqslant 3.5)=\Phi\left(\dfrac{3.5-1.5}{2}\right)=\Phi(1)=0.8413$。

（2）$P(|X|\leqslant 3)=P(-3\leqslant X\leqslant 3)=\Phi\left(\dfrac{3-1.5}{2}\right)-\Phi\left(\dfrac{-3-1.5}{2}\right)$

$$= \Phi(0.75) - \Phi(-2.25) = \Phi(0.75) - [1 - \Phi(2.25)]$$

$$= 0.7734 - (1 - 0.9878) = 0.7612.$$

例 5.12 设一批零件的长度 X 服从参数为 $\mu = 20$、$\sigma = 0.02$ 的正态分布，规定长度 X 在 20 ± 0.03 内为合格品，现任取 1 个零件，问它为合格品的概率？

解 由题意，即求：

$$P(20 - 0.03 < X < 20 + 0.03) = \Phi\left(\frac{20 + 0.03 - 20}{0.02}\right) - \Phi\left(\frac{20 - 0.03 - 20}{0.02}\right)$$

$$= \Phi(1.5) - \Phi(-1.5)$$

$$= 2\Phi(1.5) - 1 = 0.8664.$$

例 5.13 某地抽样调查考生的英语成绩（按百分制计算，近似服从正态分布），平均成绩为 72 分，96 分以上的占考生总数的 2.3%，试求考生的英语成绩在 60 分到 84 分之间的概率？

解 设 X 为考生的英语成绩，由题意知 $X \sim N(72, \sigma^2)$.

因为 $P(X \geq 96) = 0.023$，即 $P\left(\frac{X - 72}{\sigma} \geq \frac{96 - 72}{\sigma}\right) = 0.023$，所以 $1 - \Phi\left(\frac{24}{\sigma}\right) = 0.023$，即

$$\Phi\left(\frac{24}{\sigma}\right) = 0.977.$$

查标准正态分布表可得 $\frac{24}{\sigma} = 2$，故 $\sigma = 12$，因此 $X \sim N(72, 12^2)$.

所以：

$$P(60 \leq X \leq 84) = P\left(\frac{60 - 72}{12} \leq \frac{X - 72}{12} \leq \frac{84 - 72}{12}\right)$$

$$= P\left(-1 \leq \frac{X - 72}{12} \leq 1\right) = \Phi(1) - \Phi(-1)$$

$$= 2\Phi(1) - 1 = 0.6826.$$

3σ 规则 服从正态分布 $N(\mu, \sigma^2)$ 的随机变量 X 落在区间 $(\mu - 3\sigma, \mu + 3\sigma)$ 内的概率为 0.9973，落在该区间外的概率只有 0.0027．也就是说，X 几乎不可能在区间 $(\mu - 3\sigma, \mu + 3\sigma)$ 之外取值．

$X \sim N(0,1)$：

$$P(|\xi| \leq 1) = P(-1 \leq \xi \leq 1) = \Phi(1) - \Phi(-1) = 2\Phi(1) - 1 = 0.6826;$$

$P(|\xi|\leqslant 2) = P(-2\leqslant \xi \leqslant 2) = \Phi(2) - \Phi(-2) = 2\Phi(2) - 1 = 0.9545$；

$P(|\xi|\leqslant 3) = P(-3\leqslant \xi \leqslant 3) = \Phi(3) - \Phi(-3) = 2\Phi(3) - 1 = 0.9973$.

$X \sim N(\mu, \sigma^2)$：

$P(|X-\mu|<\sigma) = 0.6826$；

$P(|X-\mu|<2\sigma) = 0.9545$；

$P(|X-\mu|<3\sigma) = 0.9973$.

5.3 随机变量的数学期望

随机变量的取值规律可用概率分布来描述．然而在实际问题中，要精确地求出随机变量 X 的分布函数（分布列或密度函数）往往比较难，有时只需要知道随机变量的某些特征就够了．本节将介绍描述随机变量"平均值"的一个数字特征——数学期望．

5.3.1 离散型随机变量的数学期望

定义 5.7 设 X 为离散型随机变量，其分布律为 $P(X=X_k) = p_k (k=1,2,\cdots)$，若 $\sum_{k=1}^{\infty}|x_k|p_k < \infty$ 即绝对收敛，则 X 的数学期望为 $E(X) = \sum_{k=1}^{\infty} x_k p_k$．设 $Y = g(X)$，$E(Y) = E(g(X)) = \sum_{k=1}^{+\infty} g(x_k) p_k$．

例 5.14 设盒中有 n 张卡片，它们的编号分别是 $1,2,\cdots,n$，从中有放回地抽取 k 次，求所抽卡片的号码之和的数学期望．

解 以 x_i 表示第 i 次所抽卡片的号码，X 表示 k 次所抽卡片的号码之和，那么 $X = \sum_{i=1}^{k} X_i$．因为有放回地抽取，所以 $P(x_i = j) = \dfrac{1}{n} (i=1,2,\cdots,k, \ j=1,2,\cdots,n)$．

$$E(X_i) = \sum_{j=1}^{n} j \times \frac{1}{n} = \frac{1}{n}\sum_{j=1}^{n} j = \frac{n+1}{2}, \quad E(X) = \sum_{i=1}^{k} E(X_i) = \frac{k(n+1)}{2}.$$

例 5.15 某建筑公司承建一项为期 3 个月的工程，需要决定在 1998 年 10 月是否开工．如果开工后，天气好，能按期完工，可获利 200 万元；如果开工后，天气不好，不能按期完工，将损失 60 万元；如果不开工，不管天气好坏，都将损失 30 万元．由统计资料知，1988 年至 1998 年 4 季度的平均天气分别为：坏、好、坏、坏、坏、好、坏、坏、好、坏．试根据已知资料分析：为使利润最大，该公司应决定开工还是不开工？

解 设 z 表示天气，则 $z = \begin{cases} 1, & \text{天气好} \\ 0, & \text{天气坏} \end{cases}$．设 $f(z)$ 表示开工后所获利润，$g(z)$ 表示不开工后所获利润．由题意知，1988 年至 1998 年 4 季度的平均天气为好的可能性为 0.3，天气为坏的可能性为 0.7．所以：

z	0	1
p	0.7	0.3
$f(z)$	−60	200
$g(z)$	−30	−30

故：
$$Ef(z) = (-60) \times 0.7 + 200 \times 0.3 = 18,$$
$$Eg(z) = (-30) \times 0.7 + (-30) \times 0.3 = -30.$$

答：为使利润最大，该公司应决定开工．

例 5.16 有 3 只球，4 只盒子，盒子的编号为 1、2、3、4，将球逐个独立地随机放入 4 只盒子，以 X 表示其中至少有一只球的盒子的最小号码，求 $E(X)$．

解 X 的所有可能取值为 1、2、3、4．

$\{X = 1\}$ 表示 1 号盒子中至少有 1 只球，意味着 1 号盒子中的球数可能是 1 只、2 只、3 只，而 1 号盒子中有 1 只球的概率 $P_1 = \dfrac{3 \times 3 \times 3}{4^3} = \dfrac{27}{64}$，1 号盒子中有 2 只球的概率 $P_2 = \dfrac{C_3^2 \times 3}{4^3} = \dfrac{9}{64}$，1 号盒子中有 3 只球的概率 $P_3 = \dfrac{1}{4^3} = \dfrac{1}{64}$，所以：

$$P(X = 1) = \frac{27 + 9 + 1}{4^3} = \frac{37}{64}.$$

$\{X = 2\}$ 表示 1 号盒子是空的，2 号盒子中至少有 1 只球：

$$P(X = 2) = \frac{3 \times 2 \times 2 + C_3^2 \times 2 + 1}{4^3} = \frac{19}{64}.$$

$\{X=3\}$ 表示 1 号盒子是空的，2 号盒子是空的，3 号盒子中至少有 1 只球：

$$P(X=3) = \frac{3 \times 1 \times 1 + C_3^2 \times 1 + 1}{4^3} = \frac{7}{64}.$$

$\{X=4\}$ 表示 1 号盒子是空的，2 号盒子是空的，3 号盒子是空的，4 号盒子中至少有 1 只球：

$$P(X=4) = \frac{1}{64}.$$

所以 X 的分布律为：

X	1	2	3	4
p	$\frac{37}{64}$	$\frac{19}{64}$	$\frac{7}{64}$	$\frac{1}{64}$

$$E(X) = \frac{100}{64} = \frac{25}{16}.$$

5.3.2 连续型随机变量的数学期望

定义 5.8 设 X 为连续型随机变量，其概率密度为 $f(x)$，若积分 $\int_{-\infty}^{+\infty} xf(x)\mathrm{d}x$ 绝对收敛，则有：

$$E(X) = \int_{-\infty}^{+\infty} xf(x)\mathrm{d}x.$$

设 $Y = g(X)$，$E(Y) = E(g(X)) = \int_{-\infty}^{+\infty} g(x)f(x)\mathrm{d}x$.

例 5.17 设 $\xi \sim f(x) = 3x^2 (0 \leqslant x \leqslant b)$，求 b、$E(\xi)$.

解 由 $\int_0^b 3x^2 \mathrm{d}x = 1$ 得 $b = 1$，$E(\xi) = \int_0^1 x \cdot 3x^2 \mathrm{d}x = \frac{3}{4}$.

例 5.18（均匀分布） 设 $X \sim U[a,b]$，即有密度 $f(x) = \begin{cases} \dfrac{1}{b-a}, & a < x < b \\ 0, & \text{其他} \end{cases}$，则有

$$E(X) = \int_{-\infty}^{+\infty} xf(x)\mathrm{d}x = \int_a^b \frac{x}{b-a}\mathrm{d}x = \frac{b+a}{2}.$$

5.3.3 数学期望的性质及矩

（1） $E(c) = c$；

（2） $E(kX) = kE(X)$；

（3） $E(X_1 + X_2 + \cdots + X_n) = E(X_1) + E(X_2) + \cdots + E(X_n)$.

矩：设 X 是一个连续型随机变量：

（1）若 $E(X_k)$ 存在，则称它为 X 的 k 阶原点矩.

（2） $g(X) = |X|^k$，若 $E(|X|^k) = \int_{-\infty}^{+\infty} |x|^k f(x)\mathrm{d}x$ 存在，则称它为 X 的 k 阶绝对原点矩.

（3） $g(X) = [X - E(X)]^k$，若 $E[X - E(X)]^k = \int_{-\infty}^{+\infty} [x - E(X)]^k f(x)\mathrm{d}x$ 存在，则称它为 X 的 k 阶中心矩.

（4） $g(X) = |X - E(X)|^k$，若 $E|X - E(X)|^k = \int_{-\infty}^{+\infty} |x - E(X)|^k f(x)\mathrm{d}x$ 存在，则称它为 X 的 k 阶绝对中心矩.

类似地，可定义离散型随机变量的 k 阶原点矩、k 阶绝对原点矩、k 阶中心矩、k 阶绝对中心矩.

5.4 随机变量的方差

5.4.1 方差的概念

定义 5.9（方差与标准差） 若 $E(X - E(X))^2 < \infty$，则称 $D(X) = E(X - E(X))^2$ 为 X 的方差，$\sqrt{D(X)}$ 称为标准差.

$$P(X = x_k) = p_k, \ k = 1, 2, \cdots, \ D(X) = E[X - E(X)]^2 = \sum_{k=1}^{+\infty} [x_k - E(X)]^2 p_k.$$

$$X \sim f(x), \quad D(X) = E[X - E(X)]^2 = \int_{-\infty}^{+\infty} [x - E(X)]^2 f(x) \mathrm{d}x = E(X^2) - [E(X)]^2.$$

例 5.19 设随机变量 X 服从几何分布，其分布律为：
$$P(X = n) = p(1-p)^{n-1}, \quad n = 1, 2, \cdots,$$
其中 $0 < p < 1$ 是常数，求 $D(X)$.

解 $E(X) = \sum_{n=1}^{+\infty} np(1-p)^{n-1} = -p \sum_{n=1}^{+\infty} [(1-p)^n]' = -p \left[\sum_{n=1}^{+\infty} (1-p)^n \right]'$

$$\xlongequal{1-p=x} -p \left(\frac{x}{1-x} \right)' = p \times \frac{1}{(1-x)^2} = \frac{1}{p}.$$

$$E(X^2) = \sum_{n=1}^{+\infty} n^2 p(1-p)^{n-1} = p \sum_{n=1}^{+\infty} n(n+1)(1-p)^{n-1} - p \sum_{n=1}^{+\infty} n(1-p)^{n-1},$$

令 $1-p=x$，则 $\sum_{n=1}^{+\infty} n(n+1)(1-p)^{n-1} = \sum_{n=1}^{+\infty} n(n+1)x^{n-1} = \left(\sum_{n=1}^{\infty} x^{n+1} \right)'' = \frac{2}{(1-x)^3} = \frac{2}{p^3}.$

$$E(X^2) = \frac{2}{p^2} - \frac{1}{p}, \quad D(X) = \frac{2}{p^2} - \frac{1}{p} - \frac{1}{p^2} = \frac{q}{p^2}.$$

5.4.2 方差的性质

（1）C 为常数，则 $D(C) = 0$；

（2）设 X 是一个随机变量，C 为常数，则有 $D(CX) = C^2 D(X)$；

（3）设 X、Y 是两个相互独立的随机变量，则有 $D(X+Y) = D(X) + D(Y)$.

5.4.3 常见分布的期望与方差

（1）0-1 分布：$p(X = k) = p^k (1-p)^{1-k}$，$k = 0、1$，$E(X) = p$，$D(X) = p(1-p)$.

（2）二项分布：设 $X \sim b(n, p)$，则 $E(X) = np$，$D(X) = np(1-p)$.

（3）泊松分布：设 $X \sim \pi(\lambda)$，则 $E(X) = D(X) = \lambda$.

（4）均匀分布：设 X 在区间 $[a,b]$ 上服从均匀分布，则 $E(X) = \dfrac{a+b}{2}$，$D(X) = \dfrac{(b-a)^2}{12}$.

（5）指数分布：设随机变量 X 服从指数分布，其概率密度为：

$$f(x) = \begin{cases} \lambda e^{-\lambda x}, & x \geq 0 \\ 0, & x < 0 \end{cases} \quad (\lambda > 0),$$

$$E(X) = \frac{1}{\lambda}, \quad D(X) = \frac{1}{\lambda^2}.$$

（6）正态分布：设 $X \sim N(\mu, \sigma^2)$，则 $E(X) = \mu$，$D(X) = \sigma^2$.

$X \sim N(\mu, \sigma^2)$, $f(x) = \dfrac{1}{\sqrt{2\pi}\sigma} e^{-\frac{(x-\mu)^2}{2\sigma^2}}$,

$$E(X) = \int_{-\infty}^{+\infty} x f(x) dx = \int_{-\infty}^{+\infty} x \frac{1}{\sqrt{2\pi}\sigma} e^{-\frac{(x-\mu)^2}{2\sigma^2}} dx = \int_{-\infty}^{+\infty} (x - \mu + \mu) \frac{1}{\sqrt{2\pi}\sigma} e^{-\frac{(x-\mu)^2}{2\sigma^2}} dx$$

$$= -\sigma^2 \int_{-\infty}^{+\infty} \frac{1}{\sqrt{2\pi}\sigma} e^{-\frac{(x-\mu)^2}{2\sigma^2}} d\frac{-(x-\mu)^2}{2\sigma^2} + \mu \int_{-\infty}^{+\infty} \frac{1}{\sqrt{2\pi}\sigma} e^{-\frac{(x-\mu)^2}{2\sigma^2}} dx$$

$$= -\sigma^2 \int_{-\infty}^{+\infty} \frac{1}{\sqrt{2\pi}\sigma} e^{-\frac{(x-\mu)^2}{2\sigma^2}} d\frac{-(x-\mu)^2}{2\sigma^2} + \mu \int_{-\infty}^{+\infty} f(x) dx$$

$$= -\frac{\sigma}{\sqrt{2\pi}} \int_{-\infty}^{+\infty} de^{\frac{-(x-\mu)^2}{2\sigma^2}} + \mu = -\frac{\sigma}{\sqrt{2\pi}} e^{-\frac{(x-\mu)^2}{2\sigma^2}} \Big|_{-\infty}^{+\infty} + \mu = \mu.$$

$$E(X^2) = \int_{-\infty}^{+\infty} x^2 \frac{1}{\sqrt{2\pi}\sigma} e^{-\frac{(x-\mu)^2}{2\sigma^2}} dx = \int_{-\infty}^{+\infty} (x^2 - \mu^2 + \mu^2) \frac{1}{\sqrt{2\pi}\sigma} e^{-\frac{(x-\mu)^2}{2\sigma^2}} dx$$

$$= \int_{-\infty}^{+\infty} (x^2 - \mu^2) \frac{1}{\sqrt{2\pi}\sigma} e^{-\frac{(x-\mu)^2}{2\sigma^2}} dx + \int_{-\infty}^{+\infty} \mu^2 \frac{1}{\sqrt{2\pi}\sigma} e^{-\frac{(x-\mu)^2}{2\sigma^2}} dx$$

$$= \int_{-\infty}^{+\infty} (x - \mu)(x + \mu) \frac{1}{\sqrt{2\pi}\sigma} e^{-\frac{(x-\mu)^2}{2\sigma^2}} dx + \mu^2$$

$$= -\sigma^2 \int_{-\infty}^{+\infty} \frac{(x-\mu)}{\sigma^2} (x+\mu) \frac{1}{\sqrt{2\pi}\sigma} e^{-\frac{(x-\mu)^2}{2\sigma^2}} dx + \mu^2$$

$$= \sigma^2 \int_{-\infty}^{+\infty} (x+\mu) \frac{1}{\sqrt{2\pi}\sigma} de^{-\frac{(x-\mu)^2}{2\sigma^2}} + \mu^2$$

$$= \sigma^2 (x+\mu) \frac{1}{\sqrt{2\pi}\sigma} e^{-\frac{(x-\mu)^2}{2\sigma^2}} \Big|_{-\infty}^{+\infty} + \sigma^2 \int_{-\infty}^{+\infty} \frac{1}{\sqrt{2\pi}\sigma} e^{-\frac{(x-\mu)^2}{2\sigma^2}} d(x+\mu) + \mu^2$$

$$= \sigma^2 + \mu^2.$$

$D(X) = E(X^2) - (E(X))^2 = \sigma^2 + \mu^2 - \mu^2 = \sigma^2$.

例 5.20 设 $X \sim B(n,p)$，即有分布 $P(X=k) = C_n^k p^k q^{n-k}$，$q = 1-p$，$k = 0,1,2,\cdots,n$，求 $E(X)$、$D(X)$.

解 注意到 X 是 n 次贝努利试验中事件 A 发生的次数，引入随机变量：

$$X_k = \begin{cases} 1, & \text{若第}k\text{次试验中}A\text{ 发生} \\ 0, & \text{若第}k\text{次试验中}A\text{ 不发生} \end{cases}, \quad k = 1,2,\cdots,n.$$

则 $X = \sum_{k=1}^{n} X_k$ 且 $X_1,\cdots,X_n$ 具有独立相同的分布列，即有 $EX_k = p$，$DX_k = pq$，故由期望和方差的性质有 $E(X) = \sum_{k=1}^{n} EX_k = np$，$D(X) = \sum_{k=1}^{n} DX_k = npq$.

*5.5 n 维随机变量简介

5.5.1 二维随机变量及其分布

定义 5.10（联合分布函数） 设 X、Y 是两个随机变量，称 $F(x,y) = P(X < x, Y < y)$ 是 (X,Y) 的联合分布函数.

对于离散型随机变量，令 $(X,Y) = (x_i, y_j)$，$i,j = 1,2,\cdots$，则联合分布函数为

$$F(x,y) = \sum_{x_i < x} \sum_{y_j < y} P(X = x_i, Y = y_j),$$

对于连续型随机变量，令 $f(x,y) \geq 0$，则联合分布函数为 $F(x,y) = \int_{-\infty}^{x} \int_{-\infty}^{y} f(u,v) \mathrm{d}u \mathrm{d}v$.

其联合分布密度分别为：

（1）离散型：$f(x,y) = \begin{cases} P(X = x_i, Y = y_j) = p_{ij}, & i,j = 1,2,\cdots \\ 0, & \text{其他} \end{cases}$.

（2）连续型：$f(x,y) = \dfrac{\partial^2 F(x,y)}{\partial x \partial y}$.

其性质有：

（1）离散型：$p_{ij} \geqslant 0$, $i,j = 1,2,\cdots$；$\sum_i \sum_j p_{ij} = 1$.

（2）连续型：$f(x,y) \geqslant 0$；$\int_{-\infty}^{+\infty} \int_{-\infty}^{+\infty} f(x,y) \mathrm{d}x \mathrm{d}y = 1$.

定义 5.11（边缘分布） 设 (X,Y) 的分布密度为 $f(x,y)$，其两个边缘分布定义为：

$$f_X(x) = \int_{-\infty}^{+\infty} f(x,y) \mathrm{d}y, \quad F_X(x) = P(X \leqslant x, Y < \infty);$$

$$f_Y(y) = \int_{-\infty}^{+\infty} f(x,y) \mathrm{d}x, \quad F_Y(y) = P(X < \infty, Y \leqslant y).$$

若 $P(X \leqslant x, Y \leqslant y) = P(X \leqslant x) \cdot P(Y \leqslant y)$，则称 X、Y 相互独立，这时有：

（1）$F(x,y) = F_X(x) \cdot F_Y(y)$；（2）$f(x,y) = f_X(x) \cdot f_Y(y)$.

5.5.2 n 维随机变量及其分布

$F(x_1, x_2, \cdots, x_n) = P(X_1 \leqslant x_1, X_2 \leqslant x_2, \cdots, X_n \leqslant x_n)$，

$F_{X_1}(x_1) = F(x_1, \infty, \cdots, \infty)$，$F_{X_1, X_2}(x_1, x_2) = F(x_1, x_2, \infty, \cdots, \infty)$，

$F(x_1, x_2, \cdots, x_n) = \int_{-\infty}^{x_1} \int_{-\infty}^{x_2} \cdots \int_{-\infty}^{x_n} f(u_1, u_2, \cdots, u_n) \mathrm{d}u_1 \mathrm{d}u_2 \cdots \mathrm{d}u_n$，

$f_{X_1}(x_1) = \int_{-\infty}^{+\infty} \int_{-\infty}^{+\infty} \cdots \int_{-\infty}^{+\infty} f(x_1, x_2, \cdots, x_n) \mathrm{d}x_1 \cdots \mathrm{d}x_n$，

……

若 $X_1, X_2, \cdots, X_n$ 相互独立，则 $f(x_1, x_2, \cdots, x_n) = f_{X_1}(x_1) f_{X_2}(x_2) \cdots f_{X_n}(x_n)$，反之亦然.

5.5.3 协方差与相关系数

定义 5.12（多元随机变量的期望） 设 $X_1, X_2, \cdots, X_n$ 的联合概率密度是 $f(x_1, x_2, \cdots, x_n)$，则 $y = g(x_1, x_2, \cdots, x_n)$ 的期望为：

$$E(Y) = \int_{-\infty}^{+\infty} \cdots \int_{-\infty}^{+\infty} g(x_1, x_2, \cdots, x_n) f(x_1, x_2, \cdots, x_n) \mathrm{d}x_1 \cdots \mathrm{d}x_n.$$

性质：（1）设 X_1、X_2 的联合概率密度是 $f(x_1, x_2)$，则 $E(X_1 + X_2) = E(X_1) + E(X_2)$；

（2）设 X_1、X_2 相互独立，则对 X_1、X_2 的函数 $g_1(X_1)$、$g_2(X_2)$ 有：

$$E[g_1(X_1) \cdot g_2(X_2)] = E[g_1(X_1)] \cdot E[g_2(X_2)].$$

特别地，$E(X_1 X_2) = E(X_1)E(X_2)$.

定义 5.13（协方差）

$$\text{cov}(X_1, X_2) = E[(X_1 - E(X_1))(X_2 - E(X_2))] = E(X_1 X_2) - E(X_1)E(X_2)$$

易知：（1）$\text{cov}(X_1, X_2) = \text{cov}(X_2, X_1)$；

（2）当 X_1、X_2 相互独立时，$\text{cov}(X_1, X_2) = 0$；

（3）$D(X_1 \pm X_2) = D(X_1) + D(X_2) \pm 2\text{cov}(X_1, X_2)$；

（4）当 X_1、X_2 相互独立时，$D(X_1 + X_2) = D(X_1 - X_2)$.

定义 5.14（相关系数） 设 $D(X) > 0$, $D(Y) > 0$，定义其相关系数为：

$$\rho_{XY} = \frac{\text{cov}(X, Y)}{\sqrt{D(X)}\sqrt{D(Y)}}.$$

易知：（1）当 $\rho_{XY} = 0$ 时，X 与 Y 不相关；

（2）$|\rho_{XY}| \leq 1$；

（3）当 X 与 Y 独立时，则 $\rho_{XY} = 0$，其逆不一定成立；

（4）若 $Y = aX + b$（线性相关），则 $|\rho_{XY}| = 1$；

（5）X 与 Y 相互独立 $\Leftrightarrow X$ 与 Y 不相关.

习题 5

1．盒内装有 6 只晶体管，其中有 2 只次品和 4 只正品，随机抽取一只测试，直到 2 只次品晶体管都找到为止，求所需的测试次数 ξ 的值及相应的概率.

2．某运动员投篮的命中率是 0.8，他做的一种练习是投中两次就停止，求出这个运动员可能投篮的次数及其相应的概率.

3．利用标准正态分布表计算概率.

（1）有一批零件，其寿命服从正态分布，即寿命 $X \sim N(100, 4^2)$，现从中随机抽取一个零件，问其寿命超过 110 小时的概率是多大？

（2）设 $X \sim N(1, 0.5^2)$，求：① $P(X > 0)$；② $P(0.5 < X \leq 1.5)$.

（3）设 $X \sim N(520, 11^2)$，求：① $P(X \leq 525)$；② $P(509 < X \leq 531)$.

（4）有一批钢材，其长度 X 服从 $X \sim N(1, 4)$，求长度在 0.8 与 1.02 之间的概率.

4．公共汽车的高度是按男子与车门碰头的机会在 0.01 以下来设计的，设男子身高 X（单位：cm）服从正态分布 $N(170,6^2)$，试确定车门的高度.

5．设连续随机变量 X 的密度函数为 $f(x)=\begin{cases}Ax^2, & 0\leqslant x\leqslant 3 \\ 0, & 其他\end{cases}$，求：（1）常数 A 的值；（2）概率 $P(|X|\leqslant 1)$；（3）X 的期望 $E(X)$.

6．设随机变量 ζ 的密度函数为 $\varphi(x)=\begin{cases}\dfrac{1}{2}x, & 0\leqslant x\leqslant 2 \\ 0, & 其他\end{cases}$，求 $E(3\zeta^2-2\zeta)$.

7．设随机变量 ξ 的分布密度为 $p(x)=\begin{cases}\dfrac{3x^2}{8}, & 0\leqslant x\leqslant 2 \\ 0, & 其他\end{cases}$ 且 $\eta=3\xi+2$，求 $E\eta$ 与 $D\xi$.

8．设随机变量 ξ 的分布密度为 $p(x)=\begin{cases}0, & x<a \\ \dfrac{3a^2}{x^4}, & x\geqslant a\end{cases}$，求 $E\xi$、$D\xi$、$E(\dfrac{2}{3}\xi-a)$、$D(\dfrac{2}{3}\xi-a)$.

第 6 章 参数估计与假设检验

6.1 总体、样本、统计量

6.1.1 总体与样本

数理统计是研究怎样收集资料、分析资料、处理资料的学科. 所谓资料,除了数据之外,还包括一些情况、图表等原始材料.

一个统计问题总有它明确的研究对象,研究对象的全体就是总体,总体中的每个成员就是一个个体.

在数理统计中,首先确定统计问题所关心的指标,其次是这一指标在全部研究对象中的分布——统计问题的总体,也称为总体分布或理论分布. 要了解总体的情况,常用的一个方法就是抽样,从总体中随机地抽取一个个体,我们称为样品. 样品与个体不同,个体是确定的,样品是不确定的. 若干个样品就构成一个样本. 总体中个体的数量一般都较多,抽取的样品又很少,这样第一个样品抽取后不会改变总体的分布,第二个样品与第一个样品的分布相同,彼此可以认为是相互独立的. 用 $X_1, X_2, \cdots, X_n$ 表示 n 个样品的指标,则 $X_1, X_2, \cdots, X_n$ 是独立同分布的随机变量,它们的共同分布就是理论分布 $F(x)$. 样本中样品的个数称为样本量(或样本的容量、样本的大小).

事实上,我们抽样后得到的资料都是具体的、确定的值. 一个样品取到的值就是样品值,一个样本取到的值就是样本值. 统计是从手中已有的资料——样本值,去推断总体的情况——总体分布 $F(x)$ 的性质,样本是联系两者的桥梁. 总体分布决定了样本取值的概率规律,也就是说根据样本取到样本值的规律可以从样本值去推断总体.

6.1.2 统计量

定义 6.1 设 $X_1, \cdots, X_n$ 为来自总体 X 的样本,$g(x_1, x_2, \cdots, x_n)$ 为不含未知参数的连续

函数，则称 $g(x_1, x_2, \cdots, x_n)$ 为统计量．

下面介绍几个常用统计量．

定义 6.2 设 $X_1, \cdots, X_n$ 为来自总体 X 的样本，则：

样本均值：$\overline{X} = \dfrac{1}{n}\sum_{i=1}^{n} X_i$；样本方差：$S^2 = \dfrac{1}{n-1}\sum_{i=1}^{n}(X_i - \overline{X})^2$．

如果总体的分布函数已知，则统计量的概率分布便可以求得，统计量的分布又称为抽样分布．

定义 6.3 设 $X_1, \cdots, X_n$ 是来自总体 $N(\mu, \sigma^2)$ 的一个样本，则称统计量 $U = \dfrac{\overline{X} - \mu}{\sigma/\sqrt{n}}$ 为 U 统计量．

定理 6.1 若总体 $X \sim N(\mu, \sigma^2)$，设 $X_1, \cdots, X_n$ 是来自总体 $N(\mu, \sigma^2)$ 的一个样本，则：

$$\frac{\overline{X} - \mu}{\sigma/\sqrt{n}} \sim N(0,1).$$

例 6.1 在总体 $N(80, 20^2)$ 中随机抽取一容量为 100 的样本，试求样本均值与总体均值之差的绝对值大于 3 的概率．

解 由定理 6.1 有 $\dfrac{\overline{X} - 80}{20/\sqrt{100}} \sim N(0,1)$，

于是所求概率为：

$$P(|\overline{X} - 80| > 3) = 1 - P(|\overline{X} - 80| \leqslant 3) = 1 - P\left(\frac{-3}{20/\sqrt{100}} \leqslant \frac{\overline{X} - 80}{20/\sqrt{100}} \leqslant \frac{3}{20/\sqrt{100}}\right)$$

$$= 1 - [\Phi(1.5) - \Phi(-1.5)] = 0.1336.$$

查附表 1 得 $\Phi(1.5) = 0.9332$．

定理 6.2 $\chi^2(n)$ 分布，分布密度：

$$f(x) = \begin{cases} \dfrac{1}{2^{\frac{n}{2}} \cdot \Gamma\left(\dfrac{n}{2}\right)} x^{\frac{n}{2}-1} e^{-\frac{x}{2}}, & x > 0 \\ 0, & x \leqslant 0 \end{cases},$$

则有：（1）$X_1, \cdots, X_n$ 来自正态分布 $N(0,1)$，则称统计量 $X_1^2 + X_2^2 + \cdots + X_n^2 \sim \chi^2(n)$ 为自由度为 n 的 χ^2 统计量，它服从的分布称为 χ^2 分布，简记为 $\chi^2 \sim \chi^2(n)$；

（2）若总体 $X \sim N(\mu,\sigma^2)$，则 $\dfrac{n-1}{\sigma^2}S^2 \sim \chi^2(n-1)$.

例 6.2 设总体 $X \sim N(0,0.25)$，从中任取样本 $x_1,x_2,\cdots,x_7$，求出常数 a 的值使得随机变量 $a\sum\limits_{i=1}^{7}x_i^2 \sim \chi^2(7)$.

解 由 $X \sim N(0,0.25)$ 知 $2X \sim N(0,1)$，由定理 6.2 有 $\sum\limits_{i=1}^{7}(2x_i)^2 = 4\sum\limits_{i=1}^{7}x_i^2 \sim \chi^2(7)$，所以 $a=4$.

定理 6.3 t 分布，分布密度：

$$f(x)=\frac{\Gamma\left(\dfrac{n+1}{2}\right)}{\Gamma\left(\dfrac{n}{2}\right)\sqrt{n\pi}}\left(1+\frac{x^2}{n}\right)^{-\frac{n+1}{2}},$$

则有：（1）$X \sim N(0,1)$，$Y \sim \chi^2(n)$，X 与 Y 相互独立，则称统计量为自由度为 n 的 t 统计量. 它服从的分布称为 t 分布（或学生氏分布），记为 $t=\dfrac{X}{\sqrt{Y/n}} \sim t(n)$；（2）$X \sim N(\mu,\sigma^2)$，则 $t=\dfrac{\bar{x}-\mu}{S/\sqrt{n}} \sim t(n)$.

例 6.3 设随机变量 X 和 Y 相互独立且服从正态分布 $N(0,3^2)$，从中抽取样本 $X_1,X_2,\cdots,X_9$ 和 $Y_1,Y_2,\cdots,Y_9$，问统计量 $U=\dfrac{X_1+X_2+\cdots+X_9}{\sqrt{Y_1+Y_2+\cdots+Y_9}}$ 服从什么分布并确定其自由度.

解 $X \sim N(0,3^2)$，所以 $\dfrac{1}{9}\sum\limits_{i=1}^{9}X_i \sim N(0,1)$. 由定理 6.2 得 $\dfrac{1}{9}\sum\limits_{i=1}^{9}Y_i \sim \chi^2(9)$，所以：

$$U=\frac{X_1+X_2+\cdots+X_9}{\sqrt{Y_1+Y_2+\cdots+Y_9}}=\frac{\dfrac{1}{9}\sum\limits_{i=1}^{9}X_i}{\sqrt{\dfrac{1}{9}\sum\limits_{i=1}^{9}Y_i/9}} \sim t(9).$$

6.2 期望与方差的点估计

6.2.1 矩估计

定理 6.4 设 $X \sim N(u,\sigma^2)$，则 $\hat{\mu} = \bar{X}$，$\hat{\sigma}^2 = \dfrac{1}{n}\sum\limits_{i=1}^{n}(X_i - \bar{X})^2 = \dfrac{1}{n}\sum\limits_{i=1}^{n}X_i^2 - \bar{X}^2$．

证明 μ 和 σ^2 的总体原点矩为：

$$\mu = \mu_1 = \sum_i X_i p_i,$$

$$\sigma^2 = \sum_i (X_i - \mu)^2 p_i = \sum_i X_i^2 p_i - 2\mu_1 \sum_i X_i p_i + \mu_1^2 = \sum_i X_i^2 p_i - \mu_1^2 = \mu_2 - \mu_1^2.$$

用样本的 k 阶原点矩去代替总体的 k 阶原点矩得：

$$\hat{\mu} = \hat{\mu}_1 = \frac{1}{n}\sum_{i=1}^{n} X_i = \bar{X}, \quad \hat{\sigma}^2 = \hat{\mu}_2 - \hat{\mu}_1^2 = \frac{1}{n}\sum_{i=1}^{n} X_i^2 - \bar{X}^2 = \frac{1}{n}\sum_{i=1}^{n}(X_i - \bar{X})^2.$$

事实上，当 X 的方差存在时，$E(S^2) = D(X)$，其中 $S^2 = \dfrac{1}{n-1}\sum\limits_{i=1}^{n}(X_i - \bar{X})^2$．

由：$\sum\limits_{i=1}^{n}(X_i - \bar{X})^2 = \sum\limits_{i=1}^{n}(X_i^2 - 2\bar{X}X_i + \bar{X}^2) = \sum\limits_{i=1}^{n}X_i^2 - 2\bar{X}\sum\limits_{i=1}^{n}X_i + n\bar{X}^2 = \sum\limits_{i=1}^{n}X_i^2 - n\bar{X}^2,$

$$E(S^2) = E\left[\frac{1}{n-1}\sum_{i=1}^{n}(X_i - \bar{X})^2\right] = \frac{1}{n-1}\sum_{i=1}^{n}E(X_i^2) - \frac{n}{n-1}E(\bar{X}^2)$$

$$= \frac{n}{n-1}[E(X^2) - E(\bar{X}^2)].$$

又 $E(X^2) = D(X) + [E(X)]^2$，故：

$$E(S^2) = \frac{n}{n-1}\{D(X) + [E(X)]^2 - D(\bar{X}) - [E(\bar{X})]^2\}$$

$$= \frac{n}{n-1}\{D(X) + [E(X)]^2 - \frac{D(X)}{n} - [E(X)]^2\} = D(X).$$

说明 S^2 是 $D(X)$ 的无偏估计,即 $E\left[\dfrac{1}{n-1}\sum\limits_{i=1}^{n}(X_i-\bar{X})^2\right]=D(X)$.

而 $E\left[\dfrac{1}{n}\sum\limits_{i=1}^{n}(X_i-\bar{X})^2\right]=\dfrac{n-1}{n}D(X)$,如果采用 $\dfrac{1}{n}\sum\limits_{i=1}^{n}(X_i-\bar{X})^2$ 作为 $D(X)$ 的估计量,上式表明有偏差的,但是,当 n 比较大时(一般 $n>30$),$\dfrac{1}{n}\sum\limits_{i=1}^{n}(X_i-\bar{X})^2$ 与 S^2 的差异很小,所以也可用 $\dfrac{1}{n}\sum\limits_{i=1}^{n}(X_i-\bar{X})^2$ 作为 $D(X)$ 的估计量.

例 6.4 设某种灯泡寿命 $X \sim N(\mu,\sigma^2)$,其中 μ、σ^2 未知,今随机抽取 5 只灯泡,测得寿命分别为(单位:小时)1623、1527、1287、1432、1591,求 u、σ^2 的估计值.

解 $\hat{\mu}=\bar{x}=\dfrac{1}{5}(1623+1527+1287+1432+1591)=1492$,

$$\hat{\sigma}^2=\dfrac{1}{5}[(1623-1429)^2+(1527-1429)^2+(1287^2-1429)^2+(1432-1429)^2$$

$$+(1591-1429)^2]=18731.4.$$

根据以上讨论,我们得出求点估计的一般方法(矩法)的具体步骤为:设 X 为总体,X 的分布含有 k 个未知参数 $\theta_1,\theta_2,\cdots,\theta_k$,且 X 的 k 阶原点矩存在,记为 $\alpha_j=E(X^j)$,$j=1,2,3,\cdots,k$,易知:

$$\begin{cases}\alpha_1=h_1(\theta_1,\theta_2,\cdots,\theta_k)\\ \alpha_2=h_2(\theta_1,\theta_2,\cdots,\theta_k)\\ \cdots\cdots\\ \alpha_k=h_k(\theta_1,\theta_2,\cdots,\theta_k)\end{cases}\text{,解得:}\begin{cases}\theta_1=g_1(\alpha_1,\alpha_2,\cdots,\alpha_k)\\ \theta_2=g_2(\alpha_1,\alpha_2,\cdots,\alpha_k)\\ \cdots\cdots\\ \theta_k=g_k(\alpha_1,\alpha_2,\cdots,\alpha_k)\end{cases}.$$

将解中的各阶总体原点矩 α_j 用对应的各阶样本原点矩 M_j 代替,得全部参数的点估计量:

$$\begin{cases}\hat{\theta}_1=g_1(M_1,M_2,\cdots,M_k)\\ \hat{\theta}_2=g_2(M_1,M_2,\cdots,M_k)\\ \cdots\cdots\\ \hat{\theta}_k=g_k(M_1,M_2,\cdots,M_k)\end{cases},$$

也称矩法估计量,简称矩估计.

6.2.2 极大似然估计

定义 6.4（极大似然估计） 当 $\theta_1 = \hat{\theta}_1, \theta_2 = \hat{\theta}_2, \cdots, \theta_r = \hat{\theta}_r$ 时，函数（也称似然函数）

$$L(\theta_1, \theta_2, \cdots, \theta_r) = \prod_{i=1}^{n} p(x_i, \theta_1, \theta_2, \cdots, \theta_r)$$

取最大值，即：

$$L(\hat{\theta}_1, \hat{\theta}_2, \cdots, \hat{\theta}_r) = \max_{\theta_1, \theta_2, \cdots, \theta_r} L(\theta_1, \theta_2, \cdots, \theta_r),$$

称 $\hat{\theta}_1, \hat{\theta}_2, \cdots, \hat{\theta}_r$ 为 $\theta_1, \theta_2, \cdots, \theta_r$ 的极大似然估计.

例 6.5 从一个正态总体中抽取容量为 n 的样本，求总体参数 μ 及 σ^2 的极大似然估计.

解 因 $N(\mu, \sigma^2)$ 的密度函数为 $f(x) = \dfrac{1}{\sqrt{2\pi}\sigma} e^{-\frac{(x-\mu)^2}{2\sigma^2}}$，由 $x_1, x_2, \cdots, x_n$ 的独立性得似然函数为：

$$L(x_1, x_2, \cdots, x_n; \mu, \sigma^2) = \prod_{i=1}^{n} \frac{1}{\sqrt{2\pi}\sigma} e^{-\frac{(x_i-\mu)^2}{2\sigma^2}} = \left(\frac{1}{\sqrt{2\pi}\sigma}\right)^n e^{-\frac{1}{2\sigma^2}\sum_{i=1}^{n}(x_i-\mu)^2}.$$

$\ln L = -\dfrac{n}{2}\ln 2\pi - \dfrac{n}{2}\ln \sigma^2 - \dfrac{1}{2\sigma^2}\sum_{i=1}^{n}(x_i-\mu)^2$，为了便于求导数，令 $\dfrac{\partial L}{\partial \mu} = -\dfrac{1}{2\sigma^2}\sum_{i=1}^{n}2(x_i-\mu)$

$(-1) = 0$，$\dfrac{\partial L}{\partial \sigma^2} = -\dfrac{n}{2\sigma^2} + \dfrac{1}{2\sigma^4}\sum_{i=1}^{n}(x_i-\mu)^2 = 0$，

解得 $\hat{\mu} = \dfrac{1}{n}\sum_{i=1}^{n}x_i = \bar{x}$，$\hat{\sigma}^2 = \dfrac{1}{n}\sum_{i=1}^{n}(x_i-\bar{x})^2$.

6.3 期望与方差的区间估计

定义 6.5（置信区间与置信度） 设 $x_1, x_2, \cdots, x_n$ 来自密度 $f(x; \theta)$ 的样本，对给定的 $\alpha: 0 < \alpha < 1$，如果能找到两个统计量 $\underline{\theta}(x_1, x_2, \cdots, x_n)$ 和 $\overline{\theta}(x_1, x_2, \cdots, x_n)$ 使得：

$$P(\underline{\theta}(x_1, x_2, \cdots, x_n) \leqslant \theta \leqslant \overline{\theta}(x_1, x_2, \cdots, x_n)) = 1 - \alpha,$$

则称 $1-\alpha$ 是置信度（或信度）或置信概率，区间 $[\underline{\theta}(x_1, x_2, \cdots, x_n), \overline{\theta}(x_1, x_2, \cdots, x_n)]$ 是信度为 $1-\alpha$ 的 θ 的置信区间.

设 $x_1, x_2, \cdots, x_n$ 是独立同 $N(\mu, \sigma^2)$ 分布的随机变量.

（1）若 σ^2 已知，一般有 $\mu \in \left[\bar{x} - \dfrac{\sigma}{\sqrt{n}} u_{\frac{\alpha}{2}}, \bar{x} + \dfrac{\sigma}{\sqrt{n}} u_{\frac{\alpha}{2}} \right]$；

例 6.6 从正态分布 $N(\mu, 1)$ 中抽取容量为 4 的样本，样本均值为 13.2，求 μ 的置信度为 0.95 的置信区间.

解 因 $u_{\frac{\alpha}{2}} = 1.96$，故：

$$\mu \in \left[\bar{x} - u_{\frac{\alpha}{2}} \dfrac{\sigma}{\sqrt{n}}, \bar{x} + u_{\frac{\alpha}{2}} \dfrac{\sigma}{\sqrt{n}} \right] = \left[13.2 - 1.96 \dfrac{1}{\sqrt{4}}, 13.2 + 1.96 \dfrac{1}{\sqrt{4}} \right] = [12.22, 14.18].$$

（2）若 σ^2 未知，则 $\mu \in \left[\bar{x} - t_{\frac{\alpha}{2}}(n-1) \dfrac{s}{\sqrt{n}}, \bar{x} + t_{\frac{\alpha}{2}}(n-1) \dfrac{s}{\sqrt{n}} \right]$；

例 6.7 测试某种材料的抗拉强度，任意抽取 10 根，计算所测数值的均值，得：

$$\bar{x} = \dfrac{1}{10} \sum_{i=1}^{10} x_i = 20, \quad s^2 = \dfrac{1}{10-1} \sum_{i=1}^{10} (x_i - \bar{x})^2 = 2.5.$$

假设抗拉强度服从正态分布，试以 95% 的可靠性估计这批材料的抗拉强度的置信区间.

解 $t_{\frac{\alpha}{2}}(n-1) = t(n-1, 0.05) = t(9, 0.05) = 2.262 \left[\bar{x} - t_{\frac{\alpha}{2}}(n-1) \dfrac{s}{\sqrt{n}}, \bar{x} + t_{\frac{\alpha}{2}}(n-1) \dfrac{s}{\sqrt{n}} \right]$

$$= \left[20 - 2.262 \times \sqrt{\dfrac{2.5}{10}}, 20 + 2.262 \times \sqrt{\dfrac{2.5}{10}} \right]$$

$$= [18.869, 21.131].$$

（3）正态总体方差的区间估计.

若 μ 未知，则 $\sigma^2 \in \left[\dfrac{(n-1)s^2}{\chi^2_{\frac{\alpha}{2}}(n-1)}, \dfrac{(n-1)s^2}{\chi^2_{1-\frac{\alpha}{2}}(n-1)} \right]$，其中 $s^2 = \dfrac{1}{n-1} \sum_{i=1}^{n} (x_i - \bar{x})^2$.

例 6.8 从某自动车床加工的零件中任意抽取 16 个，则得长度如下：12.15、12.12、12.01、12.08、12.09、12.16、12.03、12.01、12.06、12.13、12.07、12.11、12.08、12.01、12.03、12.06. 设零件长度服从 $N(\mu, \sigma^2)$，求 σ^2 95% 的置信区间.

解 可求得 $\bar{x} = 12.075$，$(n-1)s^2 = \sum_{i=1}^{n} (x_i - \bar{x})^2 = 0.0366$，又 $\alpha = 0.05$，查附表 4 可得：

$$\chi^2_{\frac{\alpha}{2}}(n-1) = \chi^2_{0.025}(15) = 27.5,$$

$$\chi^2_{1-\frac{\alpha}{2}}(n-1) = \chi^2_{0.975}(15) = 6.26,$$

$$\sigma^2 \in \left[\frac{(n-1)s^2}{\chi^2_{\frac{\alpha}{2}}(n-1)}, \frac{(n-1)s^2}{\chi^2_{1-\frac{\alpha}{2}}(n-1)}\right] = [0.0013, 0.0058].$$

6.4 最小二乘估计

设实测数据：$(x_1,y_1),(x_2,y_2),\cdots,(x_n,y_n)$，将它们描在平面直角坐标系中，如果关系式 $y_i = a + bx_i + \varepsilon_i$（$i=1,2,3,\cdots,n$）是适合的，则误差 $\varepsilon_i = y_i - a - bx_i$($i=1,2,3,\cdots,n$)就不会大，即误差平方和 $Q(a,b) = \sum_{i=1}^{n} \varepsilon_i^2 = \sum_{i=1}^{n}(y_i - a - bx_i)^2$ 不会大.

最小二乘法就是求 a、b 的估计值 $\hat{a}$、$\hat{b}$，使 $Q(\hat{a},\hat{b}) = \sum_{i=1}^{n} \varepsilon_i^2 = \sum_{i=1}^{n}(y_i - \hat{a} - \hat{b}x_i)^2$ 的值最小，也称最小平方法.

令 $\dfrac{\partial Q}{\partial a}=0$，$\dfrac{\partial Q}{\partial b}=0$，解得 $\hat{a} = \bar{y} - \hat{b}\bar{x}$，$\hat{b} = \dfrac{l_{xy}}{l_{xx}}$.

其中 $l_{xx} = \sum_{i=1}^{n}(x_i - \bar{x})^2$，$l_{yy} = \sum_{i=1}^{n}(y_i - \bar{y})^2$，$l_{xy} = \sum_{i=1}^{n}(x_i - \bar{x})(y_i - \bar{y})$.

于是得回归直线方程 $\hat{y} = \hat{a} + \hat{b}x$，其显著性检验方法为：设 $H_0:b=0$，$H_1:b\neq 0$，计算统计量 $F = (n-2)\dfrac{S^2_{\text{回}}}{S^2_{\text{残}}} = (n-2)\dfrac{l_{xy}^2}{l_{xx}l_{yy} - l_{xy}^2}$，查临界值 $F_{1-\alpha}(1,n-2)$. 如果 $F > F_{1-\alpha}(1,n-2)$，方程有意义；$F < F_{1-\alpha}(1,n-2)$，方程无意义.

计算 $\hat{\sigma} = \sqrt{\dfrac{S^2_{\text{残}}}{n-2}}$ 的值，我们有 95%的把握认为 $y \in [\hat{y} - 2\hat{\sigma}, \hat{y} + 2\hat{\sigma}]$，有 99%的把握认为 $y \in [\hat{y} - 3\hat{\sigma}, \hat{y} + 3\hat{\sigma}]$.

例 6.9 在硝酸钠（$NaNO_3$）的溶解度试验中，测得在不同温度 x（℃）下溶解于

100 份水中的硝酸钠的份数 y 的数据如下：

x_i	0	4	10	15	21	29	36	51	68
y_i	66.7	71.0	76.3	80.6	85.7	92.9	99.4	113.6	125.1

其中 x 是自变量，y 是随机变量，求 y 关于 x 的线性回归方程．

解 $n = 9$，$\bar{x} = \dfrac{1}{n}\sum_{i=1}^{n} x_i = \dfrac{1}{9} \times 234 = 26$，$\bar{y} = \dfrac{1}{n}\sum_{i=1}^{n} y_i = \dfrac{1}{9} \times 811.3 = 90.1444$，

$l_{xx} = \sum_{i=1}^{n}(x_i - \bar{x})^2 = \sum_{i=1}^{n} x_i^2 - n\bar{x}^2 = 10144 - 9 \times 26^2 = 4060$，

$l_{yy} = \sum_{i=1}^{n}(y_i - \bar{y})^2 = \sum_{i=1}^{n} y_i^2 - n\bar{y}^2 = 76218.17 - 9 \times 90.1444^2 = 3083.9822$，

$l_{xy} = \sum_{i=1}^{n}(x_i - \bar{x})(y_i - \bar{y}) = \sum_{i=1}^{n} x_i y_i - n\bar{x}\bar{y} = 24628.6 - 9 \times 26 \times 90.1444 = 3543.8$，

$\hat{b} = \dfrac{l_{xy}}{l_{xx}} = 0.8729$，$\hat{a} = \bar{y} - \hat{b}\bar{x} = 67.5078$，回归方程为 $\hat{y} = \hat{a} + \hat{b}x = 67.5078 + 0.8729x$．

6.5 几种常见的假设检验法则

6.5.1 假设检验的几个步骤

第 1 步：将实际问题用统计的术语叙述成一个假设检验的问题；明确**零假设**和**备择假设**的 H_1 内容和它们的实际意义，要注意正确选用 H_0．

第 2 步：寻找与命题 H_0 有关的统计量，常见的有 $U = \dfrac{|\bar{x} - \mu_0|}{\sigma/\sqrt{n}}$（$X \sim N(\mu, \sigma^2)$ 和 σ^2 已知）、$T = \dfrac{|\bar{x} - \mu_0|}{s/\sqrt{n}}$（$X \sim N(\mu, \sigma^2)$ 和 σ^2 未知）、$\chi^2 = \dfrac{s^2}{[\sigma_0/(n-1)]^2}$（$X \sim N(\mu, \sigma^2)$ 和 μ 未知）．

第 3 步：确定显著性水平 α，对给定的 α 去查统计量相应的分位点的值，这个值就是判断 H_0 是否成立的临界值．

第 4 步：由样本值去计算统计量的数值，将它与临界值比较，从而作出判断．

这 4 个步骤中，第 2 步是数理统计学者们研究解决的，它涉及较多的数学推导和

理论分析，实际工作者只需注意第 1 步、第 3 步、第 4 步这三步，把问题提清楚，在书上找到有关的统计量及相应的表，查表后对给定的显著性水平 α 确定临界值，再计算统计量的值来判断 H_0 是否成立.

6.5.2　U 检验法

已知 $\sigma^2 = \sigma_0^2$，检验 $H_0: \mu = \mu_0$；$H_1: \mu \neq \mu_0$，选择统计量为 $U = \dfrac{|\bar{x} - \mu_0|}{\sigma_0/\sqrt{n}}$，当 H_0 成立时，$U \sim N(0,1)$，关于 H_0 的拒绝域为 $\left\{|U| = \dfrac{|\bar{x} - \mu_0|}{\sigma_0/\sqrt{n}} \geq u_{\frac{\alpha}{2}}\right\}$.

在这个检验问题中，利用了正态概率密度曲线两侧的尾部面积来确定小概率事件，所以这样的检验又称为双侧检验. 这种利用统计量 U 服从正态分布的检验方法称为 U 检验法.

例 6.10　已知某钢铁厂的铁水含碳量在正常情况下服从 $N(4.55, 0.110^2)$，现测得 9 炉铁水，其含碳量分别为：4.27、4.32、4.52、4.44、4.51、4.55、4.35、4.28、4.45. 如果标准差没有改变，总体均值是否有显著变化？

解　（1）建立零假设 H_0 和备择假设 H_1.

$$H_0: \mu = 4.55;\quad H_1: \mu \neq 4.55;$$

（2）选择统计量 $U = \dfrac{|\bar{x} - \mu_0|}{\sigma_0/\sqrt{n}} = \dfrac{|4.41 - 4.55|}{0.110/\sqrt{9}} \approx 3.82$；

（3）选择显著性水平 α，查附表 2，$\lambda_{1-\frac{\alpha}{2}} = \lambda_{0.975} = 1.96$（$\Phi(1.96) = 0.9750$）；

（4）判断得出结论：$U = 3.82 > 1.96$，含碳量与原来相比有显著差异.

6.5.3　T 检验法

方差 σ^2 未知，检验 $H_0: \mu = \mu_0$；$H_1: \mu \neq \mu_0$.

由于方差 σ^2 未知，所以 $U = \dfrac{|\bar{x} - \mu_0|}{\sigma_0/\sqrt{n}}$ 不能作为统计量. 因为样本方差 $s^2 = \dfrac{1}{n-1}\sum\limits_{i=1}^{n}(x_i - \bar{x})^2$ 是 σ^2 的无偏估计，故可用 s 代替 σ 得 T 统计量：$T = \dfrac{|\bar{x} - \mu_0|}{s/\sqrt{n}}$.

当 H_0 为真时，统计量 $T \sim t(n-1)$，对于给定的 α，有：

$$P\{|T| \geqslant t_{\frac{\alpha}{2}}(n-1)\} = \alpha,$$

这说明 $|T| \geqslant t_{\frac{\alpha}{2}}(n-1)$ 是一个小概率事件，可见其拒绝域为：

$$\left\{|T| = \frac{|\bar{x} - \mu_0|}{s/\sqrt{n}} \geqslant t_{\frac{\alpha}{2}}(n-1)\right\}.$$

例 6.11 由于工业排水引起附近水质污染，测得鱼的蛋白质中含汞的浓度（ppm）为：0.37、0.266、0.135、0.095、0.101、0.213、0.228、0.167、0.766、0.054，从过去大量的资料判断，鱼的蛋白质中含汞的浓度服从正态分布，并且从工艺过程分析可以推算出理论上含汞的浓度为 0.10ppm，问从这组数据来看，实测值与理论值是否符合？

解 $H_0: \mu = 0.1$；$H_1: \mu \neq 0.1$，

$$s^2 = \frac{1}{10-1}\sum_{i=1}^{10}(x_i - \bar{x})^2 = 0.0594, \quad T = \frac{|\bar{x} - \mu_0|}{s/\sqrt{n}} = \frac{0.206 - 0.1}{\sqrt{0.0594/10}} \approx 1.375.$$

查附表 3，$t_{\frac{\alpha}{2}}(9) = 2.262$，$T = 1.375 < t_{\frac{\alpha}{2}}(9) = 2.262$，故实测值与理论值是相符的.

例 6.12 16 种杂种犬按性别体重分成 8 对，每对中的两只犬再随机分配到对照组和实验组. 对照组吸入 $N_2O - O_2\ 4h$，实验组吸入 $N_2O - O_2 - 1.3MAC$ 安氟醚 $4h$. 实验结束后 $24h$ 测定血清 GPT 含量，结果见下表.

动物对别	血清 GPT 含量（U/L）		差数（X）	X^2
	对照组	实验组		
1	21.3	25.9	4.6	21.16
2	23.7	27.9	4.2	17.64
3	27.2	29.0	1.8	3.24
4	26.1	30.2	4.1	16.81
5	25.5	35.4	9.9	98.01
6	27.4	24.8	−2.6	6.76
7	22.9	33.0	10.1	102.01
8	20.6	28.8	8.2	67.24
合计			40.3	332.87

（1）将计算出的 X 和 X^2 值填入表内相应的位置.

（2）建立检验假设.

（3）计算差数的均数.

（4）计算差数的标准差和标准误差.

（5）吸入1.3MAC安氟醚对犬血清GPT含量有无影响.

（$t_{0.05}(7) = 2.365$，$V_0=1\%$）

解 （1）见表；

（2）H_0：$\mu = 0$（吸入1.3MAC安氟醚对犬血清GPT含量没有影响，两组的差别仅由抽样误差所致）；H_1：$\mu \neq 0$（吸入1.3MAC安氟醚对犬血清GPT含量有影响）.

（3）$\bar{X} = \dfrac{\sum X}{n} = \dfrac{40.3}{8} = 5.038$.

（4）$s = \sqrt{\dfrac{\sum X^2 - \dfrac{1}{n}(\sum X)^2}{n-1}} = \sqrt{\dfrac{332.87 - 40.3^2/8}{7}} = 4.3071$.

$s_{\bar{X}} = \dfrac{S}{\sqrt{n}} = \dfrac{4.3071}{\sqrt{8}} = 1.5228$.

（5）$t = \dfrac{|\bar{X} - 0|}{s_{\bar{X}}} = \dfrac{5.038}{1.5228} = 3.3084$.

由$t > t_{0.05}(7) = 2.365$，所以$p < 0.05$，说明差数并非抽样误差所致，吸入1.3MAC安氟醚4h可引起血清GPT轻度升高.

例6.13 某医生对9例苯中毒患者用"抗苯一号"治疗，结果如下：治疗前后白血球差数的和为3.2（10^9/L），差数的平方和为33.00. 试做显著性检验，判断该药是否影响白血球的变化？（$t_{0.05}(8) = 2.306$）

解 $H_0: \mu = 0$；$H_1: \mu \neq 0$.

因$\bar{x} = \dfrac{3.2}{9} = 0.36(10^9/\text{L})$，$s = \sqrt{\dfrac{33.00 - \dfrac{1}{9}(0.36)^2}{9-1}} = \sqrt{4.1232} = 2.031(10^9/\text{L})$，

$s_{\bar{x}} = \dfrac{s}{\sqrt{n}} = \dfrac{2.031}{\sqrt{9}} = 0.677(10^9/\text{L})$，$T = \dfrac{|\bar{x} - \mu|}{s_{\bar{x}}} = \dfrac{|0.36 - 0|}{0.677} = 0.532$.

又$t_{0.05}(8) = 2.306 > T = 0.532$，$p > 0.05$，不显著，即该药不影响白血球的变化. 建议增加例数，继续观察.

例6.14 已知正常人的脉搏均数为72次/分，现测得10例慢性四乙铅中毒患者的

脉搏均数为 67 次/分，标准差为 5.97 次/分，问四乙铅中毒患者的平均脉搏是否较正常人的平均脉搏慢？（$t_{0.05}(9) = 2.262$，$t_{0.01}(9) = 3.250$）

解 设 $H_0 : \mu = \mu_0 = 72$；$H_1 : \mu > \mu_0$，

又 $s_{\bar{x}} = \dfrac{s}{\sqrt{n}} = \dfrac{5.79}{\sqrt{10}} = 1.83$，$T = \dfrac{|\bar{x} - \mu|}{s_{\bar{x}}} = \dfrac{|67 - 72|}{1.83} = 2.73$，又 $t_{0.05}(n-1) = t_{0.05}(9) = 2.262$，$t_{0.01}(9) = 3.250$，从而 $t_{0.05}(9) < T < t_{0.01}(9)$，即 $0.01 < p < 0.05$。

拒绝 H_0，接受 H_1，说明四乙铅中毒患者的平均脉搏较正常人平均脉搏慢。

6.5.4 χ^2 检验

均值 μ 未知，检验 $H_0 : \sigma = \sigma_0$；$H_1 : \sigma \neq \sigma_0$。

选择统计量 $\chi^2 = \dfrac{(n-1)s^2}{\sigma_0^2}$，其中 s^2 是样本方差，它是 σ^2 的无偏估计。因此 H_0 的拒绝域为 $\{\chi^2 \leqslant \chi^2_{1-\frac{\alpha}{2}}(n-1)\}$ 或 $\{\chi^2 \geqslant \chi^2_{\frac{\alpha}{2}}(n-1)\}$。

例 6.15 某车间生产金属丝，生产一向比较稳定，今从产品中任意抽取 10 根检查折断力得数据如下（单位：kg）：578、572、570、568、572、570、572、596、584、570。问：是否可相信该车间生产的金属丝折断力的方差为 64？

解 $H_0 : \sigma^2 = 64$；$H_1 : \sigma^2 \neq 64$，$\bar{x} = 575.2$，$\chi^2 = \sum\limits_{i=1}^{10}(x_i - \bar{x})^2 / \sigma_0^2 = 681.6/64 = 10.65$，查附表 4 得 $\chi^2_{0.975}(9) = 2.70$，$\chi^2_{0.025}(9) = 19.0$，$\chi^2 = 10.65 > \chi^2_{0.975}(9) = 2.7$，可相信该车间生产的金属丝折断力的方差为 64。

例 6.16 某类钢板的重量指标服从正态分布，按产品标准规定，钢板重量的方差不得超过 $\sigma_0^2 = 0.016$。现从某天生产的钢板中随机抽测 25 块，得样本方差为 0.025，试问该天生产的钢板是否符合规定标准（$\alpha = 0.01$）（$\chi^2_{0.99}(24) = 42.98$）？

解 设 $H_0 : \sigma^2 \leqslant \sigma_0^2 = 0.016$；$H_1 : \sigma^2 > \sigma_0^2$，因 $\chi^2 = \dfrac{(n-1)s^2}{\sigma_0^2} = \dfrac{(25-1) \times 0.025}{0.016} = 37.5$，又 $\chi^2_{0.99}(24) = 42.98 > 37.5$，所以接受 H_0，说明该天生产的钢板符合规定标准。

设样本 $x_1, x_2, \cdots, x_n$ 来自正态总体 $N(\mu, \sigma^2)$，即：

$$\overline{x} = \frac{1}{n}\sum_{i=1}^{n} x_i, \quad s^2 = \frac{1}{n}\sum_{i=1}^{n}(x_i - \overline{x})^2,$$

$t(n)$、$\chi^2(n)$ 分别表示 n 个自由度的 t 分布及 χ^2 分布.

问题	统计量	临界值	否定域
已知 $\sigma^2 = \sigma_0^2$ $H_0: \mu = \mu_0$ $H_1: \mu \neq \mu_0$	$U = \sqrt{n}\dfrac{\overline{x} - \mu_0}{\sigma_0}$ $U \sim N(0,1)$	$u_{1-\frac{\alpha}{2}}$ $u_{1-\alpha}$ u_α	$\|U\| > u_{1-\frac{\alpha}{2}}$ $U > u_{1-\alpha}$ $U < u_\alpha$
未知 σ^2 $H_0: \mu = \mu_0$ $H_1: \mu \neq \mu_0$	$t = \sqrt{n-1}\dfrac{\overline{x} - \mu_0}{s}$ $t \sim t(n-1)$	$t_{1-\frac{\alpha}{2}}(n-1)$ $t_{1-\alpha}(n-1)$ $t_\alpha(n-1)$	$\|t\| > t_{1-\frac{\alpha}{2}}(n-1)$ $t > t_{1-\alpha}(n-1)$ $t < t_\alpha(n-1)$
未知 μ $H_0: \sigma = \sigma_0$ $H_1: \sigma \neq \sigma_0$	$\chi^2 = \dfrac{ns^2}{\sigma_0^2}$ $\chi^2 \sim \chi^2(n-1)$	$\chi^2_{1-\frac{\alpha}{2}}(n-1)$ 或者 $\chi^2_{\frac{\alpha}{2}}(n-1)$ $\chi^2_{1-\alpha}(n-1)$ $\chi^2_\alpha(n-1)$	$\chi^2_{1-\frac{\alpha}{2}}(n-1) < \chi^2$ 或者 $\chi^2 > \chi^2_{\frac{\alpha}{2}}(n-1)$ $\chi^2 > \chi^2_{1-\alpha}(n-1)$ $\chi^2 < \chi^2_\alpha(n-1)$

说明：

（1）假设检验的依据是小概率原理（在一次试验中可以认为基本上不可能发生），如果在一次试验中小概率事件没有发生，则接受零假设 H_0，否则，就拒绝零假设 H_0.

（2）检验要检验假设 H_0 是否正确是根据一次试验得到的样本作出的判断，因此无论拒绝 H_0 还是接受 H_1，都要承担风险.

（3）假如 H_0 本来是真的，因为一次抽样发生小概率事件而拒绝 H_0，这就犯了所谓的"弃真错误"（又称第一类错误）；

假如 H_0 本来是假的，因为一次抽样没有发生小概率事件而接受 H_0，这就犯了所谓的"存伪错误"（又称第二类错误）.

例 6.17 某企业的产品畅销于国内市场. 据以往调查，购买该产品的顾客有 50% 是 30 岁以上的男子. 该企业负责人关心这个比例是否变化，而无论是增加还是减少. 于是，该企业委托一家咨询机构进行调查，这家咨询机构从众多的购买者中随机抽选了 400 名进行调查，结果有 210 名为 30 岁以上的男子. 该企业负责人希望在显著性水平 $\alpha = 0.05$ 下检验"50%的顾客是 30 岁以上男子"这个假设是否成立？（$z_{0.975} = 1.96$）

解 $H_0: p_0 = 50\%$, $H_1: p_0 \neq 50\%$, $z = \dfrac{\mu - np_0}{\sqrt{np_0(1-p_0)}} = \dfrac{210 - 400 \times 0.5}{\sqrt{400 \times 0.5 \times (1-0.5)}} = 1$, 又 $z_{0.975} = 1.96 > z = 1$, 故接受 H_0, 即 "50%的顾客是 30 岁以上男子" 这个假设成立.

习题 6

1．数理统计的方法按指标的多少、定性还是定量可分为几类？

2．试说明：统计处理问题的方法与通常的数学方法有什么不同？

3．已知某样本值为：2.06、2.44、5.91、8.15、8.75、12.50、13.42、15.78、17.23、18.22、22.72．试求样本平均值和样本方差 s^2．

4．设某种罐头的净重 $X \sim N(\mu, \sigma^2)$，其中参数 μ 及 σ^2 都是未知的，现随机抽测 8 听罐头，测得净重（单位：克）为：453、457、454、452.5、453.5、455、456、451．求：（1）μ 及 σ^2 的矩估计量；（2）利用给出的样本观测值计算 μ 及 σ^2 的矩估计值．

5．已知某种电子元件的使用寿命 X（指从开始用到初次失效为止）服从指数分布 $p(x,\lambda) = \lambda e^{-\lambda x}(x > 0, \lambda > 0)$，现随机抽取一组样本 $x_1, x_2, x_3, \cdots, x_n$，试用最大似然估计法估计该指数分布中的参数 λ．

6．设总体 X 服从 $[a,b]$ 上的均匀分布，概率密度函数为 $f(x) = \begin{cases} \dfrac{1}{b-a}, & a \leqslant x \leqslant b \\ 0, & \text{其他} \end{cases}$，试求未知参数 a 和 b 的矩估计量．

7．已知 $x_1, x_2, x_3, \cdots, x_n$ 是来自总体密度为 $\dfrac{1}{\theta} e^{-\frac{x}{\theta}}$ ($x > 0$) 的样本，求 θ 的最大似然估计．

8．某厂生产一型号的滚球，其直径 $X \sim N(\mu, 0.04^2)$，今从产品中随机抽取 10 只，测得直径（单位：毫米）如下：15.1、15、14.6、14.7、14.2、15、14.4、14.7、14.7、14.6，求滚球的平均直径 μ 的 95%的置信区间．

9．为了对完成某项工作所需时间建立一个标准，工厂随机抽选了 16 名有经验的工人分别去完成这项工作．结果发现他们所需平均时间为 13 分钟，样本标准差是 3 分钟．假定完成这项工作所需时间服从正态分布，试确定完成此项工作所需平均时间的 95%的置信区间．

10．随机从一批铁钉中抽取 16 枚，测得其长度（单位：厘米）为：2.14、2.10、2.13、2.15、2.13、2.12、2.13、2.10、2.15、2.12、2.14、2.10、2.13、2.11、2.14、2.11．设钉长分布为正态分布，试求总体均值 μ 的 95%的置信区间：（1）已知 $\sigma = 0.01$；（2）σ 未知．

11．已知某炼铁厂的铁水含碳量在正常生产情况下服从正态分布，其方差 $\sigma^2 = 0.108^2$．现测定了 9 炉铁水，其平均含碳量为 4.484．按此资料计算该厂铁水平均含碳量的置信区间，并要求有 95%的可靠性．

12．对某条河上的一座桥的长度进行了 9 次测量，测量结果分别为（单位：米）：5.1、5.1、4.8、5.0、4.7、5.0、5.2、5.1、5.0．

已知测量值服从 $N(\mu,1)$，求桥长的信度为 0.95 的置信区间．（已知 $u_{1-\frac{\alpha}{2}} = 1.96$，其中 $\alpha = 0.05$）

13．假设某工厂生产一种钢索，其断裂强度 X（公斤/厘米）服从正态分布，其平均断裂强度为 800kg/cm，标准差为 40kg/cm，现从一批钢索中取样本数为 9 的样本测得数值，计算得 $\sum_{i=1}^{9} x_i = 7020$ kg/cm．若方差不变化，则这批钢索的断裂强度的 95.44%的估计区间是多少？

14．检测两个随机变量 x、y 得到 5 组数据，由这些数据得到 $\sum_{i=1}^{5} x_i = 17.5$，$\sum_{i=1}^{5} y_i = 16$，$\sum_{i=1}^{5} x_i^2 = 69.25$，$\sum_{i=1}^{5} y_i^2 = 60$，$\sum_{i=1}^{5} x_i y_i = 63.25$．求对 x 的回归直线方程．

15．某炼钢厂废品率与成本之间相应的关系资料如下：

废品率 x_i	1.5	1.7	1.8	1.8
成本 y_i（元/吨）	168	174	182	180

试求：成本 y 对废品率 x 的线性回归方程．

16．某市居民区对西红柿月需求量（y）与西红柿的价格（x）之间的一组调查数据如下：

价格 x_i	0.8	1	1.5	1.6	1.8	2	2	2.5	3
需求量 y_i（吨）	3	2.5	2.5	2.4	1.8	1.4	1.2	0.8	0.5

求：（1）西红柿月需求量 y 与西红柿的价格 x 的回归直线方程；（2）进行 F 检验，判断回归直线方程的显著性（$\alpha = 0.05$）．

17．已知某炼铁厂的铁水含碳量在正常情况下服从正态分布 $N(4.55, 0.108^2)$，现在测得 5 炉铁水其含碳量分别为 4.28、4.42、4.40、4.37、4.35．试问若方差没有改变，总体均值有无变化？（$\alpha = 0.05$）

18．设某异常区磁场强度服从正态分布 $N(56, 20^2)$，现有一台新型的仪器，用它对该区进行磁测，抽测了 40 个点，其平均强度 $\bar{x} = 61.1$ 且方差无变化，试问此仪器测出的结果是否符合要求？（$\alpha = 0.05$）

19．五名学生彼此独立地测量同一块土地，分别测得其面积（单位：平方公里）为：1.27、1.24、1.21、1.28、1.23．设测定值服从正态分布，试根据这些数据检验假设 H_0：这块土地的实际面积为 1.23 平方公里．（$\alpha = 0.05$）

20．某切割机在正常工作时，切割的每段金属棒长服从正态分布，且其平均长度为 10.5cm，标准差为 0.15cm．今从一批产品中随机抽取 16 段进行测量，计算平均长度为 10.48cm，假设方差不变，问切割机工作是否正常？

21．某种零件其长度服从正态分布 $N(32.50, 1.21)$，今从一批这样的零件中抽取 9 个，测得尺寸（单位：毫米）为：32.56、29.66、30.05、31.64、31.86、31.03、29.87、33.02、32.41．假如方差没有变化，问在显著性水平 $\alpha = 0.05$ 下这批零件是否合格？

22．洗衣粉包装机正常时，包装量服从正态分布，规定标准量为每袋 500 克．某天开工后，随机抽测了 9 袋，测得净重为（单位：克）：506、497、518、524、488、511、510、515、512．问这天包装机工作是否正常？（$\alpha = 0.05$）

第7章　方差分析与回归分析

7.1　方差分析

方差分析表面看来是检验多个总体均值是否相等的统计方法,本质上是研究分类型自变量对数值型因变量的影响,通过对数据误差来源的分析,判断分类型自变量多个水平对应的总体均值是否相等,进而分析自变量对因变量的影响是否显著.下面用一个例子来说明方差分析的有关概念以及方差分析所要解决的问题.

例 7.1　某市场调查公司为了研究品牌对空调销售额的影响,对 4 个品牌空调的销售情况进行了调查,结果如表 7.1 所示.试分析品牌对空调的销售额是否有显著影响.

表 7.1　不同品牌空调的销售额数据　　　　　单位:万元

观测值	品牌 A	品牌 B	品牌 C	品牌 D
1	365	345	358	288
2	340	330	300	290
3	350	363	323	280
4	343	368	353	270
5	323	340	300	280
6	400			

要分析品牌对销售额是否有显著影响,只需判断 4 种品牌销售额的均值是否相等.如果它们的均值相等,就意味着不同品牌空调销售额无差异,即"品牌"对"销售额"没有显著影响;如果均值不全相等,则意味着"品牌"对"销售额"有显著影响.我们可以计算出这 4 种品牌空调的平均销售额分别为 353.5 万元、349.2 万元、326.8 万元、281.6 万元,但是它们均值的差异还不能提供充分的证据证明不同品牌对销售额的影响是显著的,因为每个品牌的平均销售额是根据随机样本的数值计算的,均值的差异可能是由于抽样随机性造成的.因此,需要有更准确的方法来检验这种差异是

否显著,就需要进行方差分析.

方差分析(Analysis of Variance,ANOVA)就是借助于对误差来源的分析检验各总体的均值是否相等来判断分类型自变量对数值型因变量影响是否显著.方差分析中,所要检验的对象为自变量,也称为**因素**或**因子**.因素的不同表现称为**水平**或**处理**,每个因素水平下得到的样本数据为**观测值**.例如,在例 7.1 中,分析的是"品牌"对"销售额"的影响,这里的"品牌"是分类型自变量(因素或因子);品牌 A、品牌 B、品牌 C、品牌 D 就是"品牌"这个变量的具体取值,也是"品牌"这一因素的具体表现,称为"水平"或"处理";每种品牌的具体数据(销售额)称为观测值.这里因素的每一个水平可以看做一个总体,如品牌 A、B、C、D 可以看做 4 个总体,上面的观测值是根据从这 4 个总体中抽取的样本进行调查而获取的数据."销售额"是因变量,它是一个数值型变量,不同的销售额就是因变量的取值.

7.1.1 方差分析的基本思想和原理

方差分析是研究分类型自变量对数值型因变量的影响.如例 7.1 中怎样判断品牌对销售额是否有显著影响呢?最简单的方法就是直接比较不同品牌空调的平均销售额,如果平均销售额差异不大,就可以认为品牌对销售额影响不显著,反之,认为影响显著.这种差异多大才能认为其影响显著,需要更准确的方法,就是方差分析.虽然我们感兴趣的是各总体的均值是否相等,但判断其均值是否相等需要借助于对数据误差来源的分析,进而分析自变量对因变量是否有显著影响,这就是方差分析的基本思想.

那么方差分析是怎样对数据误差进行分析的呢?下面结合例 7.1 进行说明.首先,同一品牌(同一总体)下,各样本的观测值是不同的.例如在品牌 A 中,所得到的 6 个观测值是不同的,它们之间的差异可以看做是随机因素的影响造成的,或者说是抽样的随机性导致的随机误差.这种来自水平内部的数据误差称为组内误差,它反映了样本内部数据的离散程度.

其次,不同品牌(不同总体)之间的观测值也是不同的,这种差异可能是由于抽样的随机性形成的随机误差,也可能是由于品牌(总体)不同这一因素造成的,称为系统误差.来自不同水平之间数据的误差称为组间误差,这种差异是随机误差和系统误差之和,它反映了不同样本之间数据的离散程度.

如果品牌对空调销售额没有影响，那么不同品牌（总体）之间观测值的差异只包含随机误差，而没有系统误差．此时，组间误差与组内误差经过平均化处理后的数值（称为均方）之比应该接近 1，反之，如果品牌对空调销售额有影响，在组间误差中除了随机误差外，还包含系统误差，此时组间误差与组内误差经过平均化处理后的数值（称为均方）之比大于 1．当这个比值大到某个数值（临界值）时，就认为因素不同水平间的差异是显著的，即自变量对因变量有显著影响．

方差分析是对数据中的误差来源进行分析，构造检验统计量来判断不同总体均值是否有显著差异．进行方差分析时有三个基本假定：

（1）观测值是来自于服从正态分布总体的随机样本．例如在例 7.1 中，每个品牌空调的销售额均服从正态分布，并且观测值来自于简单的随机样本．

（2）各总体的方差相同．例如在例 7.1 中，每个品牌销售额数据的方差相同．

（3）各总体相互独立．例如在例 7.1 中，每种品牌的销售额与其他品牌的销售额是独立的．

基于上述基本假定，方差分析对各总体分布是否有显著差异的推断可以转化成对各总体均值是否存在显著差异的推断．比如，判断不同品牌对空调销售额的影响是否显著，实际上就是检验具有同方差的 4 个同方差正态总体的均值是否相等．

方差分析的步骤与假设检验一样，包括提出假设、构造检验统计量和统计决策三步．

第一步：提出假设．

设因素有 k 个水平，每个水平的均值分别用 $u_1, u_2, \cdots, u_k$ 表示，要检验 k 个水平（总体）的均值是否相等，提出如下假设：

H_0： $u_1 = u_2 = \cdots = u_k$，　　　　因素对因变量没有显著影响；

H_1： $u_1, u_2, \cdots, u_k$ 不全相等，　　因素对因变量有显著影响．

第二步：构造检验统计量 F．

第三步：统计决策．将计算的统计量 F 与查表得到的 F_α 比较，作出决策．

方差分析为右单侧检验，其决策的规则是：如果 $F > F_\alpha$，则拒绝原假设 H_0，接受备择假设 H_1；如果 $F < F_\alpha$，则不能拒绝原假设 H_0．

7.1.2 单因素方差分析

根据所分析的分类自变量的个数不同，方差分析可分为单因素方差分析与双因素方差分析. 方差分析中若只涉及一个分类型自变量, 称为单因素方差分析. 它研究的是一个分类型自变量对一个数值型因变量的影响.

1. 数据结构

要进行单因素方差分析, 需要建立如表 7.2 所示的数据结构.

表 7.2 单因素方差分析的数据结构

观察值（j）	因素（A_i）			
	A_1	A_2	...	A_k
1	x_{11}	x_{21}	...	x_{k1}
2	x_{12}	x_{22}	...	x_{k2}
...	...	...	...	...
n	x_{1n}	x_{2n}	...	x_{kn}

在数据表中, 用 A 表示因素, 因素的 k 个水平（总体）分别用 $A_1, A_2, \cdots, A_k$ 表示. 观测值为 X_{ij}（$i=1,2,\cdots,k$; $j=1,2,\cdots,n$）表示因素 A 第 i 水平（总体）的第 j 个观测值.

2. 单因素方差分析的步骤

单因素方差分析的步骤包括提出假设、构造检验统计量和统计决策三步.

第一步：提出假设.

在方差分析中, 检验因素对因变量是否有显著影响, 可以描述为各因素水平（总体）的均值是否相等. 一般来说, 检验因素的 k 个水平（总体）的均值是否相等, 进行单因素分析提出假设如下：

H_0：$u_1 = u_2 = \cdots = u_k$，　　　　　因素对因变量没有显著影响；

H_1：$u_1, u_2, \cdots, u_k$ 不全相等，　　因素对因变量有显著影响.

零假设表明所有水平的总体均值是相等的. 根据备择假设, 只要一个总体均值与其他均值不同, 零假设就会被拒绝.

第二步：构造检验统计量.

单因素方差分析是通过对数据误差来源的分解进行的. 全部观测值与总平均值的离差平方和称为总误差平方和, 可将其分解为两个部分：

（1）来自水平的平方和（组间误差平方和）；

（2）不能被水平所解释部分的平方和（组内误差平方和）.

其关系如图 7.1 所示.

```
         ┌──────────────┐
         │     SST      │
         │  总误差平方和  │
         └──────────────┘
           ╱          ╲
┌──────────────┐  ┌──────────────┐
│     SSA      │  │     SSE      │
│  组间误差平方和 │  │  组内误差平方和 │
└──────────────┘  └──────────────┘
```

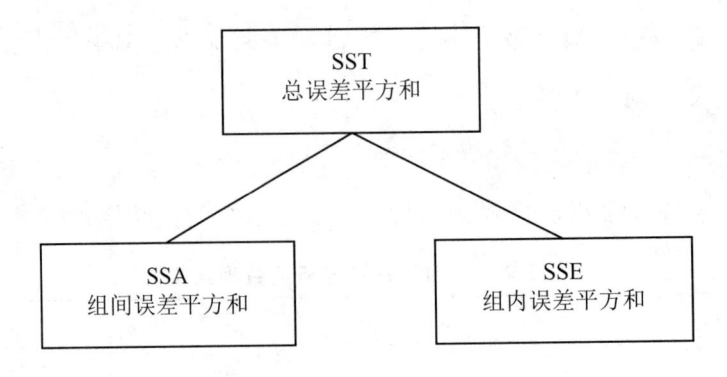

图 7.1　总误差平方和的分解

数学表达式如下：

$$SST = SSA + SSE. \tag{7-1}$$

公式中：

$$SST = \sum_{i=1}^{k}\sum_{j=1}^{n_i}\left(x_{ij} - \overline{\overline{x}}\right)^2, \tag{7-2}$$

$$SSA = \sum_{i=1}^{k} n_i \left(\overline{x}_i - \overline{\overline{x}}\right), \tag{7-3}$$

$$SSE = \sum_{i=1}^{k}\sum_{j=1}^{n_i}(x_{ij} - \overline{x}_i)^2. \tag{7-4}$$

x_{ij} 为因素第 i 个水平中的第 j 个水平的观测值；

$\overline{x}_i = \dfrac{\sum_{j=1}^{n_i} x_{ij}}{n_i}$ 为因素第 i 个水平的样本均值；

$\overline{\overline{x}} = \dfrac{\sum_{i=1}^{k}\sum_{j=1}^{n_i} x_{ij}}{n} = \dfrac{\sum_{i=1}^{k} n_i \overline{x}_i}{n}$ 为所有观测值的总平均值；

n_i 为因素第 i 个水平的样本容量.

上面的分析可以看出：SSA 代表的是各样本均值之间所产生的误差平方和，反映了自变量（因素）对因变量的影响，称为自变量效应或因子效应；SSE 代表的是组内平方和，反映了除自变量外其他因素对因变量的影响，也称为残差效应；SST 代表的是全部数据误差平方和的度量，反映了自变量和残差变量的共同影响，等于自变量效应与残差效应之和.

单因素方差分析主要比较组间误差平方和与组内误差平方和的相对大小,如果水平间的差异显著,那么组间误差平方和相对于组内误差平方和比较大.由于各误差平方和的大小与观测值的个数有关,所以方差分析中,还不能对组间误差平方和与组内误差平方和进行简单直接的比较,需首先消除观测值个数多少对误差平方和的影响,即将各误差平方和分别除以其自由度,计算其均方误差.总均方误差、组间均方误差与组内均方误差分别用 MST、MSA 和 MSE 表示,自由度分别为 $n-1$、$k-1$ 和 $n-k$,计算公式分别为:

$$MST = \frac{SST}{n-1}, \tag{7-5}$$

$$MSA = \frac{SSA}{k-1}, \tag{7-6}$$

$$MSE = \frac{SSE}{n-k}. \tag{7-7}$$

将 MSA 和 MSE 对比,得到单因素方差分析的检验统计量 F,即:

$$F = \frac{MSA}{MSE} \sim F(k-1, \ n-k). \tag{7-8}$$

第三步:统计决策.

方差分析为右单侧检验.其决策的规则是:如果 $F > F_\alpha$,则拒绝零假设 H_0,接受备择假设 H_1,表明不同水平(总体)之间的差异显著,即因素对因变量有显著影响;如果 $F < F_\alpha$,则不能拒绝零假设 H_0,不能认为不同水平(总体)之间的差异显著,即不能说因素对因变量有显著影响.

方差分析的 F 分布形式及拒绝域如图 7.2 所示.

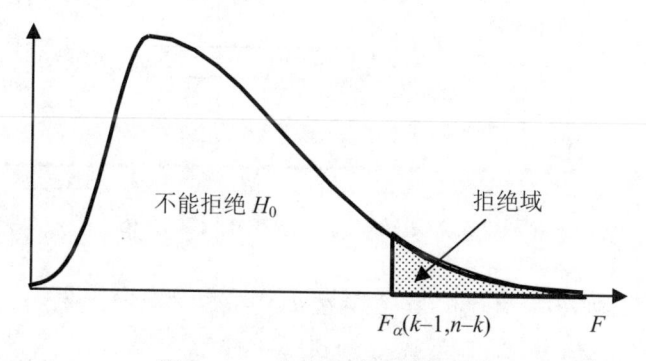

图 7.2 F 分布形式及拒绝域

例 7.2　根据例 7.1 中的数据，分析品牌对空调销售额是否有显著影响（$\alpha = 0.05$）.

解　提出假设：

H_0：$u_1 = u_2 = u_3 = u_4$，　　　　　　品牌对空调销售额没有显著影响；

H_1：u_1, u_2, u_3, u_4 不全相等，　　　品牌对空调销售额有显著影响.

计算检验统计量：

由于方差分析的手工计算十分繁琐，现用 Excel 计算方差分析的统计量，其计算步骤如下：

第 1 步，在 Excel 中按上述的数据结构输入不同品牌的销售额数据；

第 2 步，单击"工具"→"数据分析"命令；

第 3 步，在弹出的对话框中选择"方差分析：单因素方差分析"选项，再单击"确定"按钮；

第 4 步，填写单因素方差分析对话框．在"输入区域"框中输入数据区域，本例为 A2:D8；分组方式选择"列"选项（若数据结构是行的形式，则选择"行"选项）；勾选"标志位于第一行"复选框；在 α 框中输入 0.05（默认为 0.05，可根据需要更改）；在"输出区域"确定输出位置，本例为 A10．结果如图 7.3 所示．

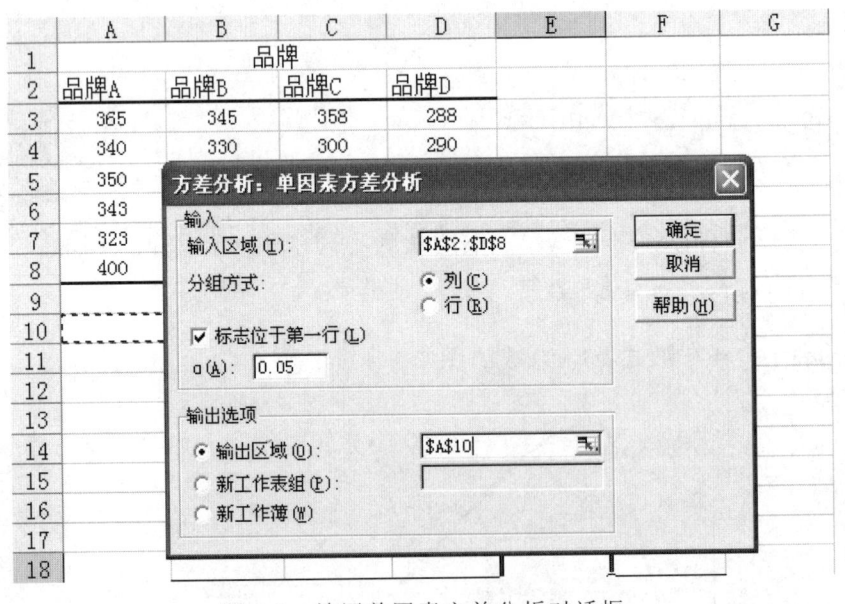

图 7.3　填写单因素方差分析对话框

第 5 步，单击"确定"按钮，得到如表 7.3 所示的输出结果．

表 7.3　Excel 输出的单因素方差分析结果

方差分析：单因素方差分析

SUMMARY

组	观测数	求和	平均	方差
品牌 A	6	2121	353.5	705.9
品牌 B	5	1746	349.2	253.7
品牌 C	5	1634	326.8	777.7
品牌 D	5	1408	281.6	62.8

方差分析

差异源	SS	df	MS	F	P-value	F crit
组间	16899.7	3	5633.233	12.11249	0.000174	3.196777
组内	7906.3	17	465.0765			
总计	24806	20				

统计决策：

从表 7.3 中可以得到 F 统计量为 12.11249，F_α 为 3.196777，$F > F_\alpha$，拒绝零假设 H_0，即品牌对空调销售额有显著影响.

决策时，也可以直接利用表 7.3 中的 P 值与显著性水平 α 进行比较. 若 $P < \alpha$，则拒绝 H_0；若 $P > \alpha$，则不能拒绝 H_0. 本例中，$P = 0.000174 < 0.05$，所以拒绝零假设 H_0.

3. 关系强度的测量

上面的方差分析结果显示，不同品牌空调销售额的均值之间有显著差异，意味着品牌（自变量）与销售额（因变量）之间的关系是显著的，但不能反映出自变量（因素）对因变量影响的强度. 实际上只要组间误差平方和不等于 0，就表明自变量与因变量之间有关系（只是关系是否显著的问题）.

怎样度量自变量对因变量的影响强度呢？可以用组间误差平方和 SSA 占总误差平方和 SST 的比例大小来反映，记为 R^2，即：

$$R^2 = \frac{SSA}{SST}. \tag{7-9}$$

它反映了自变量对因变量的影响效应占总影响效应的比例. 如例 7.2 的计算结果为：

$$R^2 = \frac{SSA}{SST} = \frac{16914.45}{23922.95} = 70.70\%.$$

表明品牌（自变量）对销售额（因变量）的影响效应占总效应的 70.70%，而残差效应则占 29.30%. 也就是说品牌对销售额的差异的解释比例达到 70.70%，而其他效应对销售额差异的解释比例为 29.30%.

R^2 的平方根 R 可以用来测量自变量和因变量之间的关系强度，其值介于 0 和 1 之间，其绝对值越接近于 1，说明关系强度越高.

根据上面的结果，可以计算出品牌与销售额之间的关系强度为 0.84，这表明品牌（自变量）与销售额（因变量）关系强度较高.

7.1.3 双因素方差分析

1. 双因素方差分析及其类型

单因素方差分析中只考虑一个因素对因变量的影响. 在实际研究中，有时需要同时考虑几个因素对因变量的影响. 例如，在分析空调销售额的影响因素时，除了品牌因素之外，还需考虑地区、价格、质量等因素. 方差分析中涉及两个分类型自变量时，称为双因素方差分析（Two-way analysis of variance）.

在例 7.1 中，空调的销售额除了受品牌影响之外，销售地区也是其重要的影响因素. 同时分析品牌与地区对销售额的影响，就是一个双因素方差分析问题. 在双因素方差分析中，由于有两个影响因素，因此不仅要研究两个因素各自对因变量的影响，还要考虑两个因素的组合是否会产生新的效应. 例如，空调销售额受"品牌"与"地区"两个因素影响，如果"品牌"与"地区"对销售额的影响是相互独立的，这时的双因素方差分析称为无交互作用的双因素分析或无重复双因素方差分析（two-factor without replication）. 如果除了"品牌"与"地区"对销售额单独影响外，这两个因素的组合还会对销售额产生新的影响，例如某个地区对某种品牌的空调具有特殊偏好，两个因素的组合产生了新的效应，这时的双因素方差分析称为有交互作用的双因素分析或可重复双因素方差分析（two-factor with replication）.

2. 无交互作用的双因素方差分析

（1）数据结构.

在无交互作用的双因素方差分析中，由于有两个因素，因此在进行数据整理时，需要将一个因素安排在行方向上，称为行因素，其影响为行效应；另一个因素安排在列方向上，称为列因素，其影响为列效应。设行因素 A 有 k 个水平，列因素 B 有 r 个水平，二者的组合有 kr 个，需要调查 $k \times r$ 个样本观察值，其数据结构如表 7.4 所示。

表 7.4 无交互作用的双因素方差分析的数据结构

		列因素 $B(j)$			
		B_1	B_2	...	B_r
行因素 $A(i)$	A_1	x_{11}	x_{12}	...	x_{1r}
	A_2	x_{21}	x_{22}	...	x_{2r}
	...	...	...	...	...
	A_k	x_{k1}	x_{k2}	...	x_{kr}

每一个观测值 x_{ij}（$i=1,2,\cdots,k$；$j=1,2,\cdots,r$）都可以看做是从总体中抽取出的独立随机样本的取值，且都服从正态分布，方差相等。

（2）分析步骤。

与单因素方差分析类似，无交互作用的双因素方差分析也包括提出假设、构造检验统计量和统计决策三个步骤。

第一步：提出假设。

在双因素方差分析中，存在两个要检验的影响因素，因此需要针对行因素和列因素是否对因变量有显著影响分别提出假设。

对行因素提出假设：

H_0：$u_1 = u_2 = \cdots = u_k$，　　　　　行因素对因变量没有显著影响；

H_1：$u_1, u_2, \cdots, u_k$ 不全相等，　　　行因素对因变量有显著影响。

u_i 为行因素的第 i 个水平的均值（$i=1,2,\cdots,k$）。

对列因素提出假设：

H_0：$u_1 = u_2 = \cdots = u_r$，　　　　　列因素对因变量没有显著影响；

H_1：$u_1, u_2, \cdots, u_r$ 不全相等，　　　列因素对因变量有显著影响。

u_j 为列因素的第 j 个水平的均值（$j=1,2,\cdots,r$）。

第二步：构造检验统计量。

方差分析将总误差平方和 SST 分解为三部分：一是反映行因素各水平均值与总均值的离差平方和 SSR，称为行效应；二是反映列因素各水平均值与总均值的离差平方

和 SSC，称为列效应；三是除了行因素和列因素之外的各剩余因素产生的误差平方和，记为 SSE，反映随机误差．它们关系如下：

$$SST = SSR + SSC + SSE，\tag{7-10}$$

$$SST = \sum_{i=1}^{k}\sum_{j=1}^{r}(x_{ij} - \bar{\bar{x}})^2，\tag{7-11}$$

$$SSR = \sum_{i=1}^{k}\sum_{j=1}^{r}(\bar{x}_{i\cdot} - \bar{\bar{x}})^2，\tag{7-12}$$

$$SSC = \sum_{i=1}^{k}\sum_{j=1}^{r}(\bar{x}_{\cdot j} - \bar{\bar{x}})^2，\tag{7-13}$$

$$SSE = \sum_{i=1}^{k}\sum_{j=1}^{r}(x_{ij} - \bar{x}_{i\cdot} - \bar{x}_{\cdot j} + \bar{\bar{x}})^2，\tag{7-14}$$

其中，x_{ij} 为对应于行因素第 i 个水平和列因素第 j 个水平的观测值；$\bar{\bar{x}}$ 为 n 个观测值的总平均值；$\bar{x}_{i\cdot}$ 为行因素的第 i 个水平的样本均值；$\bar{x}_{\cdot j}$ 为列因素的第 j 个水平的样本均值．

为了克服样本量大小和因素水平个数的影响，将不同部分的误差平方和除以各自的自由度，计算得到各自的均方．

行因素的均方： $$MSR = \frac{SSR}{k-1}；\tag{7-15}$$

列因素的均方： $$MSC = \frac{SSC}{r-1}；\tag{7-16}$$

随机误差项的均方： $$MSE = \frac{SSE}{(k-1)(r-1)}．\tag{7-17}$$

要检验行因素对因变量的影响是否显著，构造统计量：

$$F_R = \frac{MSR}{MSE} = \frac{SSR/(k-1)}{SSE/(k-1)(r-1)} \sim F(k-1,(k-1)(r-1))；\tag{7-18}$$

要检验列因素对因变量的影响是否显著，构造统计量：

$$F_C = \frac{MSC}{MSE} = \frac{SSC/(r-1)}{SSE/(k-1)(r-1)} \sim F(r-1,(k-1)(r-1))．\tag{7-19}$$

如果 $F_R > F_\alpha(k-1,(k-1)(r-1))$，则拒绝行因素对应的零假设 H_0，表明行因素对因变量影响显著;反之,则不能拒绝零假设 H_0;如果 $F_C > F_\alpha(r-1, (k-1)(r-1))$,则拒绝列因素对应的零假设 H_0,表明列因素对因变量影响显著,反之,则不能拒绝零假设 H_0.

例 7.3 对 4 个品牌的空调在 5 个地区的销售额做了一个统计调查,得到数据的如表 7.5 所示. 试分析品牌与地区对空调销售额是否有显著影响.

表 7.5 空调销售数据

		地区 1	地区 2	地区 3	地区 4	地区 5
品牌	品牌 A	365	340	350	343	323
	品牌 B	345	330	363	368	340
	品牌 C	358	300	323	353	300
	品牌 D	288	290	280	270	280

解 分别对行因素与列因素提出假设.

行因素(品牌):

H_0: $u_1 = u_2 = u_3 = u_4$, 品牌对销售额无显著影响;

H_1: u_1, u_2, u_3, u_4 不全相等, 品牌对销售额有显著影响.

列因素(地区):

H_0: $u_1 = u_2 = \cdots = u_5$, 地区对销售额无显著影响;

H_1: $u_1, u_2, \cdots, u_5$ 不全相等, 地区对销售额有显著影响.

计算检验统计量:

由于方差分析的手工计算十分繁琐,现用 Excel 计算方差分析的统计量,其计算步骤如下:

第 1 步,将表 7.5 的数据输入 Excel;

第 2 步,单击"工具"→"数据分析"命令,在弹出的对话框中选择"方差分析:无重复双因素分析",再单击"确定"按钮;

第 3 步,填写方差分析对话框:在"输入区域"框中输入数据区域,本例为 A1:F5. 勾选"标志"复选项,在 α 框中输入 0.05(默认为 0.05,可根据需要更改),在"输出选项"中确定输出位置,本例为 A7. 结果如图 7.4 所示.

第 4 步,单击"确定"按钮,得到如表 7.6 所示的输出结果.

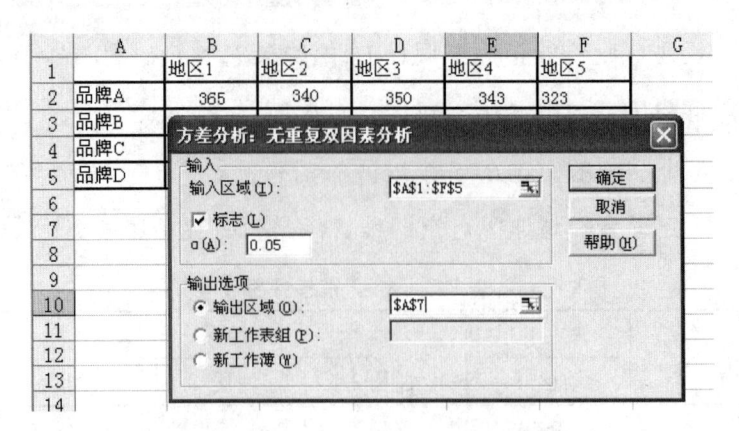

图 7.4 填写无重复双因素方差分析对话框

表 7.6 Excel 输出的方差分析结果

方差分析：无重复双因素方差分析

SUMMARY	观测数	求和	平均	方差
品牌 A	5	1721	344.2	233.7
品牌 B	5	1746	349.2	253.7
品牌 C	5	1634	326.8	777.7
品牌 D	5	1408	281.6	62.8
地区 1	4	1356	339	1224.667
地区 2	4	1260	315	566.6667
地区 3	4	1316	329	1344.667
地区 4	4	1334	333.5	1897.667
地区 5	4	1243	310.75	688.9167

方差分析

差异源	SS	df	MS	F	P-value	F crit
行	14201.35	3	4733.783	19.14961	7.2E-05	3.490295
列	2345.2	4	586.3	2.371764	0.110718	3.259167
误差	2966.4	12	247.2			
总计	19512.95	19				

统计决策：

从上表可以得到行因素（品牌）的统计量 $F_R = 19.14961$，大于其临界值 3.490295，故拒绝零假设 H_0，即品牌对空调的销售额有显著影响；列因素（地区）的统计量 $F_C = 2.371764$，小于其临界值 3.259167，故不能拒绝零假设 H_0，即不能认为地区对空调的销售额有显著影响.

也可利用方差分析表中的 P 值与显著性水平 α 进行比较,本例行因素(品牌)对应的 P 值为 7.2E–05 即 7.2×10^{-5},小于显著性水平 0.05,故拒绝零假设 H_0;列因素(地区)对应的 P 值为 0.110718,大于显著性水平 0.05,故不能拒绝零假设 H_0.

3. 有交互作用的双因素方差分析

在无交互作用的双因素方差分析中,假设两个因素对因变量的影响是独立的,两个因素之间不存在交互作用. 但是如果两个因素的不同水平组合会对因变量产生新的效应,就需要考虑交互作用的影响. 有交互作用的双因素方差分析与无交互作用的双因素方差分析类似,我们用一个具体的例子来说明其分析过程.

例 7.4 某企业欲研究不同的包装类型和不同的店面形式对一种食品的销售影响,设计了 4 种包装类型,但其单位重量的价格基本相同,选取了副食品店、小区超市、大型超市 3 种店面形式分别投放 4 种包装的产品. 每个月统计一次销售额,经过 4 个月后得到销售额汇总如表 7.7 所示.

表 7.7 有重复的双因素方差分析试验结果 单位:万元

店面形式		包装类型			
		包装 1	包装 2	包装 3	包装 4
	副食品店	28	29	28	28
		28	29	27	29
		28	28	28	29
		29	28	29	30
	小区超市	32	33	29	32
		31	35	31	32
		31	34	29	32
		31	34	29	31
	大型超市	31	35	30	33
		31	35	30	32
		33	36	29	32
		32	34	30	31

现该企业想知道以下情况($\alpha=0.05$):

(1)不同的包装类型对销售额有无显著影响?

(2)不同的店面形式对销售额有无显著影响?

（3）不同包装类型和店面形式的组合对销售额有无显著影响？

该问题除了考虑店面形式和包装类型对销量额有无影响外，还要考虑二者结合是否有交互影响．设行因素 A 有 k 个水平，列因素 B 有 r 个水平，行因素中每个水平的行数（Excel 中称为每一个样本的行数）为 m，样本观测值总个数为 $k \times r \times m$．比如本例中行因素（店面形式）有 3 个水平，每个水平的行数为 4，列因素（包装类型）有 4 个水平，共有 48 个观测值．

与无交互作用的双因素方差分析类似，有交互作用的双因素方差分析也包括提出假设、构造检验统计量和统计决策三个步骤．所不同的是，总误差平方和 SST 分解为四部分：反映行因素的误差平方和 SSR；反映列因素的误差平方和 SSC；反映交互作用的误差平方和 $SSRC$；反映其他因素的误差平方和 SSE．其关系如下式：

$$SST = SSR + SSC + SSRC + SSE . \tag{7-20}$$

把各误差平方和与相对应的自由度相比，可以得到其均方，分别为 MSR、MSC、$MSRC$、MSE，检验各因素对因变量是否有显著影响，分别构造统计量如下：

行因素：
$$F_R = \frac{MSR}{MSE} = \frac{SSR/(k-1)}{SSE/kr(m-1)} \sim F(k-1, kr(m-1)) ; \tag{7-21}$$

列因素：
$$F_C = \frac{MSC}{MSE} = \frac{SSC/(r-1)}{SSE/kr(m-1)} \sim F(r-1, kr(m-1)) ; \tag{7-22}$$

交互作用：
$$F_{RC} = \frac{MSRC}{MSE} = \frac{SSRC/(k-1)(r-1)}{SSE/kr(m-1)} \sim F((k-1)(r-1), kr(m-1)) . \tag{7-23}$$

对例 7.4 的解答如下：

提出假设．

店面形式（行因素）：

H_0：$u_1 = u_2 = u_3$， 店面形式对销售额无显著影响；

H_1：u_1, u_2, u_3 不全相等， 店面形式对销售额有显著影响．

包装类型（列因素）：

H_0：$u_1 = u_2 = u_3 = u_4$， 包装类型对销售额无显著影响；

H_1：u_1, u_2, u_3, u_4 不全相等， 包装类型对销售额有显著影响．

交互作用：

H_0：交互作用无显著影响；

H_1：交互作用有显著影响.

用 Excel 计算有重复的双因素方差分析数据的步骤是：

第 1 步，将表 7.7 的数据输入到 Excel 工作表中；

第 2 步，单击"工具"→"数据分析"命令，选择"方差分析：可重复双因素分析"，再单击"确定"按钮；

第 3 步，填写"可重复双因素分析"对话框：在"输入区域"框中输入数据区域，本例为 A1:E13．在"每一样本的行数"中输入 4，在 α 框中输入 0.05（默认为 0.05，可根据需要更改），在"输出选项"中确定输出位置，本例为 A15．结果如图 7.5 所示．

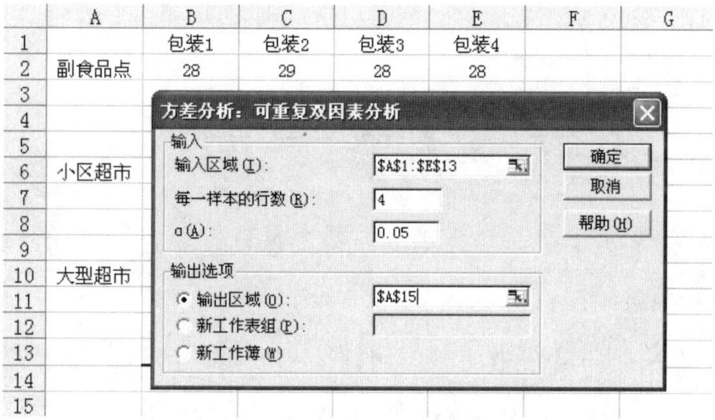

图 7.5 填写可重复双因素分析对话框

第 4 步，单击"确定"按钮，得到如表 7.8 所示的输出结果．

表 7.8 Excel 输出的可重复双因素方差分析的部分结果

方差分析 差异源	SS	df	MS	F	P-value	F crit
样本	128.0417	2	64.02083	116.6962	1.85E-16	3.259446
列	71.72917	3	23.90972	43.58228	4.53E-12	2.866266
交互	27.95833	6	4.659722	8.493671	8.96E-06	2.363751
内部	19.75	36	0.548611			
总计	247.4792	47				

方差分析表中，"样本"指行因素即商店类型，"列"指列因素即包装类型，"交互"指交互作用，"内部"指其他影响因素．

统计决策：

行因素的统计量 $F_R = 116.70 > F_\alpha = 3.26$，所以拒绝零假设 H_0，说明店面形式对销售额有显著影响.

列因素的统计量 $F_C = 43.58 > F_\alpha = 2.87$，所以拒绝零假设 H_0，说明包装类型对销售额有显著影响.

交互作用的统计量 $F_{RC} = 8.49 > F_\alpha = 2.36$，所以拒绝零假设 H_0，说明不同包装类型和店面形式的组合对销售额有显著影响.

也可以用 P 值进行判断，由于店面形式（行因素）的 P 值为 1.85E-16 即 1.85×10^{-16}，包装类型（列因素）的 P 值为 4.53E-12 即 4.53×10^{-12}，检验交互作用的 P 值也为 8.96E-06 即 8.96×10^{-06}，均小于给定的显著水平 $\alpha = 0.05$，因此均拒绝零假设 H_0，这与用检验统计量得出的结论一致.

7.2　一元线性回归分析

在商品生产和科学实验中，经常用到一些变量，客观存在着相互联系、相互依赖的关系，这种相互关系一般可分为两类：

（1）确定性关系：如电路中的欧姆定律 $U=IR$；在一定质量的理想气体 V 中，压强 P 与绝对温度 T 之间有关系式 $PV=CT$，C 为常数.

（2）非确定性关系或相关关系：人的年龄与血压之间的关系；晶体三极管的放大倍数 β 与电路输出电压 $V_{出}$ 之间的关系；输出电流与温度之间的关系. 一般地，它们不具有数学公式的表示关系，称这类变量之间的关系为非确定性关系或相关关系.

确定这类变量之间关系的数学方法称为回归分析，主要内容为：

（1）从一组观察（测量）数据出发，确定这类变量间的定量关系式.

（2）对这一类关系式的置信程度作统计检验.

（3）根据一个或几个变量的值去预测或控制可达到什么样的精度.

（4）进行因素分析，即在共同影响某一个量的许多变量之间找出哪些是重要因素，哪些是次要因素，以及它们之间的关系如何等.

（5）利用已求得的关系式对生产（或试验）过程作出预报或控制.

（6）根据回归分析方法选择试验点，对试验进行某些设计.

7.2.1 回归模型

如果对于自变量 x 的一个观测值 x_i，因变量 y 有一个相应的观察值 y_i 与之对应，则称 (x_i, y_i) 组成一对观察值. 现假定 x 与 y 有 n 对观察值 $(x_1,y_1),(x_2,y_2),\cdots,(x_n,y_n)$，把这 n 个点 (x_i, y_i) 画在平面直角坐标系上，得到如图 7.6 所示的散点图.

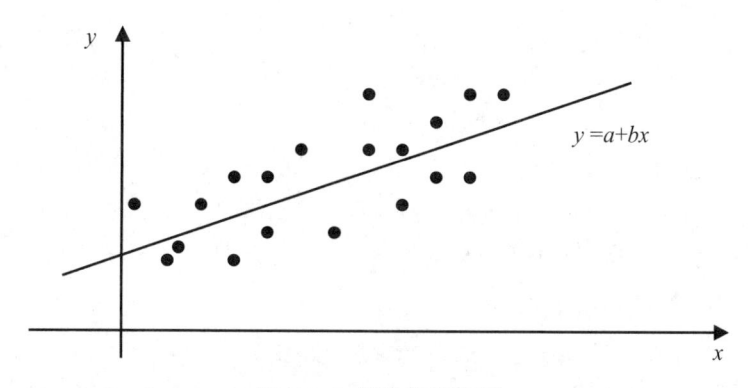

图 7.6 观测值散点图

从散点图可以看出，随着自变量 x 的增加，因变量 y 也呈现上升的趋势，图中的点大致分布在一条向右方倾斜的直线附近，因而可以用一条直线方程来近似地逼近，即

$$y_i = \hat{a} + \hat{b} x_i + \varepsilon_i, \quad i=1,2,\cdots,n.$$

其中 $\varepsilon_i \sim N(0,\sigma^2)$，$\varepsilon_i$ 是相互独立的随机变量序列且它们的方差相同（方差齐性），称为回归直线（方程）. 对于一元线性回归模型，我们要解决以下问题：

（1）参数估计：给出参数 $\hat{a}$、$\hat{b}$、σ^2 的估计值.

（2）显著性检验：检验线性函数 $y_i = \hat{a} + \hat{b} x_i + \varepsilon_i$ 用来描述因变量 y 与自变量 x 的关系是否合适，包括回归模型的显著性检验和参数的显著性检验.

（3）模型检查：检查对模型所作的假设是否成立，包括 ε_i 是相互独立的随机变量序列的检查和方差齐性的检查.

（4）预测或控制.

7.2.2 回归模型建立的方法——最小二乘法

最小二乘法就是求 a、b 的估计值 $\hat{a}$、$\hat{b}$，使 $Q(\hat{a},\hat{b}) = \sum_{i=1}^{n} \varepsilon_i^2 = \sum_{i=1}^{n}(y_i - \hat{a} - \hat{b}x_i)^2$ 的值最小.

令 $\dfrac{\partial Q}{\partial a}=0$，$\dfrac{\partial Q}{\partial b}=0$，解得 $\hat{a}=\overline{y}-\hat{b}\overline{x}$，$\hat{b}=\dfrac{l_{xy}}{l_{xx}}$.

其中，$l_{xx}=\sum\limits_{i=1}^{n}(x_i-\overline{x})^2$，$l_{yy}=\sum\limits_{i=1}^{n}(y_i-\overline{y})^2$，$l_{xy}=\sum\limits_{i=1}^{n}(x_i-\overline{x})(y_i-\overline{y})$.

于是得回归直线方程 $\hat{y}=\hat{a}+\hat{b}x$. 其显著性检验方法如下：

（1）设 H_0：$b=0$，H_1：$b\ne 0$，计算统计量 $F=(n-2)\dfrac{S_{回}^2}{S_{残}^2}=(n-2)\dfrac{l_{xy}^2}{l_{xx}l_{yy}-l_{xy}^2}$ （注：

$S_{总}^2=\sum\limits_{i=1}^{n}(y_i-\overline{y})^2=\sum\limits_{i=1}^{n}(\hat{y}_i-\overline{y})^2+\sum\limits_{i=1}^{n}(y_i-\hat{y}_i)^2=S_{回}^2+S_{残}^2$）.

查临界值 $F_{1-\alpha}(1,n-2)$. 如果 $F>F_{1-\alpha}(1,n-2)$，方程有意义；$F<F_{1-\alpha}(1,n-2)$，方程无意义.

计算 $\hat{\sigma}=\sqrt{\dfrac{S_{残}^2}{n-2}}$ 的值，我们有 95% 的把握认为 $y\in[\hat{y}-2\hat{\sigma},\hat{y}+2\hat{\sigma}]$，有 99% 的把握认为 $y\in[\hat{y}-3\hat{\sigma},\hat{y}+3\hat{\sigma}]$.

（2）方差分析（如表 7.9 所示）.

表 7.9 方差分析表

方差来源	平方和	自由度	均方	F 值
回归	SSR	1	MSR= SSR/1	F=MSR/MSE
残差	SSE	n−2	MSE= SSE/n−2	
总计	SST	n−1		

（3）可决定系数 R^2.

$R^2=\dfrac{SSR}{SST}=1-\dfrac{SSE}{SST}$ 作为一个相对指标，测量了拟合的回归直线所导致的离差平方和占样本的总离差平方和的百分比，因此它也是对回归方程拟合优度的一种测量. R^2 越接近于 1，则说明回归方程对样本点拟合得越好.

（4）相关系数.

$r_{xy}=\dfrac{\sum\limits_{i=1}^{n}(x_i-\overline{x})(y_i-\overline{y})}{\sqrt{\sum\limits_{i=1}^{n}(x_i-\overline{x})^2}\sqrt{\sum\limits_{i=1}^{n}(y_i-\overline{y})^2}}\in[-1,1]$，$\overline{x}=\dfrac{1}{n}\sum\limits_{i=1}^{n}x_i$，$\overline{y}=\dfrac{1}{n}\sum\limits_{i=1}^{n}y_i$.

$r_{xy} > 0$，表示正相关，即同向相关；$r_{xy} < 0$，表示负相关，即异向相关．$|r_{xy}|$ 越接近于 1，两要素关系越密切；$|r_{xy}|$ 越接近于 0，两要素关系越不密切．

例 7.5 试验数据如下表．

城镇居民家庭人均可支配收入	城市人均住宅面积	城镇居民家庭人均可支配收入	城市人均住宅面积
343.4	6.7	4838.9	17.0
477.6	7.2	5160.3	17.8
739.1	10.0	5425.1	18.7
1373.9	13.5	5854.0	19.4
1510.2	13.7	6280.0	20.3
1700.6	14.2	6859.6	20.8
2026.6	14.8	7702.8	22.8
2577.4	15.2	8472.2	23.7
3496.2	15.7	9421.6	25.0
4283.0	16.3	10493.0	26.1

第一步：画出散点图，进行观察．

程序如下：

```
>> clf
>> x=[343.4 477.6 739.1 1373.9 1510.2 1700.6 2026.6 2577.4 3496.2 4283.0 4838.9 5160.3 5425.1 5854.0 6280.0 6859.6 7702.8 8472.2 9421.6 10493.0];
y=[6.7 7.2 10.0 13.5 13.7 14.2 14.8 15.2 15.7 16.3 17.0 17.8 18.7 19.4 20.3 20.8 22.8 23.7 25.0 26.1];
plot(x,y,'x')
>> xlabel('城镇居民家庭人均可支配收入')
ylabel('城市人均住宅面积')
```

在 MATLAB 中的运行结果如图 7.7 所示．

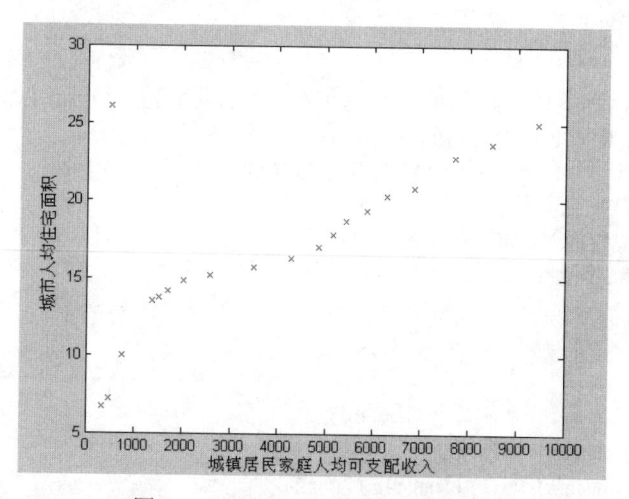

图 7.7　MATLAB 中的运行结果

可以看到，除了个别点外，基本上所有的点都分布在一条直线的附近，而且自变量只有一个，因此可以假设其回归模型为 $y = \beta_0 + \beta_1 x + \varepsilon$．

第二步：求出回归系数，过程根据最小二乘法的公式计算．

计算公式为：

$$\begin{cases} \hat{\beta}_1 = \dfrac{n\sum\limits_{i=1}^{n} x_i y_i - \left(\sum\limits_{i=1}^{n} x_i\right)\left(\sum\limits_{i=1}^{n} y_i\right)}{n\sum\limits_{i=1}^{n} x_i^2 - \left(\sum\limits_{i=1}^{n} x_i\right)^2} \\ \hat{\beta}_0 = \overline{y} - \hat{\beta}_1 \overline{x} \end{cases}$$

其中，$\overline{x} = \dfrac{1}{n}\sum\limits_{i=1}^{n} x_i$，$\overline{y} = \dfrac{1}{n}\sum\limits_{i=1}^{n} y_i$．

程序如下：

```
>> [n1,n2]=size(x);
lxx=0;
lxy=0
for k=1:n2
    lxx=lxx+(x(k)-mean(x))^2
    lxy=lxy+(x(k)-mean(x))*(y(k)-mean(y))
end
b=lxy/lxx
a=mean(y)-b*mean(x)
```

在 MATLAB 中的运行结果：求得 $\hat{\beta}_1 = 0.0017$，$\hat{\beta}_0 = 9.4866$，故 $y = 9.4866 + 0.0017 x$ 为所求方程．

第三步：整个数据拟合如下．

```
>> clf
>> x=[343.4 477.6 739.1 1373.9 1510.2 1700.6 2026.6 2577.4 3496.2 4283.0 4838.9 5160.3 5425.1 5854.0 6280.0 6859.6 7702.8 8472.2 9421.6 10493.0];
y=[6.7 7.2 10.0 13.5 13.7 14.2 14.8 15.2 15.7 16.3 17.0 17.8 18.7 19.4 20.3 20.8 22.8 23.7 25.0 26.1];
plot(x,y,'x')
>> xlabel('城镇居民家庭人均可支配收入')
ylabel('城市人均住宅面积')
>> [n1,n2]=size(x);
lxx=0;
lxy=0
for k=1:n2
    lxx=lxx+(x(k)-mean(x))^2
    lxy=lxy+(x(k)-mean(x))*(y(k)-mean(y))
end
```

```
b=lxy/lxx
a=mean(y)-b*mean(x)
[n1,n2]=size(x);
lxx=0;
lxy=0
for k=1:n2
    lxx=lxx+(x(k)-mean(x))^2
    lxy=lxy+(x(k)-mean(x))*(y(k)-mean(y))
end
b=lxy/lxx
a=mean(y)-b*mean(x)
xx=linspace(0,12000,500)
yy=a+b*xx;
hold on
plot(xx,yy,'b-')
text(6000,15,'FitFunction: y=a+b*x')
```

在 MATLAB 中运行得到拟合图, 如图 7.8 所示.

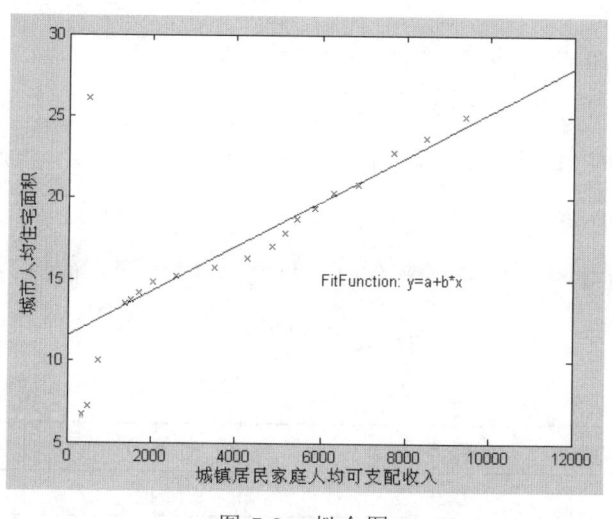

图 7.8 拟合图

步骤三: 相关性检验.

$$r = \frac{\overline{xy} - \overline{x}\,\overline{y}}{\sqrt{(\overline{x^2} - \overline{x}^2)(\overline{y^2} - \overline{y}^2)}},$$

同理, 编程计算出相关系数为 r=0.964740192922406.

由于 r 的绝对值很接近 1, 所以相关性很强, 换句话说, 就是拟合程度很好.

$|r|$=0.964740192922406>r_0'=0.561, 所以为相关关系.

相关指数 R^2=0.930723639839961, 因此回归效果很好.

第四步：置信区间的确定.

可以根据表达式 $S^2 = \dfrac{\sum_{i=1}^{n}(y_i - \hat{y}_i)^2}{n-2}$ 计算出剩余方差，然后给定条件 x_0，进而就可以求解给定概率内的置信区间了.

至此，此次拟合基本完成.

当然，确定数据可以在拟合之后，就可以进一步计算拟合方程的截距、斜率等，再根据式子的意义，就可以对现实事物进行预测和分析了.

习题 7

1．什么是方差分析？它的基本思想是什么？

2．简述组内方差与组间方差的含义.

3．简述方差分析的基本步骤.

4．比较无交互作用和有交互作用的双因素方差分析.

5．解释 R^2 的含义与作用.

6．下面是来自 4 个总体的样本数据，显著性水平 α 分别取 0.01、0.05、0.10．说明原假设与备择假设，并确定是否拒绝原假设.

样本 1	样本 2	样本 3	样本 4
23	26	24	24
31	35	32	33
27	29	26	27
21	28	27	22
18	25	27	20

7．一家管理咨询公司为不同的客户进行同一内容的管理培训，培训对象有高层管理者、中层管理者与低层管理者．现对不同层次培训学员的培训满意度进行了随机调查，得到数据如下表．（评分标准为 1～100 分）

显著性水平 α 取 0.05，检验不同层次管理人员对培训满意度是否有显著差异？如果有差异，那么这种差异多大程度上是管理者层次差异造成的？

高层管理者	中层管理者	低层管理者
75	80	65
75	85	75
80	90	80
85	78	85
90	95	75
	70	70
	80	

8. 某企业现在有三种方法组装一种新产品，为了了解三种方法是否具有差异，随机抽取了 30 名工人，每人使用其中一种方法组装产品．对工人生产产品的数量进行方差分析得到结果如下表，完成该方差分析表，分析三种方法组装新产品是否有显著差异？（$\alpha = 0.05$）

差异源	SS	df	MS	F	P-value	F crit
组间			210			3.354131
组内	3836			—	—	—
总计		29	—	—	—	—

9. 一家轮胎制造公司现对一批产品进行轮胎面磨损试验，研究人员认为车速以及原料供应商可能会严重影响结果．公司从 4 个供应商处购买橡胶原料，研究人员从每个供应商供应的原料生产的轮胎中随机地抽取 3 个，分别在低速、中速以及高速状态下进行试验，得到的数据如下表所示．

供应商	速度		
	低速	中速	高速
供应商 1	3.7	4.5	3.1
供应商 2	3.4	3.9	3.3
供应商 3	3.2	3.5	2.6
供应商 4	3.9	4.8	4.0

检验不同车速对轮胎磨损程度是否有显著影响？不同供应商供应的原料对轮胎磨损程度的影响是否显著？（$\alpha = 0.05$）

10. 测试汽车引擎启动所需时间与汽车类型与使用引擎分析器的关系，现分别对微型、中型和大型汽车进行试验，并分别使用计算机引擎分析器与电子引擎分析器，得到的数据如下表所示．

汽车类型	分析器	
	计算机分析器	电子分析器
微型	50	42
中型	55	44
大型	63	46

检验汽车类型以及分析器类型是否对启动时间有显著差异？（$\alpha = 0.05$）

11．一家邮购公司为了检验广告大小与广告方案对于邮购数量的影响．考察了三种广告方案和两种不同大小的广告，得到的数据如下表所示．

广告方案	广告大小	
	小	大
A	8000	12000
	12000	8000
B	22000	26000
	14000	30000
C	10000	18000
	18000	14000

试分析广告大小、广告方案以及交互作用是否对邮购数量有显著影响？（$\alpha = 0.05$）

12．某种合金的抗拉强度 y 与其中的含碳量 x 有关，现测 12 对数据如下表所示．

x	0.10	0.11	0.12	0.13	0.14	0.15	0.16	0.17	0.18	0.20	0.21	0.23
y	42.0	43.5	45.0	45.5	45.0	47.5	49.0	53.0	50.0	55.0	55.0	60.0

求回归方程．

13．测得某种物质在不同温度下吸附另一种物质的重量数据如下表所示．

x	1.5	1.8	2.4	3.0	3.5	3.9	4.4	4.8	5.0
y	4.8	5.7	7.0	8.3	10.9	12.4	13.1	13.6	15.3

求回归方程．

第 8 章 数学实验

8.1 MATLAB 基础知识

MATLAB 的名称源自 MatrixLaboratory,是一门计算语言,它专门以矩阵的形式处理数据. MATLAB 将计算与可视化集成到一个灵活的计算机环境中,并提供了大量的内置函数,可以在广泛的工程问题中直接利用这些函数获得数值解. 此外,用 MATLAB 编写程序,犹如在一张草稿纸上排列公式和求解问题一样效率高,因此被称为"演算纸式的"科学工程算法语言. 在我们高等数学的学习过程中,可以结合 MATLAB 软件,做一些简单的编程应用,在一定程度上弥补我们常规教学的不足,同时,这也是我们探索高职高专数学课程改革迈出的一步.

8.1.1 MATLAB 文件的编辑、存储和执行

MATLAB 提供了两种运行方式,即命令行和 M 文件方式.

1. 命令行方式

直接在命令窗口(如图 8.1 和图 8.2 所示)输入命令来实现计算或作图功能,若要求表达式 $1.369^2 + \sin\dfrac{7\pi}{10} \times \sqrt{26.48} \div 2.5$ 的值,我们可以在 MATLAB 命令窗口中键入下面的命令:

>>1.369^2+sin(7/10*pi)*sqrt(26.48)/2.5(回车)
ans=
    3.5394

也可以将计算的结果赋给某一个变量,例如输入:

>>a=1.369^2+sin(7/10*pi)*sqrt(26.48)/2.5(回车)
a=
    3.5394

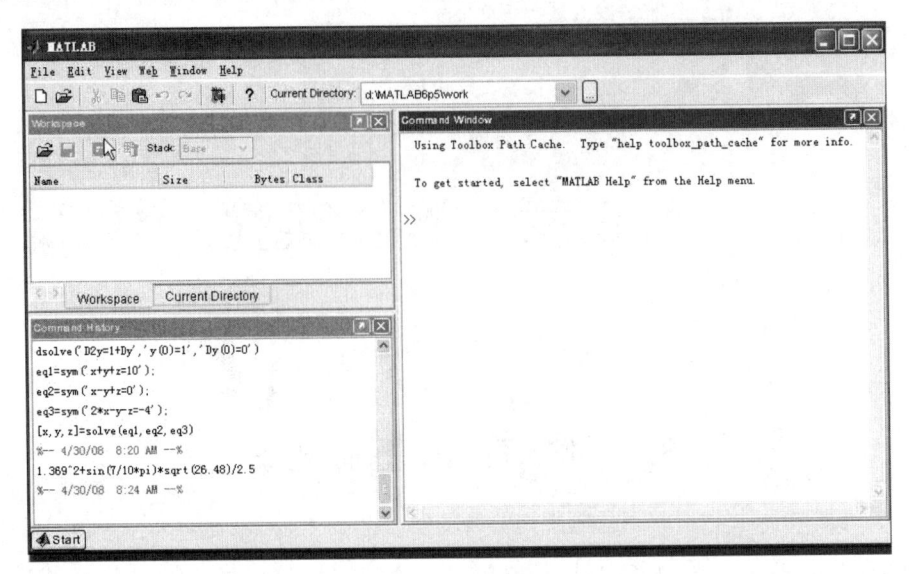

图 8.1　命令窗口

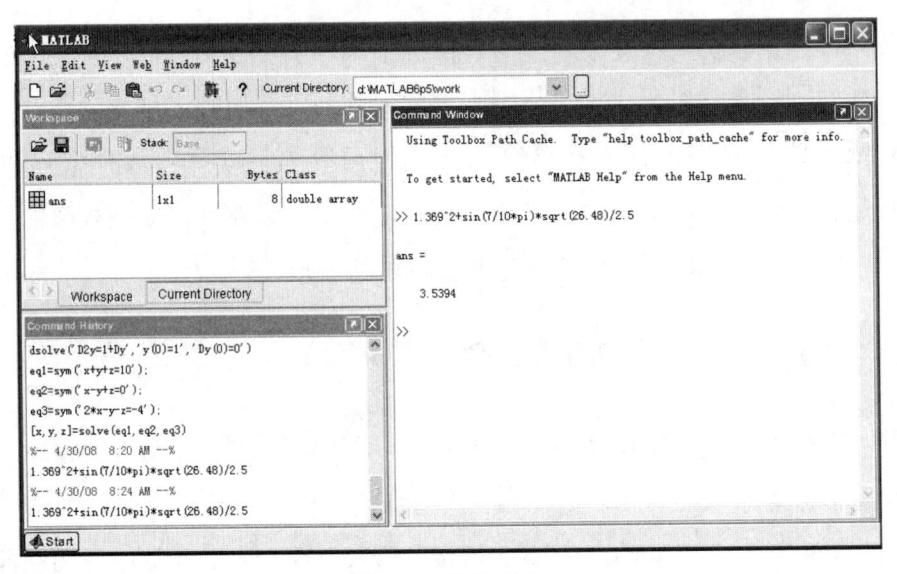

图 8.2　输入命令

2. M 文件的运行方式

（1）文件编辑．在 MATLAB 窗口中单击 File→NewM-File 命令打开 M 文件输入运行界面，如图 8.3 所示．此时屏幕上会出现所需的窗口，在该窗口中输入程序文件，可以进行调试和运行．与命令行方式相比，M 文件方式的优点是可以调试，可重复应用．

（2）文件存储．单击 File→Save 命令，可将自己所编写的程序存在一个后缀为 m 的文件中．

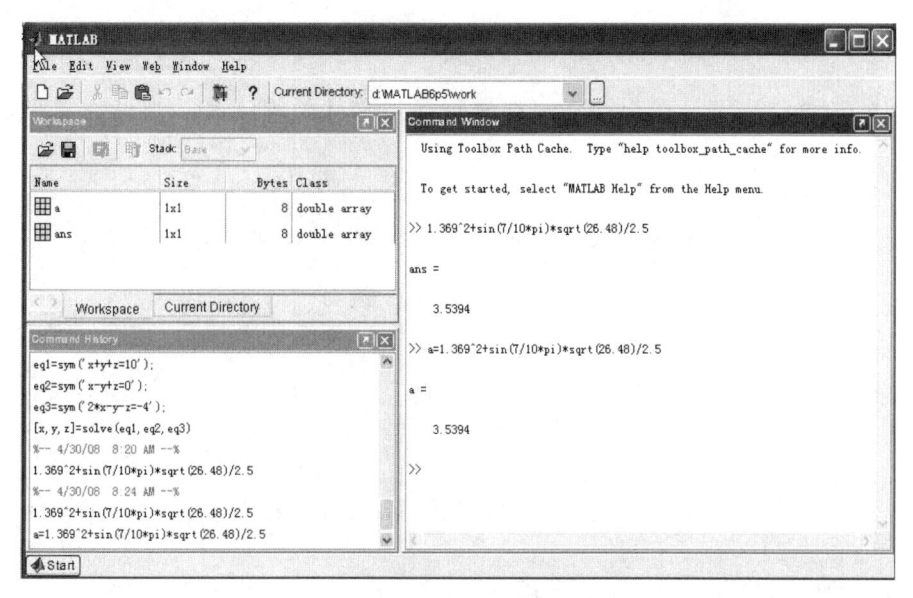

图 8.3 M 文件输入运行界面

（3）运行程序．在 M 文件窗口中选择 Debug→run 命令即可运行此 M 文件；也可在 MATLAB 命令窗口中直接输入所要执行的文件名后回车，但需要的是该程序文件必须存在 MATLAB 默认的路径下．用户可以在 MATLAB 窗口中单击 File→SetPath 命令将要执行的文件所在的路径添加到 MATLAB 默认的路径序列中．

8.1.2　MATLAB 基本运算符及表达式

表 8.1　基本运算符

数学表达式	MATLAB 运算符	MATLAB 表达式
加	+	a+b
减	−	a−b
乘	*	a*b
除	/或\	a/b 或 b\a
幂	^	a^b

说明：

（1）所有运算定义在复数域上．对于方根问题，运算只返回处于第一象限的解．

（2）MATLAB 用左斜杠或右斜杠分别表示"左除"或"右除"运算．对于标量而言，这两者的作用没有区别；但对于矩阵来说，"左除"和"右除"将产生不同的影响．

（3）表达式由变量名、运算符和函数名组成．

（4）表达式将按与常规相同的优先级自左至右执行运算.

（5）优先级的规定是：指数运算级别最高，乘除运算次之，加减运算级别最低.

（6）括号可以改变运算的次序.

8.1.3 MATLAB 变量命名规则

（1）变量名、函数名的字母大小表示不同.

（2）变量名的第一个字符必须是英文字母，最多可包含 31 个字符（英文、数字和下划线）.

（3）变量名中不得包含空格、标点，但可以包含下划线.

8.1.4 数值计算结果的显示格式

MATLAB 数值计算结果显示格式的类型列于表 8.2 中. 用户在 MATLAB 指令窗中，直接输入相应的指令，或者在菜单弹出框中进行选择，都可获得所需的数值计算结果.

表 8.2 数据显示格式的控制指令

指令	含义	举例说明
formatshort	通常保证小数点后四位有效，最多不超过 7 位；对于大于 1000 的实数，用 5 位有效数字的科学记数形式显示	3.14159 被显示为 3.141590；3141.59 被显示为 3.1416e+003
formatlong	15 位数字表示	3.14159265358979
formatshorte	5 位科学记数表示	3.1416e+00
formatlonge	15 位科学记数表示	3.14159265358979e+00
formatshortg	从 formatshort 和 formatshorte 中自动选择最佳记述方式	3.1416
formatlongg	从 formatlong 和 formatlonge 中自动选择最佳记述方式	3.14159265358979
formatrat	近似有理数表示	355/113
formathex	十六进制表示	400921fb54442d18

说明：

（1）formatshort 显示格式是默认的显示格式.

（2）该表中实现的所有格式设置仅在 MATLAB 的当前执行过程中有效.

8.1.5 MATLAB 指令行中的标点符号

表 8.3   MATLAB 常用标点的功能

名称	标点	作用
逗号	,	用作要显示计算结果的指令与其后指令之间的分隔符；用作输入量与输入量之间的分隔符；用作数组元素的分隔符
黑点	.	用作数值表示中的小数点
分号	;	用作不显示计算结果指令的"结尾"标志；用作不显示计算结果指令与其后指令的分隔；用作数组的行间分隔符
冒号	:	用作生成一维数值数组；用作单下标援引时，表示全部元素构成的长列；用作多下标援引时，表示所在维上的全部元素
注释号	%	由它"启首"后的所有物理行部分被看做非执行的注释符
单引号对	''	字符串标记符
方括号	[]	输入数组时用；函数指令输出宗量列表时用
圆括号	()	数组援引时用；函数指令输入宗量列表时用
花括号	{}	元胞数组记述符
下连线	_	（为便于阅读）用作一个变量、函数或文件名中的连字符
续行号	…	由三个以上连续黑点构成．它把其下的物理行看做该行的"逻辑"继续，以构成一个"较长"的完整指令

说明：为确保指令正确执行，以上符号一定要在英文状态下输入．因为 MATLAB 不能识别中文标点．

8.1.6 MATLAB 指令窗的常用控制指令

表 8.4   常见的通用操作指令

指令	含义	指令	含义
cd	设置当前工作目录	exit	关闭/退出 MATLAB
clf	清除图形窗	Quit	关闭/退出 MATLAB
clc	清除指令窗中的显示内容	md	创建目录
clear	清除 MATLAB 工作空间中保留的变量	more	使其后的显示内容分页进行
dir	列出指定目录下的文件和子目录清单	type	显示指定 M 文件的内容

8.2 MATLAB 在线性代数中的应用

8.2.1 数值矩阵的生成

1. 实数矩阵输入

MATLAB 的强大功能之一体现在能直接处理向量或矩阵．当然首要任务是输入待处理的向量或矩阵．

不管是任何矩阵（向量），我们都可以直接按行方式输入每个元素：同一行中的元素用逗号（,）或者用空格符来分隔，且空格个数不限；不同的行用分号（;）分隔．所有元素处于一方括号（[ ]）内，当矩阵是多维（三维以上）且方括号内的元素是维数较低的矩阵时，会有多重的方括号．如：

```
>> Time = [11  12  1  2  3  4  5  6  7  8  9  10]
   Time =
          11  12  1  2  3  4  5  6  7  8  9  10
>> X_Data = [2.32   3.43;4.37   5.98]
   X_Data =
          2.32   3.43
          4.37   5.98
>> vect_a = [1  2  3  4  5]
   vect_a =
          1  2  3  4  5
>> Matrix_B = [1   2   3;
>>             2   3   4;3   4   5]
   Matrix_B =  1   2   3
               2   3   4
               3   4   5
>> Null_M = [ ]        %生成一个空矩阵
```

2. 复数矩阵输入

复数矩阵有两种生成方式．

第一种方式：

例 8.1

```
>> a=2.7;b=13/25;
>> C=[1,2*a+i*b,b*sqrt(a); sin(pi/4),a+5*b,3.5+1]
   C=
       1.0000          5.4000 + 0.5200i      0.8544
       0.7071          5.3000                4.5000
```

第二种方式：

例 8.2

```
>> R=[1 2 3;4 5 6], M=[11 12 13;14 15 16]
   R =
        1    2    3
        4    5    6
   M =
        11   12   13
        14   15   16
>> CN=R+i*M
   CN=
        1.0000 +11.0000i   2.0000 +12.0000i   3.0000 +13.0000i
        4.0000 +14.0000i   5.0000 +15.0000i   6.0000 +16.0000i
```

8.2.2 符号矩阵的生成

在 MATLAB 中输入符号向量或矩阵的方法和输入数值类型的向量或矩阵在形式上很相像，只不过要用到符号矩阵定义函数 sym 或者是用到符号定义函数 syms，先定义一些必要的符号变量，再像定义普通矩阵一样输入符号矩阵．

1. 用命令 sym 定义矩阵

这时的函数 sym 实际是定义一个符号表达式，这时的符号矩阵中的元素可以是任何符号或表达式，而且长度没有限制，只是将方括号置于用于创建符号表达式的单引号中．

例 8.3

```
>> sym_matrix = sym('[a b c;Jack,Help Me!,NO WAY!]')
   sym_matrix =
        [  a       b         c  ]
        [Jack   Help Me!  NO WAY!]
>> sym_digits = sym('[1 2 3;a b c;sin(x)cos(y)tan(z)]')
   sym_digits =
        [  1       2       3]
        [  a       b       c]
        [sin(x) cos(y) tan(z)]
```

2. 用命令 syms 定义矩阵

先定义矩阵中的每一个元素为一个符号变量，然后像普通矩阵一样输入符号矩阵．

例 8.4

```
>> syms  a  b  c;
>> M1 = sym('Classical');
>> M2 = sym('Jazz');
```

```
>> M3 = sym('Blues')
>> syms_matrix = [a    b    c; M1, M2, M3;int 2 str([2    3    5])]
   syms_matrix =
            [      a          b          c]
            [Classical     Jazz     Blues]
            [      2          3          5]
```

把数值矩阵转化成相应的符号矩阵.

数值型和符号型在 MATLAB 中是不相同的,它们之间不能直接进行转化. MATLAB 提供了一个将数值型转化成符号型的命令,即 sym.

例 8.5

```
>> Digit_Matrix = [1/3    sqrt(2) 3.4234;exp(0.23) log(29) 23^(-11.23)]
>> Syms_Matrix = sym(Digit_Matrix)
```

结果是:

Digit_Matrix =
            0.3333   1.4142   3.4234
            1.2586   3.3673   0.0000

Syms_Matrix =
[1/3,   sqrt(2),   17117/5000]
[5668230535726899*2^(-52),7582476122586655*2^(-51),5174709270083729*2^(-103)]

注意:矩阵无论是用分数形式还是浮点形式表示的,将矩阵转化成符号矩阵后,都将以最接近原值的有理数形式或函数形式表示.

8.2.3 特殊矩阵的生成

命令 　全零阵

函数 　zeros

格式 　B = zeros(n)   %生成 $n×n$ 全零阵

　　　B = zeros(m,n)   %生成 $m×n$ 全零阵

　　　B = zeros([m n])   %生成 $m×n$ 全零阵

　　　B = zeros(d1,d2,d3,…)   %生成 $d1×d2×d3×…$ 全零阵或数组

　　　B = zeros([d1 d2 d3,…])   %生成 $d1×d2×d3×…$ 全零阵或数组

　　　B = zeros(size(A))   %生成与矩阵 A 相同大小的全零阵

命令 　单位阵

函数 　eye

格式 　Y=eye(n)   %生成 $n×n$ 单位阵

| | Y=eye(m,n) | %生成 $m×n$ 单位阵 |
| | Y=eye(size(A)) | %生成与矩阵 A 相同大小的单位阵 |

命令　全 1 阵

函数　ones

格式	Y = ones(n)	%生成 $n×n$ 全 1 阵
	Y=ones(m,n)	%生成 $m×n$ 全 1 阵
	Y=ones([m n])	%生成 $m×n$ 全 1 阵
	Y=ones(d1,d2,d3…)	%生成 $d1×d2×d3×…$ 全 1 阵或数组
	Y=ones([d1 d2 d3…])	%生成 $d1×d2×d3×…$ 全 1 阵或数组
	Y=ones(size(A))	%生成与矩阵 A 相同大小的全 1 阵

命令　均匀分布随机矩阵

函数　rand

格式	Y=rand(n)	%生成 $n×n$ 随机矩阵，其元素在（0,1）内
	Y=rand(m,n)	%生成 $m×n$ 随机矩阵
	Y=rand([m n])	%生成 $m×n$ 随机矩阵
	Y=rand(m,n,p,…)	%生成 $m×n×p×…$ 随机矩阵或数组
	Y=rand([m n p…])	%生成 $m×n×p×…$ 随机矩阵或数组
	Y=rand(size(A))	%生成与矩阵 A 相同大小的随机矩阵
	rand	%无变量输入时只产生一个随机数
	s=rand('state')	%产生包括均匀发生器当前状态的 35 个元素的向量
	s=rand('state', s)	%重置状态为 s
	s=rand('state', 0)	%重置发生器到初始状态
	s=rand('state', j)	%对整数 j 重置发生器到第 j 个状态
	s=rand('state', sum (100*clock))	%每次重置到不同状态

例 8.6　产生一个 3×4 随机矩阵.

```
>> R=rand(3,4)
R=
    0.9501    0.4860    0.4565    0.4447
    0.2311    0.8913    0.0185    0.6154
    0.6068    0.7621    0.8214    0.7919
```

例 8.7　产生一个在区间[10, 20]内均匀分布的 4 阶随机矩阵.

```
>> a=10;b=20;
>> x=a+(b-a)*rand(4)
x =
    19.2181    19.3547    10.5789    11.3889
    17.3821    19.1690    13.5287    12.0277
    11.7627    14.1027    18.1317    11.9872
    14.0571    18.9365    10.0986    16.0379
```

命令　正态分布随机矩阵

函数　randn

格式　Y = randn(n)　　　　　　%生成 $n×n$ 正态分布随机矩阵

　　　Y = randn(m,n)　　　　　%生成 $m×n$ 正态分布随机矩阵

　　　Y = randn([m n])　　　　%生成 $m×n$ 正态分布随机矩阵

　　　Y = randn(m,n,p,⋯)　　　%生成 $m×n×p×⋯$ 正态分布随机矩阵或数组

　　　Y = randn([m n p⋯])　　 %生成 $m×n×p×⋯$ 正态分布随机矩阵或数组

　　　Y = randn(size(A))　　　 %生成与矩阵 A 相同大小的正态分布随机矩阵

　　　randn　　　　　　　　　　%无变量输入时只产生一个正态分布随机数

　　　s = randn('state')　　　 %产生包括正态发生器当前状态的 2 个元素的向量

　　　s = randn('state', s)　　%重置状态为 s

　　　s = randn('state', 0)　　%重置发生器为初始状态

　　　s = randn('state', j)　　%对整数 j 重置状态到第 j 状态

　　　s = randn('state', sum(100*clock))　　%每次重置到不同状态

例 8.8　产生均值为 0.6，方差为 0.1 的 4 阶矩阵．

```
>> mu=0.6; sigma=0.1;
>> x=mu+sqrt(sigma)*randn(4)
x =
    0.8311    0.7799    0.1335    1.0565
    0.7827    0.5192    0.5260    0.4890
    0.6127    0.4806    0.6375    0.7971
    0.8141    0.5064    0.6996    0.8527
```

命令　产生随机排列

函数　randperm

格式　p = randperm(n)　　　　　%产生 1~n 之间整数的随机排列

例 8.9

```
>> randperm(6)
```

```
ans =
       3     2     1     5     4     6
```

命令　产生线性等分向量

函数　linspace

格式　y = linspace(a,b)　　　　%在(a,b)上产生 100 个线性等分点

　　　y = linspace(a,b,n)　　　%在(a,b)上产生 n 个线性等分点

命令　产生对数等分向量

函数　logspace

格式　y = logspace(a,b)　　　　%在$(10^a,10^b)$之间产生 50 个对数等分向量

　　　y = logspace(a,b,n)

　　　y = logspace(a,pi)

命令　计算矩阵中元素个数

n = numel(a)　　　%返回矩阵 A 的元素的个数

命令　产生以输入元素为对角线元素的矩阵

函数　blkdiag

格式　out = blkdiag(a,b,c,d,…)　　%产生以 a,b,c,d,…为对角线元素的矩阵

例 8.10
```
>> out = blkdiag(1,2,3,4)
out =
       1     0     0     0
       0     2     0     0
       0     0     3     0
       0     0     0     4
```

命令　友矩阵

函数　compan

格式　A = compan(u)　　　%u 为多项式系统向量，A 为友矩阵，A 的第 1 行元素为 -u (2:n)/u(1)，其中 u (2:n)为 u 的第 2 到第 n 个元素，A 的特征值就是多项式的特征根

例 8.11　求多项式 $(x-1)(x-2)(x+3) = x^3 - 7x + 6$ 的友矩阵和根．
```
>> u=[1 0 -7 6];
>> A=compan(u)       %求多项式的友矩阵
   A =
       0     7    -6
       1     0     0
       0     1     0
>> eig(A)            %A 的特征值就是多项式的根
   ans =
```

```
        -3.0000
         2.0000
         1.0000
```

命令　hadamard 矩阵

函数　hadamard

格式　H = hadamard(n)　　　　%返回 n 阶 hadamard 矩阵

例 8.12

```
>> h=hadamard(4)
   h =
        1     1     1     1
        1    -1     1    -1
        1     1    -1    -1
        1    -1    -1     1
```

命令　Hankel 方阵

函数　hankel

格式　H = hankel(c)　　　　%第 1 列元素为 c，反三角以下元素为 0

　　　H = hankel(c,r)　　　%第 1 列元素为 c，最后一行元素为 r，如果 c 的最后一个元素与 r 的第一个元素不同，交叉位置元素取 c 的最后一个元素

例 8.13

```
>> c=1:3,r=7:10
   c =
        1     2     3
   r =
        7     8     9    10
>> h=hankel(c,r)
   h =
        1     2     3     8
        2     3     8     9
        3     8     9    10
```

命令　Hilbert 矩阵

函数　hilb

格式　H = hilb(n)　　　　%返回 n 阶 Hilbert 矩阵，其元素为 $H(i,j)=1/(i+j-1)$

例 8.14　产生一个三阶 Hilbert 矩阵．

```
>> format rat      %以有理形式输出
>> H=hilb(3)
   H =
        1      1/2    1/3
        1/2    1/3    1/4
```

    1/3   1/4   1/5
    3

8.2.4 矩阵运算

1．加、减运算

运算符："+"和"-"分别为加、减运算符．

运算规则：对应元素相加、减，即按线性代数中矩阵的"+"、"-"运算进行．

例 8.15

```
>>A=[1, 1, 1; 1, 2, 3; 1, 3, 6]
>>B=[8, 1, 6; 3, 5, 7; 4, 9, 2]
>>A+B=A+B
>>A-B=A-B
```

结果显示为：

A+B=
    9   2   7
    4   7   10
    5   12   8

A-B=
    -7   0   -5
    -2   -3   -4
    -3   -6   4

2．乘法

运算符：*

运算规则：按线性代数中矩阵乘法运算进行，即放在前面的矩阵的各行元素，分别与放在后面的矩阵的各列元素对应相乘并相加．

（1）两个矩阵相乘．

例 8.16

```
>>X= [2   3   4   5;
      1   2   2   1];
>>Y=[0   1   1;
     1   1   0;
     0   0   1;
     1   0   0];
Z=X*Y
```

结果显示为：

Z=
    8   5   6
    3   3   3

（2）矩阵的数乘：数乘矩阵.

上例中：a=2*X

则显示：a =

   4 6 8 10

   2 4 4 2

向量的点乘（内积）：维数相同的两个向量的点乘.

数组乘法：$A*B$ 表示 A 与 B 对应元素相乘.

（3）向量点积.

  函数 dot

  格式 C = dot(A,B) %若 A、B 为向量，则返回向量 A 与 B 的点积，A 与 B 长度相同；若 A、B 为矩阵，则 A 与 B 有相同的维数

  C = dot(A,B,dim) %在 dim 维数中给出 A 与 B 的点积

例 8.17

\>\>X=[-1 0 2];

\>\>Y=[-2 -1 1];

\>\>Z=dot(X, Y)

结果显示为：

Z =

  4

还可用另一种算法：

sum(X*Y)

ans=

  4

（4）向量叉乘.

在数学上，两向量的叉乘是一个过两相交向量的交点且垂直于两向量所在平面的向量.在 MATLAB 中，用函数 cross 实现.

  函数 cross

  格式 C = cross(A,B) %若 A、B 为向量，则返回 A 与 B 的叉乘，即 $C=A\times B$，A、B 必须是 3 个元素的向量；若 A、B 为矩阵，则返回一个 $3\times n$ 矩阵，其中的列是 A 与 B 对应列的叉积，A、B 都是 $3\times n$ 矩阵

  C = cross(A,B,dim) %在 dim 维数中给出向量 A 与 B 的叉积，A 和 B 必须具有相同的维数，size(A,dim)和 size(B,dim)必须是 3

例 8.18 计算垂直于向量(1, 2, 3)和(4, 5, 6)的向量.

>>a=[1 2 3];
>>b=[4 5 6];
>>c=cross(a,b)

结果显示为：

c=
    -3   6   -3

可得垂直于向量(1, 2, 3)和(4, 5, 6)的向量为±(-3, 6, -3).

3. 矩阵转置

运算符：'

运算规则：若矩阵 A 的元素为实数，则与线性代数中矩阵的转置相同；若 A 为复数矩阵，则 A 转置后的元素由 A 对应元素的共轭复数构成.

若仅希望转置，则用如下命令：$A.'$.

4. 方阵的行列式

函数   det

格式   d = det(X)   %返回方阵 X 的多项式的值

例 8.19

>> A=[1 2 3;4 5 6;7 8 9]
  A =
     1   2   3
     4   5   6
     7   8   9
>> D=det(A)
  D =
     0

5. 矩阵的秩

函数   rank

格式   k = rank (A)   %求矩阵 A 的秩

           k = rank (A,tol) %tol 为给定误差

8.2.5 矩阵分解

1. Cholesky 分解

函数   chol

格式   R = chol(X)   %如果 X 为 n 阶对称正定矩阵，则存在一个实的非奇异

上三角阵 R，满足 $R'*R = X$；若 X 非正定，则产生错误信息

    [R,p] = chol(X)　　%不产生任何错误信息，若 X 为正定阵，则 $p=0$，R 与上相同；若 X 非正定，则 p 为正整数，R 是有序的上三角阵

例 8.20

```
>> X=pascal(4)      %产生4阶pascal矩阵
   X=
        1    1    1    1
        1    2    3    4
        1    3    6   10
        1    4   10   20
>> [R,p]=chol(X)
   R=
        1    1    1    1
        0    1    2    3
        0    0    1    3
        0    0    0    1
   p =
        0
```

2. LU 分解

矩阵的三角分解又称 LU 分解，它的目的是将一个矩阵分解成一个下三角矩阵 L 和一个上三角矩阵 U 的乘积，即 $A=LU$.

    函数　　lu

    格式　　[L,U] = lu(X)　　%U 为上三角阵，L 为下三角阵或其变换形式，满足 $LU=X$

    [L,U,P] = lu(X)　　%U 为上三角阵，L 为下三角阵，P 为单位矩阵的行变换矩阵，满足 $LU=PX$

例 8.21

```
>> A=[1 2 3;4 5 6;7 8 9];
>> [L,U]=lu(A)
   L=
        0.1429    1.0000         0
        0.5714    0.5000    1.0000
        1.0000         0         0
   U=
        7.0000    8.0000    9.0000
             0    0.8571    1.7143
             0         0    0.0000
>> [L,U,P]=lu(A)
   L=
```

```
           1.0000        0             0
           0.1429        1.0000        0
           0.5714        0.5000        1.0000
U=
           7.0000        8.0000        9.0000
           0             0.8571        1.7143
           0             0             0.0000
P=
           0             0             1
           1             0             0
           0             1             0
```

3. QR 分解

将矩阵 A 分解成一个正交矩阵与一个上三角矩阵的乘积.

函数　　qr

格式　　[Q,R] = qr(A)　　%求得正交矩阵 Q 和上三角矩阵 R，Q 和 R 满足 $A=QR$

[Q,R,E] = qr(A)　　%求得正交矩阵 Q 和上三角矩阵 R，E 为单位矩阵的变换形式，R 的对角线元素按大小降序排列，满足 $AE=QR$

[Q,R] = qr(A,0)　　%产生矩阵 A 的"经济大小"分解

[Q,R,E] = qr(A,0)　　%E 的作用是使 R 的对角线元素降序，且 $Q*R=A(:,E)$

R = qr(A)　　%稀疏矩阵 A 的分解，只产生一个上三角阵 R，满足 $R'*R = A'*A$，这种方法计算 $A'*A$ 时减少了内在数字信息的损耗

[C,R] = qr(A,b)　　%用于稀疏最小二乘问题 minimize$\|Ax-b\|$ 的两步解：[C,R] = qr(A,b)，$x = R\backslash c$.

R = qr(A,0)　　%针对稀疏矩阵 A 的经济型分解

[C,R] = qr(A,b,0)　　%针对稀疏最小二乘问题的经济型分解

例 8.22

```
>>A=[1   2   3;4   5   6;7   8   9;10   11   12];
>>[Q,R] = qr(A)
   Q=
       -0.0776    -0.8331     0.5444     0.0605
       -0.3105    -0.4512    -0.7709     0.3251
       -0.5433    -0.0694    -0.0913    -0.8317
       -0.7762     0.3124     0.3178     0.4461
   R=
       -12.8841   -14.5916   -16.2992
        0         -1.0413    -2.0826
        0          0          0.0000
        0          0          0
```

函数　qrdelete

格式　[Q,R] = qrdelete(Q,R,j)　　%返回将矩阵 A 的第 j 列移去后的新矩阵的 qr 分解

例 8.23

```
>> A=[-149 -50 -154;537 180 546;-27 -9 -25];
>> [Q,R]=qr(A)
    Q =
        -0.2671    -0.7088     0.6529
         0.9625    -0.1621     0.2176
        -0.0484     0.6865     0.7255
    R =
       557.9418   187.0321   567.8424
             0      0.0741     3.4577
             0           0     0.1451
>> [Q,R]=qrdelete(Q,R,3)    %将 A 的第 3 列去掉后进行 qr 分解.
    Q =
        -0.2671    -0.7088     0.6529
         0.9625    -0.1621     0.2176
        -0.0484     0.6865     0.7255
    R =
       557.9418   187.0321
             0      0.0741
             0           0
```

函数　qrinsert

格式　[Q,R] = qrinsert(Q,R,j,x)　　%在矩阵 A 中第 j 列插入向量 x 后的新矩阵进行 qr 分解. 若 j 大于 A 的列数, 表示在 A 的最后插入列 x

例 8.24

```
>> A=[-149 -50 -154;537 180 546;-27 -9 -25];
>> x=[35 10 7]';
>> [Q,R]=qrinsert(Q,R,4,x)
    Q =
        -0.2671    -0.7088     0.6529
         0.9625    -0.1621     0.2176
        -0.0484     0.6865     0.7255
    R =
       557.9418   187.0321   567.8424   -0.0609
             0      0.0741     3.4577  -21.6229
             0           0     0.1451   30.1073
```

8.2.6　线性方程组的求解

求方程组的唯一解: 对增广矩阵施行初等行变换.

例 8.25 求 $\begin{cases} 5x_1 + 6x_2 = 1 \\ x_1 + 5x_2 + 6x_3 = 0 \\ x_2 + 5x_3 + 6x_4 = 0 \\ x_3 + 5x_4 + 6x_5 = 0 \\ x_4 + 5x_5 = 1 \end{cases}$ 的解.

解法一：

```
>> A=[5,6,0,0,0,1;1,5,6,0,0,0;0,1,5,6,0,0;0,0,1,5,6,0;0,0,0,1,5,1];
>> C=rref(A)
C =
    1.0000         0         0         0         0    2.2662
         0    1.0000         0         0         0   -1.7218
         0         0    1.0000         0         0    1.0571
         0         0         0    1.0000         0   -0.5940
         0         0         0         0    1.0000    0.3188
>>D=C(:,6:6)
D =
    2.2662
   -1.7218
    1.0571
   -0.5940
    0.3188
```

解法二：

```
>> A=[5,6,0,0,0;1,5,6,0,0;0,1,5,6,0;0,0,1,5,6;0,0,0,1,5];
>>b=[1,0,0,0,1]';
>>R_A=rank(A)
X=A\b
X =
    2.2662
   -1.7218
    1.0571
   -0.5940
    0.3188
```

求齐次线性方程组的通解：求出解空间的一组基（基础解系）.

例 8.26 求齐次线性方程组 $\begin{cases} x_1 + 2x_2 + 2x_3 + x_4 = 0 \\ 2x_1 + x_2 - 2x_3 - 2x_4 = 0 \\ x_1 - x_2 - 4x_3 - 3x_4 = 0 \end{cases}$ 的通解.

解法一：

```
>> A=[1,2,2,1;2,1,-2,-2;1,-1,-4,-3];
>> B=rref(A)
B =
    1.0000         0   -2.0000   -1.6667
         0    1.0000    2.0000    1.3333
         0         0         0         0
```

基础解系为：$X_1 = (2 \quad -2 \quad 1 \quad 0)^T$, $X_2 = (\dfrac{5}{3} \quad -\dfrac{4}{3} \quad 0 \quad 1)^T$.

解法二：
```
>> A=[1,2,2,1;2,1,-2,-2;1,-1,-4,-3];
>> format rat        指定有理式格式输出
>> B=null(A,'r')     求解空间的有理基
B =
       2        5/3
      -2       -4/3
       1         0
       0         1
```

求非齐次线性方程组的通解步骤：第 1 步，判断 $AX = b$ 是否有解，若有解则进行第 2 步；第 2 步，求 $AX = b$ 的一个特解；第 3 步，求 $AX = 0$ 的通解；第 4 步，（$AX = b$ 的通解）＝（$AX = 0$ 的通解）＋（$AX = b$ 的特解）.

例 8.27 求解方程组 $\begin{cases} x_1 - 2x_2 + 3x_3 - x_4 = 1 \\ 3x_1 - x_2 + 5x_3 - 3x_4 = 2 \\ 2x_1 + x_2 + 2x_3 - 2x_4 = 3 \end{cases}$.

解
```
>> A=[1,-2,3,-1;3,-1,5,-3;2,1,2,-2];
>> b=[1 2 3]';
>> B=[A b];
>> n=4;
>> R_A=rank(A);
>> R_B=rank(B);
>> format rat
>> if R_A==R_B&R_A==n        判断有唯一解
x=A\b
elseif R_A==R_B&R_A<n        判断有无穷解
x=A\b                         求特解
C=null(A,'r')                 求基础解系
else X='equition no solve'    判断无解
end
X =
equition no solve
```

例 8.28 求解方程组 $\begin{cases} x_1 + x_2 - 3x_3 - x_4 = 1 \\ 3x_1 - x_2 - 3x_3 + 4x_4 = 4 \\ x_1 + 5x_2 - 9x_3 - 8x_4 = 0 \end{cases}$ 的通解.

解
```
>> A=[1,1,-3,-1;3,-1,-3,4;1,5,-9,-8];
>> b=[1 4 0]';
>> B=[A b];
```

```
>> n=4;
>> R_A=rank(A);
>> R_B=rank(B);
>> format rat
>> if R_A==R_B&R_A==n
x=A\b
elseif R_A==R_B&R_A<n
x=A\b
C=null(A,'r')
else X='Equition has no solve'
end
Warning: Rank deficient, rank = 2,   tol = 8.8373e-015.
x =
        0
        0
    -8/15
      3/5
C =
      3/2       -3/4
      3/2        7/4
        1          0
        0          1
```

8.2.7 特征值与二次型

工程技术中的一些问题，如振动问题和稳定性问题，常归结为求一个方阵的特征值和特征向量.

1. 特征值与特征向量的求法

设 A 为 n 阶方阵，如果数"λ"和 n 维列向量 x 使得关系式 $Ax = \lambda x$ 成立，则称 λ 为方阵 A 的特征值，非零向量 x 称为 A 对应于特征值"λ"的特征向量.

详见 1.3.5 和 1.3.6 节：特征值分解问题.

例 8.29 求矩阵 $A = \begin{pmatrix} -2 & 1 & 1 \\ 0 & 2 & 0 \\ -4 & 1 & 3 \end{pmatrix}$ 的特征值和特征向量.

解

```
>>A=[-2 1 1;0 2 0;-4 1 3];
>>[V,D]=eig(A)
```

结果显示为：

```
V =
    -0.7071    -0.2425     0.3015
          0          0     0.9045
    -0.7071    -0.9701     0.3015
```

D =

$$\begin{pmatrix} -1 & 0 & 0 \\ 0 & 2 & 0 \\ 0 & 0 & 2 \end{pmatrix}$$

即特征值–1 对应特征向量 $(-0.7071 \quad 0 \quad -0.7071)^T$,

特征值 2 对应特征向量 $(-0.2425 \quad 0 \quad -0.9701)^T$ 和 $(-0.3015 \quad 0.9045 \quad -0.3015)^T$.

例 8.30 求矩阵 $A = \begin{pmatrix} -1 & 1 & 0 \\ -4 & 3 & 0 \\ 1 & 0 & 2 \end{pmatrix}$ 的特征值和特征向量.

解

```
>>A=[-1 1 0;-4 3 0;1 0 2];
>>[V,D]=eig(A)
```

结果显示为：

V =

$$\begin{pmatrix} 0 & 0.4082 & -0.4082 \\ 0 & 0.8165 & -0.8165 \\ 1.0000 & -0.4082 & 0.4082 \end{pmatrix}$$

D =

$$\begin{pmatrix} 2 & 0 & 0 \\ 0 & 1 & 0 \\ 0 & 0 & 1 \end{pmatrix}$$

说明：当特征值为 1（二重根）时，对应的特征向量都是 $k(0.4082 \quad 0.8165 \quad -0.4082)^T$，$k$ 为任意常数.

2. 提高特征值的计算精度

函数　balance

格式　[T,B] = balance(A)　　　%求相似变换矩阵 T 和平衡矩阵 B，满足 $B = T^{-1}AT$

　　　B = balance(A)　　　　　%求平衡矩阵 B

3. 二次型

例 8.31　求一个正交变换 $X=PY$，把二次型 $f = 2x_1x_2 + 2x_1x_3 - 2x_1x_4 - 2x_2x_3 + 2x_2x_4 + 2x_3x_4$ 化成标准形.

解　写出二次型的实对称矩阵

$$A = \begin{pmatrix} 0 & 1 & 1 & -1 \\ 1 & 0 & -1 & 1 \\ 1 & -1 & 0 & 1 \\ -1 & 1 & 1 & 0 \end{pmatrix},$$

在 MATLAB 编辑器中建立 M 文件如下：
A=[0 1 1 -1;1 0 -1 1;1 -1 0 1;-1 1 1 0];
[P,D]=schur(A)
syms y1 y2 y3 y4
y=[y1;y2;y3;y4];
X=vpa(P,2)*y   %vpa 表示可变精度计算，这里取 2 位精度
f=[y1 y2 y3 y4]*D*y

结果显示为：

P =

780/989	780/3691	1/2	-390/1351
780/3691	780/989	-1/2	390/1351
780/1351	-780/1351	-1/2	390/1351
0	0	1/2	1170/1351

D =

1	0	0	0
0	1	0	0
0	0	-3	0
0	0	0	1

X =
[.79*y1+.21*y2+.50*y3-.29*y4]
[.21*y1+.79*y2-.50*y3+.29*y4]
[.56*y1-.56*y2-.50*y3+.29*y4]
[.50*y3+.85*y4]

f =
    y1^2+y2^2-3*y3^2+y4^2

即 $f = y_1^2 + y_2^2 - 3y_3^2 + y_4^2$.

8.2.8 秩与线性相关性

1. 矩阵和向量组的秩以及向量组的线性相关性

矩阵 A 的秩是矩阵 A 中最高阶非零子式的阶数，向量组的秩通常由该向量组构成的矩阵来计算.

函数　rank

格式　k = rank(A)　　　　%返回矩阵 A 的行（或列）向量中线性无关个数

k = rank(A,tol)　　　%tol 为给定误差

例 8.32　求向量组 $\alpha_1 = (1\ -2\ 2\ 3)$、$\alpha_2 = (-2\ 4\ -1\ 3)$、$\alpha_3 = (-1\ 2\ 0\ 3)$、$\alpha_4 = (0\ 6\ 2\ 3)$、$\alpha_5 = (2\ -6\ 3\ 4)$ 的秩，并判断其线性相关性.

>>A=[1 -2 2 3;-2 4 -1 3;-1 2 0 3;0 6 2 3;2 -6 3 4];
>>k=rank(A)

结果显示为：

k =

　　3

由于秩为 3，小于向量个数，因此向量组线性相关.

2. 求行阶梯矩阵及向量组的基

行阶梯使用初等行变换，矩阵的初等行变换有三条：

（1）交换两行 $r_i \leftrightarrow r_j$（第 i、j 两行交换）；

（2）第 i 行的 k 倍 kr_i；

（3）第 i 行的 k 倍加到第 j 行上去 $r_j + kr_i$.

通过这三条变换可以将矩阵化成行最简形，从而找出列向量组的一个最大无关组，MATLAB 将矩阵化成行最简形的命令是 rref 或 rrefmovie.

函数　　rref 或 rrefmovie

格式　　R = rref(A)　　%用高斯—约当消元法和行主元法求 A 的行最简形矩阵 R

[R,jb] = rref(A)　　%jb 是一个向量，其含义是 r = length(jb)为 A 的秩，$A(:, jb)$ 为 A 的列向量基，jb 中元素表示基向量所在的列

[R,jb] = rref(A,tol)　　%tol 为指定的精度

rrefmovie(A)　　%给出每一步化简的过程

例 8.33　求向量组 $a1=(1,-2,2,3)$、$a2=(-2,4,-1,3)$、$a3=(-1,2,0,3)$、$a4=(0,6,2,3)$、$a5=(2,-6,3,4)$ 的一个最大无关组.

```
>> a1=[1  -2  2  3]';
>>a2=[-2  4  -1  3]';
>>a3=[-1  2  0  3]';
>>a4=[0  6  2  3]';
>>a5=[2  -6  3  4]';
A=[a1  a2  a3  a4  a5]
A =
     1    -2    -1     0     2
    -2     4     2     6    -6
     2    -1     0     2     3
     3     3     3     3     4
>> [R,jb]=rref(A)
R =
    1.0000         0    0.3333         0    1.7778
         0    1.0000    0.6667         0   -0.1111
         0         0         0    1.0000   -0.3333
         0         0         0         0         0
jb =
     1     2     4
>> A(:,jb)
ans =
```

$$\begin{matrix} 1 & -2 & 0 \\ -2 & 4 & 6 \\ 2 & -1 & 2 \\ 3 & 3 & 3 \end{matrix}$$

即 $a1\ a2\ a4$ 为向量组的一个基.

8.3 统计与检验

8.3.1 数据统计处理

例 8.34 求向量的最大值.
```
>>B=[5 3 4 6 7 8 2 1 5 6 4 3 8 7 9 1 4 7 5];
>>Y=max(B)    求最大值
Y =
    9
>>[Y,I]=max(B)    返回最大值及最大值对应的序号
Y =
    9
I =
    15
```

例 8.35 求平均值和中值.
```
>> B=[5 3 4 8 5 6 8 7 6 9 2 6];
>> mean(B)    求平均值
ans =
    5.7500
>> median(B)    求中值
ans =
    6
```

例 8.36 求向量的标准方差.
```
>> B=[5 3 4 8 5 6 8 7 6 9 2 6];
>> D=std(B)
D =
    2.0944
```

例 8.37 求矩阵的标准方差.

格式：Y=std(A,flag,dim)

其中，dim 可取 1 或 2. 当 dim=1 时，求各列元素的标准差；当 dim=2 时，求各行元素的标准差. flag 可以取 0 或 1. 当 flag=0 时，置前因子 $\dfrac{1}{n-1}$；当 flag=1 时，置前因子 $\dfrac{1}{n}$.

```
>>B=[5,3,4; 8,5,6 ;8,7,6 ;9,2,6];
>> Y=std(B,0,1)
Y =
    1.7321    2.2174    1.0000
>>  Y=std(B,1,2)
Y =
    0.8165
    1.2472
    0.8165
    2.8674
```

8.3.2 求离散型随机变量的数学期望

例 8.38 设随机变量 X 的分布律为 $\begin{pmatrix} X & -2 & -1 & 0 & 1 & 2 \\ P & 0.3 & 0.1 & 0.2 & 0.1 & 0.3 \end{pmatrix}$，求 $E(X)$ 与 $E(X^2-1)$．

解

```
X=[-2 -1 0 1 2];
>> P=[0.3 0.1 0.2 0.1 0.3];
>> EX=sum(X.*P)
EX =
     0
>> Y=X.^2-1
Y =
     3     0    -1     0     3
>> EY=sum(Y.*P)
EY =
    1.6000
```

8.3.3 求离散型随机变量的样本方差

例 8.39 求下列样本的样本方差和样本标准差、方差和标准差．

14.70   15.21   14.90   14.91   15.32   15.32

解

```
>> X=[14.70 15.21 14.90 14.91 15.32 15.32];
>> DX=var(X,1)
DX =
    0.0559
>> sigma=std(X,1)
sigma =
    0.2364
>> DX1=var(X)
DX1 =
    0.0671
```

```
>> sigma1=std(X)
sigma1 =
    0.2590
```

8.3.4 常见分布的密度函数图形

1. 二项分布

```
>>X=0:10;
>>Y=binopdf(X,10,0.5);
>>plot(X,Y,'*')
```

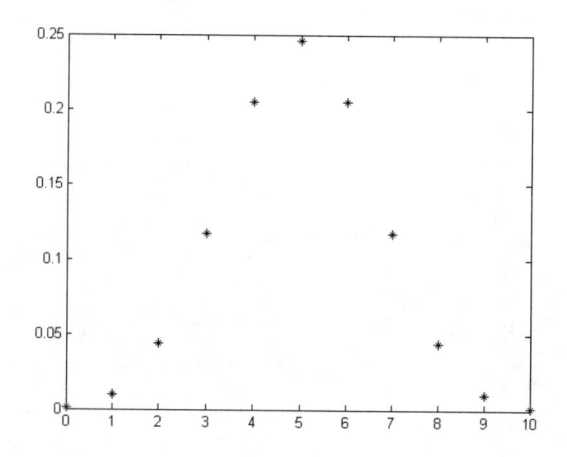

2. 卡方分布

```
>>X=0:0.2:15;
>>Y=chi2pdf(X,4);
>>plot(X,Y)
```

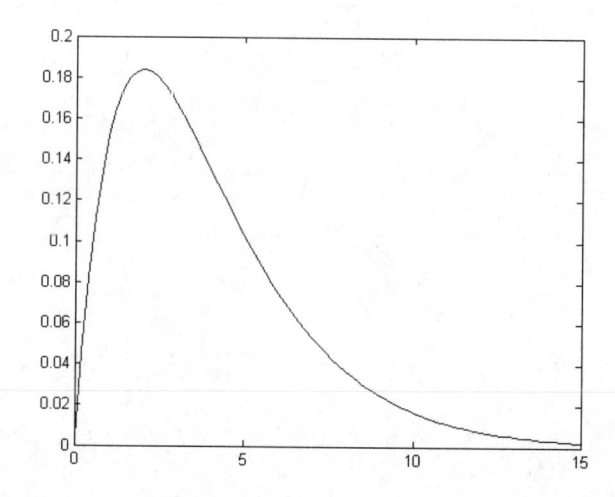

3. 指数分布

```
>>X=0:0.1:10;
>>Y=exppdf(X,2);
>>plot(X,Y)
```

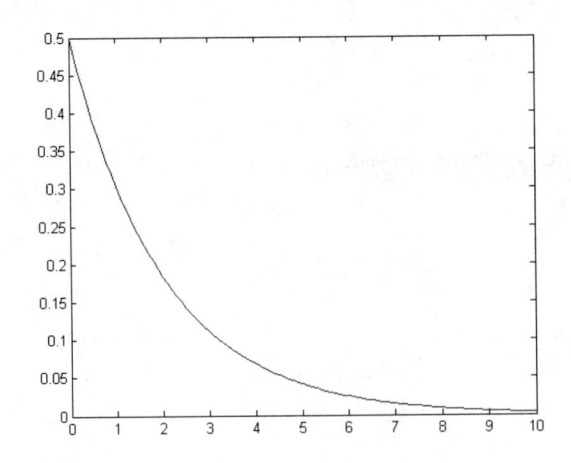

4. 正态分布

\>\>X=-3:0.2:3;
\>\>Y=normpdf(X,0,1);
\>\>plot(X,Y)

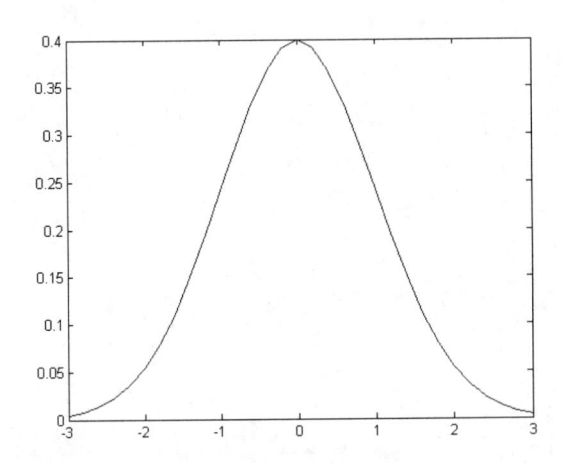

5. 泊松分布

\>\>X=0:15;
\>\>Y=poisspdf(X,5);
\>\>plot(X,Y,'*')

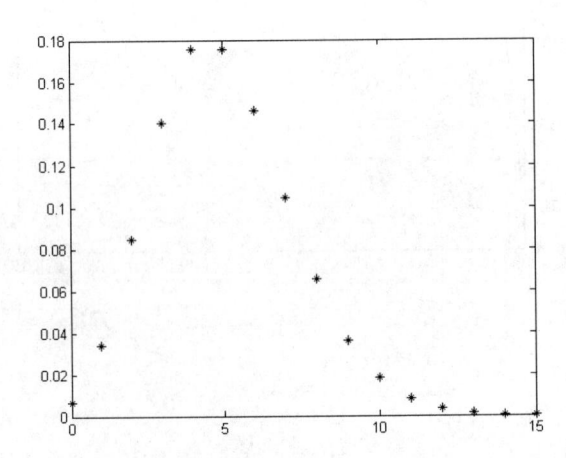

6. T 分布

```
>>X=-5:0.1:5;
>>Y=tpdf(X,5));
>>Z=normpdf(X,0,1);
>>plot(X,Y, '-',X,Z, '-.')
```

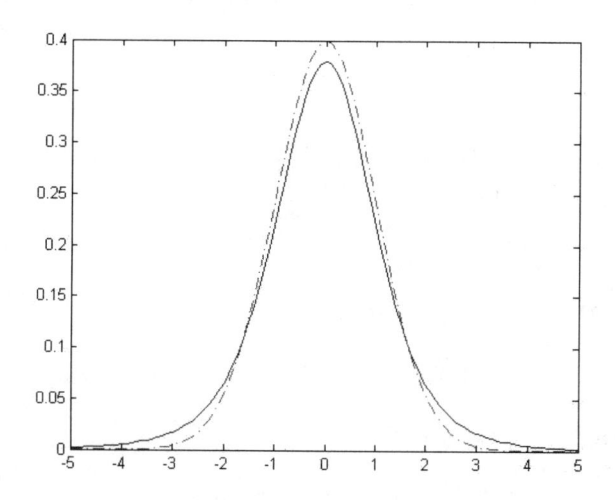

7. F 分布

```
>>X=0:0.01:1;
>>Y=fpdf(X,5,3);
>>plot(X,Y)
```

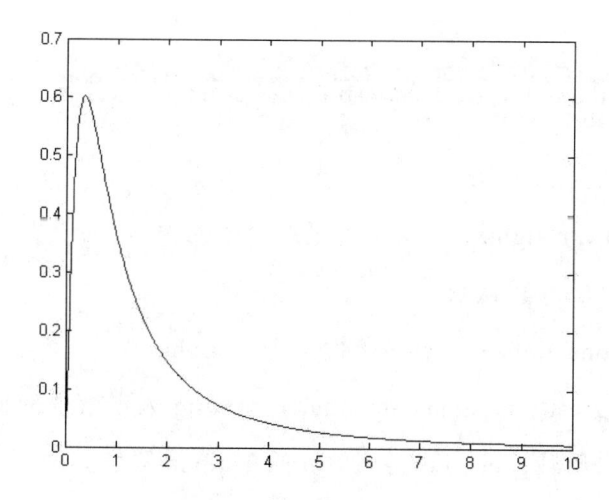

8.3.5　正态分布的参数估计

函数　normfit

格式　[muhat,sigmahat,muci,sigmaci] = normfit(X)

[muhat,sigmahat,muci,sigmaci] = normfit(X,alpha)

说明：muhat、sigmahat 分别为正态分布参数 μ 和 σ 的估计值，muci、sigmaci 分别为置信区间，其置信度为 $(1-\alpha)\times 100\%$. alpha 给出显著水平 α，缺省时默认为 0.05，即置信度为 95%.

例 8.40 有两组（每组 100 个元素）正态随机数据，其均值为 10，均方差为 2，求 95% 的置信区间和参数估计值.

解
```
>>r = normrnd (10,2,100,2);      %产生两列正态随机数据
>>[mu,sigma,muci,sigmaci] = normfit(r)
```
显示结果为：

mu =
    10.1455   10.0527   %各列均值的估计值
sigma =
    1.9072   2.1256   %各列均方差的估计值
muci =
    9.7652   9.6288
    10.5258   10.4766
sigmaci =
    1.6745   1.8663
    2.2155   2.4693

说明：muci、sigmaci 中各列分别为原随机数据各列估计值的置信区间，置信度为 95%.

8.3.6 σ^2 已知，单个正态总体的均值 μ 的假设检验

函数　ztest

格式　h = ztest(x,m,sigma)　　% x 为正态总体的样本，m 为均值 μ_0，sigma 为标准差，显著性水平为 0.05（默认值）

h = ztest(x,m,sigma,alpha)　　%显著性水平为 alpha

[h,sig,ci,zval] = ztest(x,m,sigma,alpha,tail)　　%sig 为观察值的概率，当 sig 为小概率时则对原假设提出质疑，ci 为真正均值 μ 的 1-alpha 置信区间，zval 为统计量的值

说明：若 h=0，表示在显著性水平 alpha 下，不能拒绝原假设；

若 h=1，表示在显著性水平 alpha 下，可以拒绝原假设.

原假设：H_0：$\mu = \mu_0 = m$，若 tail=0，表示备择假设：H_1：$\mu \neq \mu_0 = m$（默认为双边检验）；若 tail=1，表示备择假设：H_1：$\mu > \mu_0 = m$（单边检验）；若 tail=-1，表示备择假设：H_1：$\mu < \mu_0 = m$（单边检验）.

例 8.41 某车间用一台包装机包装葡萄糖,包得的袋装糖重是一个随机变量,它服从正态分布.当机器正常时,其均值为 0.5 公斤,标准差为 0.015.某日开工后检验包装机是否正常,随机地抽取所包装的糖 9 袋,称得净重为(公斤):0.497、0.506、0.518、0.524、0.498、0.511、0.52、0.515、0.512,问机器是否正常?

解 总体 μ 和 σ 已知,该问题是当 σ^2 为已知时,在水平 $\alpha = 0.05$ 下,根据样本值判断 $\mu = 0.5$ 还是 $\mu \neq 0.5$.为此提出假设:

原假设:H_0: $\mu = \mu_0 = 0.5$;备择假设:H_1: $\mu \neq 0.5$.

\>> X=[0.497,0.506,0.518,0.524,0.498,0.511,0.52,0.515,0.512];
\>> [h,sig,ci,zval]=ztest(X,0.5,0.015,0.05,0)

结果显示为:

h =
　　1
sig =
　　0.0248　　　%样本观察值的概率
ci =
　　0.5014　　0.5210　　　%置信区间,均值 0.5 在此区间之外
zval =
　　2.2444　　　%统计量的值

结果表明:$h=1$,说明在水平 $\alpha = 0.05$ 下,可拒绝原假设,即认为包装机工作不正常.

8.3.7　σ^2 未知,单个正态总体的均值 μ 的假设检验

函数　ttest

格式　h = ttest(x,m)　　% x 为正态总体的样本,m 为均值 μ_0,显著性水平为 0.05
　　　h = ttest(x,m,alpha)　　%alpha 为给定的显著性水平
　　　[h,sig,ci] = ttest(x,m,alpha,tail)　　%sig 为观察值的概率,当 sig 为小概率时则对原假设提出质疑,ci 为真正均值 μ 的 1-alpha 置信区间

说明:若 $h=0$,表示在显著性水平 alpha 下,不能拒绝原假设;
　　　若 $h=1$,表示在显著性水平 alpha 下,可以拒绝原假设.

原假设:H_0: $\mu = \mu_0 = m$,若 tail=0,表示备择假设:H_1: $\mu \neq \mu_0 = m$(默认为双边检验);若 tail=1,表示备择假设:H_1: $\mu > \mu_0 = m$(单边检验);若 tail=-1,表示备择假设:H_1: $\mu < \mu_0 = m$(单边检验).

例 8.42 某种电子元件的寿命 X(以小时计)服从正态分布,μ、σ^2 均未知.现

测得 16 只元件的寿命如下：159、280、101、212、224、379、179、264、222、362、168、250、149、260、485、170，问是否有理由认为元件的平均寿命大于 225 小时？

解 未知 σ^2，在水平 $\alpha = 0.05$ 下检验假设：H_0：$\mu < \mu_0 = 225$，H_1：$\mu > 225$.

```
>> X=[159 280 101 212 224 379 179 264 222 362 168 250 149 260 485 170];
>> [h,sig,ci]=ttest(X,225,0.05,1)
```

结果显示为：

h =
    0
sig =
    0.2570
ci =
    198.2321   Inf   %均值 225 在该置信区间内

结果表明：$H = 0$，表示在水平 $\alpha = 0.05$ 下应该接受原假设 H_0，即认为元件的平均寿命不大于 225 小时.

8.3.8 统计作图

1. 正整数的频率表

命令　正整数的频率表

函数　tabulate

格式　table = tabulate(X)　　%X 为正整数构成的向量，返回 3 列：第 1 列中包含 X 的值，第 2 列为这些值的个数，第 3 列为这些值的频率

例 8.43

```
>> A=[1 2 2 5 6 3 8]
A =
     1     2     2     5     6     3     8
>> tabulate(A)
    Value    Count    Percent
      1        1       14.29%
      2        2       28.57%
      3        1       14.29%
      4        0        0.00%
      5        1       14.29%
      6        1       14.29%
      7        0        0.00%
      8        1       14.29%
```

2. 经验累积分布函数图形

函数　cdfplot

格式　cdfplot(X)　　　　　　%作样本 X（向量）的累积分布函数图形

　　　h = cdfplot(X)　　　　　%h 表示曲线的环柄

　　　[h,stats] = cdfplot(X)　%stats 表示样本的一些特征

例 8.44

```
>> X=normrnd (0,1,50,1);
>> [h,stats]=cdfplot(X)
h =
      3.0013
stats =
        min: -1.8740        %样本最小值
        max: 1.6924         %样本最大值
       mean: 0.0565         %样本平均值
     median: 0.1032         %样本中间值
        std: 0.7559         %样本标准差
```

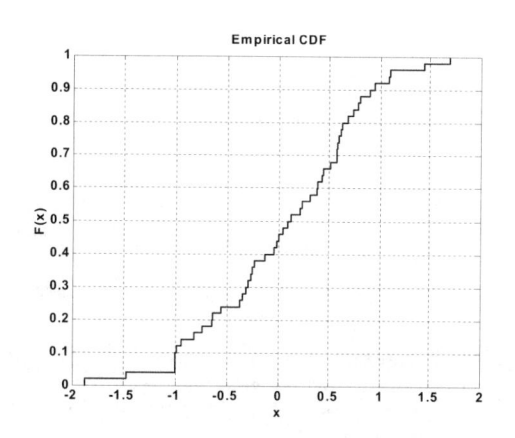

3. 最小二乘拟合直线

函数　lsline

格式　lsline　　　　　%最小二乘拟合直线

　　　h = lsline　　　%h 为直线的句柄

例 8.45

```
>> X = [2 3.4 5.6 8 11 12.3 13.8 16 18.8 19.9]';
>> plot(X,'+')
>> lsline
```

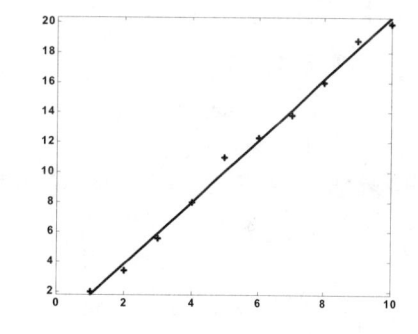

4. 绘制正态分布概率图形

函数　normplot

格式　normplot(X)　　%若 X 为向量，则显示正态分布概率图形；若 X 为矩阵，则显示每一列的正态分布概率图形

　　　h = normplot(X)　%返回绘图直线的句柄

说明　样本数据在图中用"+"显示，如果数据来自正态分布，则图形显示为直线，而其他分布可能在图中产生弯曲.

例 8.46

```
>> X=normrnd(0,1,50,1);
>> normplot(X)
```

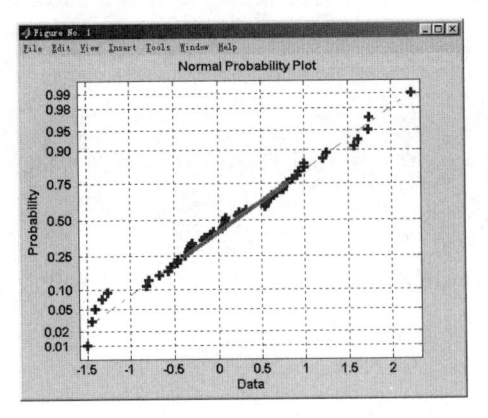

[Normal Probability Plot 图]

5. 绘制威布尔（Weibull）概率图形

函数　weibplot

格式　weibplot(X)　　%若 X 为向量，则显示威布尔（Weibull）概率图形；若 X 为矩阵，则显示每一列的威布尔概率图形

　　　h = weibplot(X)　　%返回绘图直线的句柄

说明　绘制威布尔（Weibull）概率图形的目的是用图解法估计来自威布尔分布的数据 X，如果 X 是威布尔分布数据，其图形是直线的，否则图形中可能产生弯曲．

例 8.47

```
>> r = weibrnd(1.2,1.5,50,1);
>> weibplot(r)
```

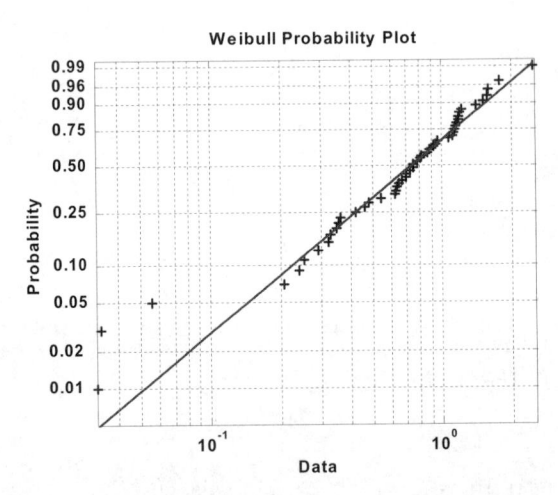

[Weibull Probability Plot 图]

6. 样本数据的盒图

函数　boxplot

格式　boxplot(X)　　%产生矩阵 X 的每一列的盒图和"须"图，"须"是从盒的尾部延伸出来，表示盒外数据长度的线，如果"须"的外面没有数据，则在"须"的底部有一个点

boxplot(X,notch)　　　　　　%当 notch=1 时，产生一凹盒图；当 notch=0 时，产生一矩箱图

boxplot(X,notch,'sym')　　　　%sym 表示图形符号，默认值为"+"

boxplot(X,notch,'sym',vert)　　%当 vert=0 时，生成水平盒图；当 vert=1 时，生成竖直盒图（默认值 vert=1）

boxplot(X,notch,'sym',vert,whis)　　%whis 定义"须"图的长度，默认值为 1.5，若 whis=0，则 boxplot 函数通过绘制 sym 符号图来显示盒外的所有数据值

例 8.48

```
>>x1 = normrnd(5,1,100,1);
>>x2 = normrnd(6,1,100,1);
>>x = [x1 x2];
>> boxplot(x,1,'g+',1,0)
```

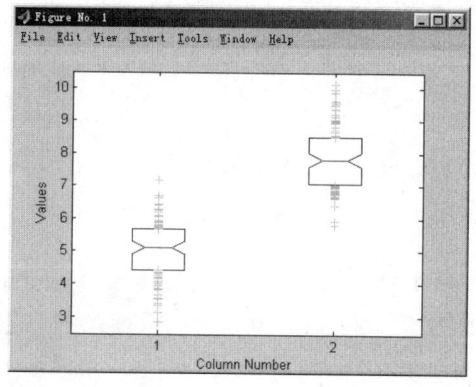

7. 给当前图形加一条参考线

函数　refline

格式　refline(slope,intercept)　　% slope 表示直线斜率，intercept 表示截距
　　　refline(slope)　　　　　　　% slope=[a b]，图中加一条直线：y=b+ax

例 8.49

```
>>y = [3.2 2.6 3.1 3.4 2.4 2.9 3.0 3.3 3.2 2.1 2.6]';
>>plot(y,'+')
>>refline(0,3)
```

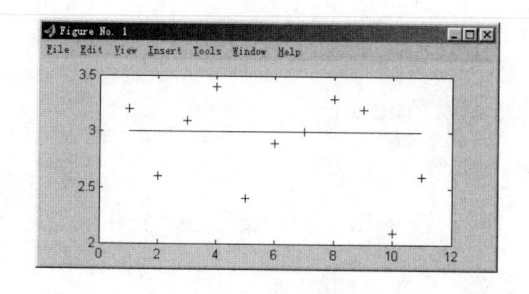

8. 在当前图形中加入一条多项式曲线

函数　refcurve

格式　h = refcurve(p)　　%在图中加入一条多项式曲线，h 为曲线的环柄，p 为多项式系数向量，p=[p1,p2,p3,…,pn]，其中 p1 为最高幂项系数

例 8.50　火箭的高度与时间图形，加入一条理论高度曲线，火箭初速为 100 米/秒.
```
>>h = [85 162 230 289 339 381 413 437 452 458 456 440 400 356];
>>plot(h,'+')
>>refcurve([-4.9 100 0])
```

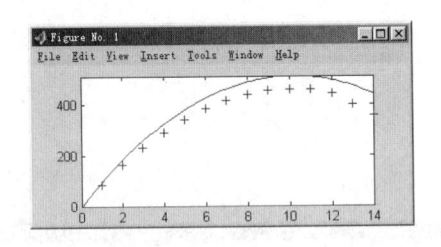

9. 样本的概率图形

函数　capaplot

格式　p = capaplot(data,specs)　　%data 为所给样本数据，specs 指定范围，p 表示在指定范围内的概率

说明　该函数返回来自于估计分布的随机变量落在指定范围内的概率.

例 8.51
```
>> data=normrnd (0,1,30,1);
>> p=capaplot(data,[-2,2])
p =
    0.9199
```

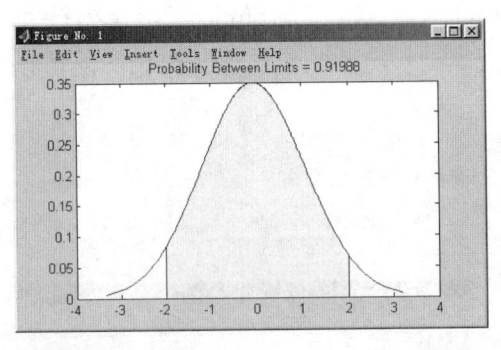

10. 附加有正态密度曲线的直方图

函数　histfit

格式　histfit(data)　　%data 为向量，返回直方图和正态曲线

histfit(data,nbins)   % nbins 指定 bar 的个数，缺省时为 data 中数据个数的平方根

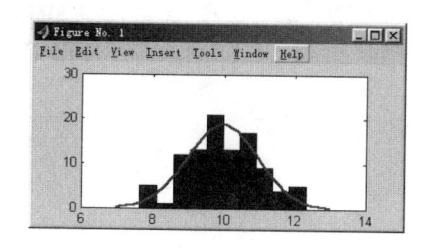

例 8.52

```
>>r = normrnd (10,1,100,1);
>>histfit(r)
```

11. 在指定的界线之间画正态密度曲线

函数　normspec

格式　p = normspec(specs,mu,sigma)   %specs 指定界线，mu、sigma 为正态分布的参数 p 作为样本落在上、下界之间的概率

例 8.53

```
>>normspec([10 Inf],11.5,1.25)
```

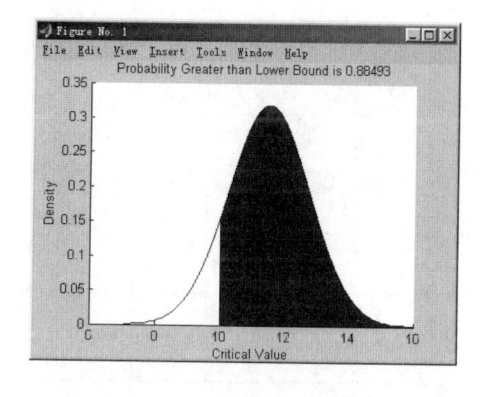

附表 1 泊松分布数值表

$$P\{\xi=m\}=\frac{\lambda^m}{m!}e^{-\lambda}$$

m \ λ	0.1	0.2	0.3	0.4	0.5	0.6	0.7	0.8	0.9	1.0	1.5	2.0	2.5	3.0
0	0.9048	0.8187	0.7408	0.6703	0.6065	0.5488	0.4966	0.4493	0.4066	0.3679	0.2231	0.1353	0.0821	0.0498
1	0.0905	0.1637	0.2223	0.2681	0.3033	0.3293	0.3476	0.3595	0.3659	0.3679	0.3347	0.2707	0.2052	0.1494
2	0.0045	0.0164	0.0333	0.0536	0.0758	0.0988	0.1216	0.1438	0.1647	0.1839	0.2510	0.2707	0.2565	0.2240
3	0.0002	0.0011	0.0033	0.0072	0.0126	0.0198	0.0284	0.0383	0.0494	0.0613	0.1255	0.1805	0.2138	0.2240
4		0.0001	0.0003	0.0007	0.0016	0.0030	0.0050	0.0077	0.0111	0.0153	0.0471	0.0902	0.1336	0.1681
5				0.0001	0.0002	0.0003	0.0007	0.0012	0.0020	0.0031	0.0141	0.0361	0.0668	0.1008
6							0.0001	0.0002	0.0003	0.0005	0.0035	0.0120	0.0278	0.0504
7										0.0001	0.0008	0.0034	0.0099	0.0216
8											0.0002	0.0009	0.0031	0.0081
9												0.0002	0.0009	0.0027
10													0.0002	0.0008
11													0.0001	0.0002
12														0.0001

m \ λ	3.5	4.0	4.5	5	6	7	8	9	10	11	12	13	14	15
0	0.0302	0.0183	0.0111	0.0067	0.0025	0.0009	0.0003	0.0001						
1	0.1057	0.0733	0.0500	0.0337	0.0149	0.0064	0.0027	0.0011	0.0004	0.0002	0.0001			
2	0.1850	0.1465	0.1125	0.0842	0.0446	0.0223	0.0107	0.0050	0.0023	0.0010	0.0004	0.0002	0.0001	
3	0.2158	0.1954	0.1687	0.1404	0.0892	0.0521	0.0286	0.0150	0.0076	0.0037	0.0018	0.0008	0.0004	0.0002
4	0.1888	0.1954	0.1898	0.1755	0.1339	0.0912	0.0573	0.0337	0.0189	0.0102	0.0053	0.0027	0.0013	0.0006
5	0.1322	0.1563	0.1708	0.1755	0.1606	0.1277	0.0916	0.0607	0.0378	0.0224	0.0127	0.0071	0.0037	0.0019
6	0.0771	0.1042	0.1281	0.1462	0.1606	0.1490	0.1221	0.0911	0.0631	0.0411	0.0255	0.0151	0.0087	0.0048
7	0.0385	0.0595	0.0824	0.1044	0.1377	0.1490	0.1396	0.1171	0.0901	0.0646	0.0437	0.0281	0.0174	0.0104
8	0.0169	0.0298	0.0463	0.0653	0.1033	0.1304	0.1396	0.1318	0.1126	0.0888	0.0655	0.0457	0.0304	0.0195
9	0.0065	0.0132	0.0232	0.0363	0.0688	0.1014	0.1241	0.1318	0.1251	0.1085	0.0874	0.0660	0.0473	0.0324

附表1 泊松分布数值表

m\λ	3.5	4.0	4.5	5	6	7	8	9	10	11	12	13	14	15
10	0.0023	0.0053	0.0104	0.0181	0.0413	0.0710	0.0993	0.1186	0.1251	0.1194	0.1048	0.0859	0.0663	0.0486
11	0.0007	0.0019	0.0043	0.0082	0.0225	0.0452	0.0722	0.0970	0.1137	0.1194	0.1144	0.1015	0.0843	0.0663
12	0.0002	0.0006	0.0015	0.0034	0.0113	0.0264	0.0481	0.0728	0.0948	0.1094	0.1144	0.1099	0.0984	0.0828
13	0.0001	0.0002	0.0006	0.0013	0.0052	0.0142	0.0296	0.0504	0.0729	0.0926	0.1056	0.1099	0.1061	0.0956
14		0.0001	0.0002	0.0005	0.0023	0.0071	0.0169	0.0324	0.0521	0.0728	0.0905	0.1021	0.1061	0.1025
15			0.0001	0.0002	0.0009	0.0033	0.0090	0.0194	0.0347	0.0533	0.0724	0.0885	0.0989	0.1025
16				0.0001	0.0003	0.0015	0.0045	0.0109	0.0217	0.0367	0.0543	0.0719	0.0865	0.0960
17					0.0001	0.0006	0.0021	0.0058	0.0128	0.0237	0.0383	0.0551	0.0713	0.0847
18						0.0002	0.0010	0.0029	0.0071	0.0145	0.0255	0.0397	0.0554	0.0706
19						0.0001	0.0004	0.0014	0.0037	0.0084	0.0161	0.0272	0.0408	0.0557
20							0.0002	0.0006	0.0019	0.0046	0.0097	0.0177	0.0286	0.0418
21							0.0001	0.0003	0.0009	0.0024	0.0055	0.0109	0.0191	0.0299
22								0.0001	0.0004	0.0013	0.0030	0.0065	0.0122	0.0204
23									0.0002	0.0006	0.0016	0.0036	0.0074	0.0133
24									0.0001	0.0003	0.0008	0.0020	0.0043	0.0083
25										0.0001	0.0004	0.0011	0.0024	0.0050
26											0.0002	0.0005	0.0013	0.0029
27											0.0001	0.0002	0.0007	0.0017
28												0.0001	0.0003	0.0009
29													0.0002	0.0004
30													0.0001	0.0002
31														0.0001

λ=20							λ=30						
m	p	m	p	m	p	m	p	m	p	m	p
5	0.0001	20	0.0889	35	0.0007	10		25	0.0511	40	0.0139
6	0.0002	21	0.0846	36	0.0004	11		26	0.0590	41	0.0102
7	0.0006	22	0.0769	37	0.0002	12	0.0001	27	0.0655	42	0.0073
8	0.0013	23	0.0669	38	0.0001	13	0.0002	28	0.0702	43	0.0051
9	0.0029	24	0.0557	39	0.0001	14	0.0005	29	0.0727	44	0.0035
10	0.0058	25	0.0446			15	0.0010	30	0.0727	45	0.0023
11	0.0106	26	0.0343			16	0.0019	31	0.0703	46	0.0015
12	0.0176	27	0.0254			17	0.0034	32	0.0659	47	0.0010
13	0.0271	28	0.0183			18	0.0057	33	0.0599	48	0.0006

\multicolumn{6}{c	}{$\lambda=20$}	\multicolumn{6}{c}{$\lambda=30$}
m	p	m	p	m	p	m	p	m	p	m	p
14	0.0382	29	0.0125			19	0.0089	34	0.0529	49	0.0004
15	0.0517	30	0.0083			20	0.0134	35	0.0453	50	0.0002
16	0.0646	31	0.0054			21	0.0192	36	0.0378	51	0.0001
17	0.0760	32	0.0034			22	0.0261	37	0.0306	52	0.0001
18	0.0844	33	0.0021			23	0.0341	38	0.0242		
19	0.0889	34	0.0012			24	0.0426	39	0.0186		

附表2　标准正态分布函数值表

$$\Phi(x) = \frac{1}{\sqrt{2\pi}} \int_{-\infty}^{x} e^{-\frac{u^2}{2}} du = \int_{-\infty}^{x} \varphi(u) du$$

x	0.00	0.01	0.02	0.03	0.04	0.05	0.06	0.07	0.08	0.09
0.0	0.5000	0.5040	0.5080	0.5120	0.5160	0.5199	0.5239	0.5279	0.5319	0.5359
0.1	0.5398	0.5438	0.5478	0.5517	0.5557	0.5596	0.5636	0.5675	0.5714	0.5753
0.2	0.5793	0.5832	0.5871	0.5910	0.5948	0.5987	0.6026	0.6064	0.6103	0.6141
0.3	0.6179	0.6217	0.6255	0.6293	0.6331	0.6368	0.6406	0.6443	0.6480	0.6517
0.4	0.6554	0.6591	0.6628	0.6664	0.6700	0.6736	0.6772	0.6808	0.6844	0.6879
0.5	0.6915	0.6950	0.6985	0.7019	0.7054	0.7088	0.7123	0.7157	0.7190	0.7224
0.6	0.7257	0.72.91	0.7324	0.7357	0.7389	0.7422	0.7454	0.7486	0.7517	0.7549
0.7	0.7580	0.7611	0.7642	0.7673	0.7703	0.7734	0.7764	0.7794	0.7823	0.7852
0.8	0.7881	0.7910	0.7939	0.7967	0.7995	0.8023	0.8051	0.8078	0.8106	0.8133
0.9	0.8159	0.8186	0.8212	0.8238	0.8264	0.8289	0.8315	0.8340	0.8365	0.8389
1.0	0.8413	0.8438	0.8461	0.8485	0.8508	0.8531	0.8554	0.8577	0.8599	0.8621
1.1	0.8643	0.8665	0.8686	0.8708	0.8729	0.8749	0.8770	0.8790	0.8810	0.8830
1.2	0.8849	0.8869	0.8888	0.8907	0.8925	0.8944	0.8962	0.8980	0.8997	0.9015
1.3	0.9032	0.9049	0.9066	0.9082	0.9099	0.9115	0.9131	0.9147	0.9162	0.9177
1.4	0.9192	0.9207	0.9222	0.9236	0.9251	0.9265	0.9278	0.9292	0.9306	0.9319
1.5	0.9332	0.9345	0.9357	0.9370	0.9382	0.9394	0.9406	0.9418	0.9430	0.9441
1.6	0.9452	0.9463	0.9474	0.9484	0.9495	0.9505	0.9515	0.9525	0.9535	0.9545
1.8	0.9554	0.9564	0.9573	0.9582	0.9591	0.9599	0.9608	0.9616	0.9625	0.9633
1.7	0.9641	0.9648	0.9656	0.9664	0.9671	0.9678	0.9686	0.9693	0.9700	0.9706
1.9	0.9713	0.9719	0.9726	0.9732	0.9738	0.9744	0.9750	0.9756	0.9762	0.9767
2.0	0.9772	0.9778	0.9783	0.9788	0.9793	0.9798	0.9803	0.9808	0.9812	0.9817
2.1	0.9821	0.9826	0.9830	0.9834	0.9838	0.9842	0.9846	0.9850	0.9854	0.9857
2.2	0.9861	0.9864	0.9868	0.9871	0.9874	0.9878	0.9881	0.9884	0.9887	0.9890
2.3	0.9893	0.9896	0.9898	0.9901	0.9904	0.9906	0.9909	0.9911	0.9913	0.9916
2.4	0.9918	0.9920	0.9922	0.9925	0.9927	0.9929	0.9931	0.9932	0.9934	0.9936
2.5	0.9938	0.9940	0.9941	0.9943	0.9945	0.9946	0.9948	0.9949	0.9951	0.9952
2.6	0.9953	0.9955	0.9956	0.9957	0.9959	0.9960	0.9961	0.9962	0.9963	0.9964
2.7	0.9965	0.9966	0.9967	0.9968	0.9969	0.9970	0.9971	0.9972	0.9973	0.9974
2.8	0.9974	0.9975	0.9976	0.9977	0.9977	0.9978	0.9979	0.9979	0.9980	0.9981
2.9	0.9981	0.9982	0.9982	0.9983	0.9984	0.9984	0.9985	0.9985	0.9986	0.9986
3.0	0.9987	0.9987	0.9987	0.9988	0.9988	0.9989	0.9989	0.9989	0.9990	0.9990
3.2	0.9993	0.9993	0.9994	0.9994	0.9994	0.9994	0.9994	0.9995	0.9995	0.9995
3.4	0.9997	0.9997	0.9997	0.9997	0.9997	0.9997	0.9997	0.9997	0.9997	0.9998
3.6	0.9998	0.9998	0.9999	0.9999	0.9999	0.9999	0.9999	0.9999	0.9999	0.9999
3.8	0.9999	0.9999	0.9999	0.9999	0.9999	0.9999	0.9999	0.9999	0.9999	0.9999

$\Phi(4.0)=0.999968329$　　　$\Phi(5.0)=0.9999997133$　　　$\Phi(6.0)=0.999999999$

附表3　T分布的双侧临界值表

$$P(|t(n)|>t_\alpha(n))=\alpha$$

α \ n	0.9	0.8	0.7	0.6	0.5	0.4	0.3	0.2	0.1	0.05	0.02	0.01	0.001	α \ n
1	0.158	0.325	0.510	0.727	1.000	1.376	1.963	3.078	6.314	12.706	31.821	63.657	636.619	1
2	0.142	0.289	0.445	0.617	0.816	1.061	1.386	1.886	2.920	4.303	6.965	9.925	31.598	2
3	0.137	0.277	0.424	0.584	0.765	0.978	1.250	1.638	2.353	3.182	4.541	5.841	12.924	3
4	0.134	0.271	0.414	0.569	0.741	0.941	1.190	1.533	2.132	2.776	3.747	4.604	8.610	4
5	0.132	0.267	0.408	0.559	0.727	0.920	1.156	1.476	2.015	2.571	3.365	4.032	6.859	5
6	0.131	0.265	0.404	0.553	0.718	0.906	1.134	1.440	1.943	2.447	3.143	3.707	5.959	6
7	0.130	0.263	0.402	0.549	0.711	0.896	1.119	1.415	1.895	2.365	2.998	3.499	5.405	7
8	0.130	0.262	0.399	0.546	0.706	0.889	1.108	1.397	1.860	2.306	2.896	3.355	5.041	8
9	0.129	0.90.61	0.398	0.543	0.703	0.883	1.100	1.383	1.833	2.262	2.821	3.250	4.781	9
10	0.129	0.260	0.397	0.542	0.700	0.879	1.093	1.372	1.812	2.228	2.764	3.169	4.587	10
11	0.129	0.260	0.396	0.540	0.697	0.876	1.088	1.363	1.796	2.201	2.718	3.106	4.437	11
12	0.128	0.259	0.395	0.539	0.695	0.873	1.083	1.356	1.782	2.179	2.681	3.055	4.318	12
13	0.128	0.259	0.394	0.538	0.694	0.870	1.079	1.350	1.771	2.160	2.650	3.012	4.221	13
14	0.128	0.258	0.393	0.537	0.692	0.868	1.076	1.345	1.761	2.145	2.624	2.977	4.140	14
15	0.128	0.258	0.393	0.536	0.691	0.866	1.074	1.341	1.753	2.131	2.602	2.947	4.073	15
16	0.128	0.258	0.392	0.535	0.690	0.865	1.071	1.337	1.746	2.120	2.583	2.921	4.015	16
17	0.128	0.257	0.392	0.534	0.689	0.683	1.069	1.333	1.740	2.110	2.567	2.898	3.965	17
18	0.127	0.257	0.392	0.534	0.688	0.862	1.067	1.330	1.734	2.101	2.552	2.878	3.922	18
19	0.127	0.257	0.391	0.533	0.688	0.861	1.066	1.328	1.729	2..093	2.539	2.861	3.883	19
20	0.127	0.257	0.391	0.533	0.687	0.860	1.064	1.325	1.725	2.086	2.528	2.845	3.850	20
21	0.127	0.257	0.391	0.532	0.686	0.859	1.063	1.323	1.721	2.080	2.518	2.831	3.819	21
22	0.127	0.256	0.390	0.532	0.686	0.858	1.061	1.321	1.717	2.074	2.508	2.819	3.792	22
23	0.127	0.256	0.390	0.532	0.685	0.858	1.060	1.319	1.714	2.069	2.500	2.807	3.767	23
24	0.127	0.256	0.390	0.531	0.685	0.857	1.059	1.318	1.711	2.064	2.492	2.797	3.745	24
25	0.127	0.256	0.390	0.531	0.684	0.856	1.058	1.316	1.708	2.060	2.485	2.787	3.725	25
26	0.127	0.256	0.390	0.531	0.684	0.856	1.058	1.315	1.706	2.056	2.479	2.779	3.707	26
27	0.127	0.256	0.389	0.531	0.684	0.855	1.057	1.314	1.703	2.052	2.473	2.771	3.690	27
28	0.127	0.256	0.389	0.530	0.683	0.855	1.056	1.313	1.701	2.048	2.467	2.763	3.674	28
29	0.127	0.256	0.389	0.530	0.683	0.854	1.055	1.311	1.699	2.045	2.462	2.756	3.659	29
30	0.127	0.256	0.389	0.530	0.683	0.854	1.055	1.310	1.697	2.042	2.457	2.750	3.646	30
40	0.126	0.255	0.388	0.529	0.681	0.851	1.050	1.303	1.684	2.021	2.423	2.704	3.551	40
60	0.196	0.254	0.387	0.527	0.679	0.848	1.046	1.296	1.671	2.000	2.390	2.660	3.460	60
120	0.126	0.254	0.386	0.526	0.677	0.845	1.041	1.289	1.658	1.980	2.358	2.617	3.373	120
∞	0.126	0.253	0.385	0.524	0.674	0.849	1.036	1.282	1.645	1.960	2.326	2.576	3.291	∞

附表4 T分布的单侧临界值表

$$P(t(n) > t_\alpha(n)) = \alpha$$

n \ α	0.25	0.10	0.05	0.025	0.01	0.005
1	1.0000	3.0777	6.3138	12.7062	31.8207	63.6574
2	0.8165	1.8856	2.9200	4.3027	6.9646	9.9248
3	0.7649	1.6377	2.3534	3.1824	4.5407	5.8409
4	0.7407	1.5332	2.1318	2.7764	3.7469	4.6041
5	0.7267	1.4759	2.0150	2.5706	3.3649	4.0322
6	0.7176	1.4398	1.9432	2.4469	3.1427	3.7074
7	0.7111	1.4149	1.8946	2.3646	2.9980	3.4995
8	0.7064	1.3968	1.8595	2.3060	2.8965	3.3554
9	0.7027	1.3830	1.8331	2.2622	2.8214	3.2498
10	0.6998	1.3722	1.8125	2.2281	2.7638	3.1693
11	0.6974	1.3634	1.7959	2.2010	2.7181	3.1058
12	0.6955	1.3562	1.7823	2.1788	2.6810	3.0545
13	0.6938	1.3502	1.7709	2.1604	2.6503	3.0123
14	0.6924	1.3450	1.7613	2.1448	2.6245	2.9768
15	0.6912	1.3406	1.7531	2.1315	2.6025	2.9467
16	0.6901	1.3368	1.7459	2.1199	2.5835	2.9208
17	0.6892	1.3334	1.7396	2.1098	2.5669	2.8982
18	0.6884	1.3304	1.7341	2.1009	2.5524	2.8784
19	0.6876	1.3277	1.7291	2.0930	2.5395	2.8609
20	0.6870	1.3253	1.7247	2.0860	2.5280	2.8453
21	0.6864	1.3232	1.7207	2.0796	2.5177	2.8314
22	0.6858	1.3212	1.7171	2.0739	2.5083	2.8188
23	0.6853	1.3195	1.7139	2.0687	2.4999	2.8073
24	0.6848	1.3178	1.7109	2.0639	2.4922	2.7969
25	0.6844	1.3163	1.7081	2.0595	2.4851	2.7874
26	0.6840	1.3150	1.7056	2.0555	2.4786	2.7787
27	0.6837	1I3137	1.7033	2.0518	2.4727	2.7707
28	0.6834	1.3125	1.7011	2.0484	2.4671	2.7633
29	0.6830	1.3114	1.6991	2.0452	2.4620	2.7564
30	0.6828	1.3104	1.6973	2.0423	2.4573	2.7500
31	0.6825	1.3095	1.6955	2.0395	2.4528	2.7440
32	0.6822	1.3086	1.6939	2.0369	2.4487	2.7385
33	0.6820	1.3077	1.6924	2.0345	2.4448	2.7333
34	0.6818	1.3070	1.6909	2.0322	2.4411	2.7284
35	0.6816	1.3062	1.6896	2.0301	2.4377	2.7238
36	0.6814	1.3055	1.6883	2.0281	2.4345	2.7195
37	0.6812	1.3049	1.6871	2.0262	2.4314	2.7154
38	0.6810	1.3042	1.6860	2.0244	2.4286	2.7116
39	0.6808	1.3036	1.6849	2.0227	2.4258	2.7079
40	0.6807	1.3031	1.6839	2.0211	2.4233	2.7045
41	0.6805	1.3025	1.6829	2.0195	2.4208	2.7012
42	0.6804	1.3020	1.6820	2.0181	2.4185	2.6981
43	0.6802	1.3016	1.6811	2.0167	2.4163	2.6951
44	0.6801	1.3011	1.6802	2.0154	2.4141	2.6923
45	0.6800	1.3006	1.6794	2.0141	2.4121	2.6896

附表5　χ^2分布表

$$P(\chi^2(n) > \chi_\alpha^2(n)) = \alpha$$

n \ α	0.995	0.99	0.975	0.95	0.90	0.75
1	-	-	0.001	0.004	0.016	0.102
2	0.010	0.020	0.051	0.103	0.211	0.575
3	0.072	0.115	0.216	0.352	0.584	1.213
4	0.207	0.297	0.484	0.711	11064	1.923
5	0.412	0.554	0.831	1I145	1.610	2.675
6	0.676	0.872	1.237	1.635	2.204	3.455
7	0.989	1.239	1.690	2.167	2.833	4.255
8	1.344	1.646	2.180	2.733	3.490	5.071
9	1.735	2.088	2.700	3.325	4.168	5.899
10	2.156	2.558	3.247	3.940	4.865	6.737
11	2.603	3.053	3.816	4.575	5.578	7.584
12	3.074	3.571	4.404	5.226	6.304	8.438
13	3.565	4.107	5.009	5.892	7.042	9.299
14	4.075	4.660	5.629	6.571	7.790	10.165
15	4.601	5.229	6.262	7.261	8.547	11.037
16	5.142	5.812	6.908	7.962	9.312	11.912
17	5.697	6.408	7.564	8.672	10.085	12.792
18	6.265	7.015	8.231	9.390	10.865	13.675
19	6.844	7.633	8.907	10.117	11.651	14.562
20	7.434	8.260	9.591	10.851	12.443	15.452
21	8.034	8.897	10.283	11.591	13.240	16.344
22	8.643	9.542	10.982	12.338	14.042	17.240
23	9.260	10.196	11.689	13.091	14.848	18.137
24	9.886	10.856	12.401	13.848	15.659	19.037
25	10.520	11.524	13.120	14.611	16.473	19.939
26	11.160	12.198	13.844	15.379	17.292	20.843
27	11.808	12.879	14.573	16.151	18.114	21.749
28	12.461	13.565	15.308	16.928	18.939	22.657
29	13.121	14.257	16.047	17.708	19.768	23.567
30	13.787	14.954	16.791	18.493	20.599	24.478
31	14.458	15.655	17.539	19.281	21.434	25.390
32	15.134	16.362	18.291	20.072	22.271	26.304
33	15.815	17.074	19.047	20.867	23.110	27.219
34	16.501	17.789	19.806	21.664	23.952	28.136
35	17.192	18.509	20.569	22.465	24.797	29.054
36	17.887	19.233	21.336	23.269	25.643	29.973
37	18.586	19.960	22.106	24.075	26.492	30.893
38	19.289	20.691	22.878	24.884	27.343	31.815
39	19.996	21.426	23.654	25.695	28.196	32.737
40	20.707	22.164	24.433	26.509	29.051	33.660
41	21.421	22.906	25.215	27.326	29.907	34.585
42	22.138	23.650	25.999	28.144	30.765	35.510
43	22.859	24.398	26.785	28.965	31.625	36.436
44	23.584	25.148	27.575	29.787	32.487	37.363
45	24.311	25.901	28.366	30.612	33.350	38.291

附表 5 χ^2 分布表

$$P(\chi^2(n) > \chi_\alpha^2(n)) = \alpha$$

n \ α	0.25	0.10	0.05	0.025	0.01	0.005
1	1.323	2.706	3.841	5.024	6.635	7.879
2	2.773	4.605	5.991	7.378	9.210	10.597
3	4.108	6.251	7.815	9.348	11.345	12.838
4	5.385	7.779	9.488	11.143	13.277	14.860
5	6.626	9.236	11.071	12.833	15.086	16.750
6	7.841	10.645	12.592	14.449	16.812	18.548
7	9.037	12.017	14.067	16.013	18.475	20.278
8	10.219	13.362	15.507	17.535	20.090	21.955
9	11.389	14.684	16.919	19.023	21.666	23.589
10	12.549	15.987	18.307	20.483	23.209	25.188
11	13.701	17.275	19.675	21.920	24.725	26.757
12	14.845	18.549	21.026	23.337	26.217	28.299
13	15.984	19.812	22.362	24.736	27.688	29.819
14	17.117	21.064	23.685	26.119	29.141	31.319
15	18.245	22.307	24.996	27.488	30.578	32.801
16	19.369	23.542	26.296	28.845	32.000	34.267
17	20.489	24.769	27.587	30.191	33.409	35.718
18	21.605	25.989	28.869	31.526	34.805	37.156
19	22.718	27.204	30.144	32.852	36.191	38.582
20	23.828	28.412	31.410	34.170	37.566	39.997
21	24.935	29.615	32.671	35.479	38.932	41.401
22	26.039	30.813	33.924	36.781	40.289	42.796
23	27.141	32.007	35.172	38.076	41.638	44.181
24	28.241	33.196	36.415	39.364	42.980	45.559
25	29.339	34.382	37.652	40.646	44.314	46.928
26	30.435	35.563	38.885	41.923	45.642	48.290
27	31.528	36.741	40.113	43.194	46.963	49.645
28	32.620	37.916	41.337	44.461	48.278	50.993
29	33.711	39.087	42.557	45.722	49.588	52.336
30	34.800	40.256	43.773	46.979	50.892	53.672
31	35.887	41.422	44.985	48.232	52.191	55.003
32	36.973	42.585	46.194	49.480	53.486	56.328
33	38.058	43.745	47.400	50.725	54.776	57.048
34	39.141	44.903	48.602	51.966	56.061	58.964
35	40.223	46.059	49.802	53.203	57.342	60.275
36	41.304	47.212	50.998	54.437	58.619	61.581
37	42.383	48.363	52.192	55.668	59.892	62.883
38	43.462	49.513	53.384	56.896	61.162	64.181
39	44.539	50.660	54.572	58.120	62.428	65.476
40	45.616	51.805	55.758	59.342	63.691	66.766
41	46.692	52.949	56.942	60.561	64.950	68.053
42	47.766	54.090	58.124	61.777	66.206	69.336
43	48.840	55.230	59.304	62.990	67.459	70.616
44	49.913	56.369	60.481	64.201	68.710	71.893
45	50.985	57.505	61.656	65.410	69.957	73.166

附表6 F 分布表

$$P(F(n_1,n_2) > F_\alpha(n_1,n_2)) = \alpha$$

$$\alpha = 0.01$$

n_2 \ n_1	1	2	3	4	5	6	7	8	9	10	12	15	20	24	30	40	60	120	∞
1	4052	4999	5403	5625	5764	5859	5928	5982	6022	6056	6106	6157	6209	6235	6261	6287	6313	6339	6366
2	98.50	99.00	99.17	99.25	99.30	99.33	99.36	99.37	99.39	99.40	99.42	99.43	99.45	99.46	99.47	99.47	99.48	99.49	99.50
3	34.12	30.82	29.46	28.71	28.24	27.91	27.67	27.49	27.35	27.23	27.05	26.87	26.69	26.60	26.50	26.41	26.32	26.22	26.13
4	21.20	18.00	16.69	15.98	15.52	15.21	14.98	14.80	14.66	14.55	14.37	14.20	14.02	13.93	13.84	13.75	13.65	13.56	13.46
5	16.26	13.27	12.06	11.39	10.97	10.67	10.46	10.29	10.16	10.05	9.89	9.72	9.55	9.47	9.38	9.29	9.20	9.11	9.02
6	13.75	10.92	9.78	9.15	8.75	8.47	8.26	8.10	7.98	7.87	7.72	7.56	7.40	7.31	7.23	7.14	7.06	6.97	6.88
7	12.25	9.55	8.45	7.85	7.46	7.19	6.99	6.84	6.72	6.62	6.47	6.31	6.16	6.07	5.99	5.91	5.82	5.74	5.65
8	11.26	8.65	7.59	7.01	6.63	6.37	6.18	6.03	5.91	5.81	5.67	5.52	5.36	5.28	5.20	5.12	5.03	4.95	4.86
9	10.56	8.02	6.99	6.42	6.06	5.80	5.61	5.47	5.35	5.26	5.11	4.96	4.81	4.73	4.65	4.57	4.48	4.40	4.31
10	10.04	7.56	6.55	5.99	5.64	5.39	5.20	5.06	4.94	4.85	4.71	4.56	4.41	4.33	4.25	4.17	4.08	4.00	3.91
11	9.65	7.21	6.22	5.67	5.32	5.07	4.89	4.74	4.63	4.54	4.40	4.25	4.10	4.02	3.94	3.86	4.78	3.69	3.60
12	9.33	6.93	5.95	5.41	5.06	4.82	4.64	4.50	4.39	4.30	4.16	4.01	3.86	3.78	3.70	3.62	3.54	3.45	3.36
13	9.07	6.70	5.74	5.21	4.86	4.62	4.44	4.30	4.19	3.10	3.96	3.82	3.66	3.59	3.51	3.43	3.34	3.25	3.17
14	8.86	6.51	5.56	5.04	4.69	4.46	4.28	4.14	4.03	3.94	3.80	3.66	3.51	3.43	3.35	3.27	3.18	3.09	3.00
15	8.68	6.36	5.42	4.89	4.56	4.32	4.14	4.00	3.89	3.80	3.67	3.52	3.37	3.29	3.21	3.13	3.05	2.96	2.87
16	8.53	6.23	5.29	4.77	4.44	4.20	4.03	3.89	3.78	3.69	3.55	3.41	3.26	3.18	3.10	3.02	2.93	2.84	2.75
17	8.40	6.11	5.18	4.67	4.34	4.10	3.93	3.79	3.68	3.59	3.46	3.31	3.16	3.08	3.00	2.92	2.83	2.75	2.65
18	8.29	6.01	5.09	4.58	4.25	4.01	3.84	3.71	3.60	3.51	3.37	3.23	3.08	3.00	2.92	2.84	2.75	2.66	2.57
19	8.18	5.93	5.01	4.50	4.17	3.94	3.77	3.63	3.52	3.43	3.30	3.15	3.00	2.92	2.84	2.76	2.67	2.58	2.49
20	8.10	5.85	4.94	4.43	4.10	3.87	3.70	3.56	3.46	3.37	3.23	3.09	2.94	2.86	2.78	2.69	2.61	2.52	2.42
21	8.02	5.78	4.87	4.37	4.04	3.81	3.64	3.51	3.40	3.31	3.17	3.03	2.88	2.80	2.72	2.64	2.55	2.46	2.36
22	7.95	5.72	4.82	4.31	3.99	3.76	3.59	3.45	3.35	3.26	3.12	2.98	2.83	2.75	2.67	2.58	2.50	2.40	2.31
23	7.88	5.66	4.76	4.26	3.94	3.71	3.54	3.41	3.30	3.21	3.07	2.93	2.78	2.70	2.62	2.54	2.45	2.35	2.26
24	7.82	5.61	4.72	4.22	3.90	3.67	3.50	3.36	3.26	3.17	3.03	2.89	2.74	2.66	2.58	2.49	2.40	2.31	2.21
25	7.77	5.57	4.68	4.18	3.85	3.63	3.46	3.32	3.22	3.13	2.99	2.85	2.70	2.62	2.54	2.45	2.36	2.27	2.17
26	7.72	5.53	4.64	4.14	3.82	3.59	3.42	3.29	3.18	3.09	2.96	2.81	2.66	2.58	2.50	2.42	2.33	2.23	2.13
27	7.68	5.49	4.60	4.11	3.78	3.56	3.39	3.26	3.15	3.06	2.93	2.78	2.63	2.55	2.47	2.38	2.29	2.20	2.10
28	7.64	5.45	4.57	4.07	3.75	3.53	3.36	3.23	3.12	3.03	2.90	2.75	2.60	2.52	2.44	2.35	2.26	2.17	2.06
29	7.60	5.42	4.54	4.04	3.73	3.50	3.33	3.20	3.09	3.00	2.87	2.73	2.57	2.49	2.41	2.33	2.23	2.14	2.03
30	7.56	5.39	4.51	4.02	3.70	3.47	3.30	3.17	3.07	2.98	2.84	2.70	2.55	2.47	2.39	2.30	2.21	2.11	2.01
40	7.31	5.18	4.31	3.83	3.51	3.29	3.12	2.99	2.89	2.80	2.66	2.52	2.37	2.29	2.20	2.11	2.02	1.92	1.80
60	7.08	4.98	4.13	3.65	3.34	3.12	2.95	2.82	2.72	2.63	2.50	2.35	2.20	2.12	2.03	1.94	1.84	1.73	1.60
120	6.85	4.79	3.95	3.48	3.17	2.96	2.79	2.66	2.56	2.47	2.34	2.19	2.03	1.95	1.86	1.76	1.66	1.53	1.38
∞	6.63	4.61	3.78	3.32	3.02	2.80	2.64	2.51	2.41	2.32	2.18	2.04	1.88	1.79	1.70	1.59	1.47	1.32	1.00

附表6 F分布表

$$P(F(n_1,n_2) > F_\alpha(n_1,n_2)) = \alpha$$

$$\alpha = 0.05$$

n_2 \ n_1	1	2	3	4	5	6	7	8	9	10	12	15	20	24	30	40	60	120	∞
1	161.4	199.5	215.7	224.6	230.2	234.0	236.8	238.9	240.5	241.9	243.9	245.9	248.0	249.1	250.1	251.1	252.2	253.3	254.3
2	18.51	19.00	19.16	19.25	19.30	19.33	19.35	19.37	19.38	19.40	19.41	19.43	19.45	19.45	19.46	19.47	19.48	19.49	19.50
3	10.13	9.55	9.28	9.12	9.01	8.94	8.89	8.85	8.81	8.79	8.74	8.70	8.66	8.64	8.62	8.59	8.57	8.55	8.53
4	7.71	6.94	6.59	6.39	6.26	6.16	6.09	6.04	6.00	5.96	5.91	5.86	5.80	5.77	5.75	5.72	5.69	5.66	5.63
5	6.61	5.79	5.41	5.19	5.05	4.95	4.88	4.82	4.77	4.74	4.68	4.62	4.56	4.53	4.50	4.46	4.43	4.40	4.36
6	5.99	5.14	4.76	4.53	4.39	4.28	4.21	4.15	4.10	4.06	4.00	3.94	3.87	3.84	3.81	3.77	3.74	3.70	3.67
7	5.59	4.74	4.35	4.12	3.97	3.87	3.79	3.73	3.68	3.64	3.57	3.51	3.44	3.41	3.38	3.34	3.30	3.27	3.23
8	5.32	4.46	4.07	3.84	3.69	3.58	3.50	3.44	3.39	3.35	3.28	3.22	3.15	3.12	3.08	3.04	3.01	2.97	2.93
9	5.12	4.26	3.86	3.63	3.48	3.37	3.29	3.23	3.18	3.14	3.07	3.01	2.94	2.90	2.86	2.83	2.79	2.75	2.71
10	4.96	4.10	3.71	3.48	3.33	3.22	3.14	3.07	3.02	2.98	2.91	2.85	2.77	2.74	2.70	2.66	2.62	2.58	2.54
11	4.84	3.98	3.59	3.36	3.20	3.09	3.01	2.95	2.90	2.85	2.79	2.72	2.65	2.61	2.57	2.53	2.49	2.45	2.40
12	4.75	3.89	3.49	3.26	3.11	3.00	2.91	2.85	2.80	2.75	2.69	2.62	2.54	2.51	2.47	2.43	2.38	2.34	2.30
13	4.67	3.81	3.41	3.18	3.03	2.92	2.83	2.77	2.71	2.67	2.60	2.53	2.46	2.42	2.38	2.34	2.30	2.25	2.21
14	4.60	3.74	3.34	3.11	2.96	2.85	2.76	2.70	2.65	2.60	2.53	2.46	2.39	2.35	2.31	2.27	2.22	2.18	2.13
15	4.54	3.68	3.29	3.06	2.90	2.79	2.71	2.64	2.59	2.54	2.48	2.40	2.33	2.29	2.25	2.20	2.16	2.11	2.07
16	4.49	3.63	3.24	3.01	2.85	2.74	2.66	2.59	2.54	2.49	2.42	2.35	2.28	2.24	2.19	2.15	2.11	2.06	2.01
17	4.45	3.59	3.20	2.96	2.81	2.70	2.61	2.55	2.49	2.45	2.38	2.31	2.23	2.19	2.15	2.10	2.06	2.01	1.96
18	4.41	3.55	3.16	2.93	2.77	2.66	2.58	2.51	2.46	2.41	2.34	2.27	2.19	2.15	2.11	2.06	2.02	1.97	1.92
19	4.38	3.52	3.13	2.90	2.74	2.63	2.54	2.48	2.42	2.38	2.31	2.23	2.16	2.11	2.07	2.03	1.98	1.93	1.88
20	4.35	3.49	3.10	2.87	2.71	2.60	2.51	2.45	2.39	2.35	2.28	2.20	2.12	2.08	2.04	1.99	1.95	1.90	1.84
21	4.32	3.47	3.07	2.84	2.68	2.57	2.49	2.42	2.37	2.32	2.25	2.18	2.10	2.05	2.01	1.96	1.92	1.87	1.81
22	4.30	3.44	3.05	2.82	2.66	2.55	2.46	2.40	2.34	2.30	2.23	2.15	2.07	2.03	1.98	1.94	1.89	1.84	1.78
23	4.28	3.42	3.03	2.80	2.64	2.53	2.44	2.37	2.32	2.27	2.20	2.13	2.05	2.01	1.96	1.91	1.86	1.81	1.76
24	4.26	3.40	3.01	2.78	2.62	2.51	2.42	2.36	2.30	2.25	2.18	2.11	2.03	1.98	1.94	1.89	1.84	1.79	1.73
25	4.24	3.39	2.99	2.76	2.60	2.49	2.40	2.34	2.28	2.24	2.16	2.09	2.01	1.96	1.92	1.87	1.82	1.77	1.71
26	4.23	3.37	2.98	2.74	2.59	2.47	2.39	2.32	2.27	2.22	2.15	2.07	1.99	1.95	1.90	1.85	1.80	1.75	1.69
27	4.21	3.35	2.96	2.73	2.57	2.46	2.37	2.31	2.25	2.20	2.13	2.06	1.97	1.93	1.88	1.84	1.79	1.73	1.67
28	4.20	3.34	2.95	2.71	2.56	2.45	2.36	2.29	2.24	2.19	2.12	2.04	1.96	1.91	1.87	1.82	1.77	1.71	1.65
29	4.18	3.33	2.93	2.70	2.55	2.43	2.35	2.28	2.22	2.18	2.10	2.03	1.94	1.90	1.85	1.81	1.75	1.70	1.64
30	4.17	3.32	2.92	2.69	2.53	2.42	2.33	2.27	2.21	2.16	2.09	2.01	1.93	1.89	1.84	1.79	1.74	1.68	1.62
40	4.08	3.23	2.84	2.61	2.45	2.34	2.25	2.18	2.12	2.08	2.00	1.92	1.84	1.79	1.74	1.69	1.64	1.58	1.51
60	4.00	3.15	2.76	2.53	2.37	2.25	2.17	2.10	2.04	1.99	1.92	1.84	1.75	1.70	1.65	1.59	1.53	1.47	1.39
120	3.92	3.07	2.68	2.45	2.29	2.17	2.09	2.02	1.96	1.91	1.83	1.75	1.66	1.61	1.55	1.50	1.43	1.35	1.25
∞	3.84	3.00	2.60	2.37	2.21	2.10	2.01	1.94	1.88	1.83	1.75	1.67	1.57	1.52	1.46	1.39	1.32	1.22	1.00

$$P(F(n_1,n_2) > F_\alpha(n_1,n_2)) = \alpha$$

$$\alpha = 0.10$$

n_2 \ n_1	1	2	3	4	5	6	7	8	9	10	12	15	20	24	30	40	60	120	∞
1	39.86	49.50	53.59	55.83	57.24	58.20	58.91	59.44	59.86	60.19	60.71	61.22	61.74	62.00	62.26	62.53	62.79	63.06	63.33
2	8.53	9.00	9.16	9.24	9.29	9.33	9.35	9.37	9.38	9.39	9.41	9.42	9.44	9.45	9.46	9.47	9.47	9.48	9.49
3	5.54	5.46	5.39	5.34	5.31	5.28	5.27	5.25	5.24	5.23	5.22	5.20	5.18	5.18	5.17	5.16	5.15	5.14	5.13
4	4.54	4.32	4.19	4.11	4.05	4.01	3.98	3.95	3.94	3.92	3.90	3.87	3.84	3.83	3.82	3.80	3.79	3.78	3.76
5	4.06	3.78	3.62	3.52	3.45	3.40	3.37	3.34	3.32	3.30	3.27	3.24	3.21	3.19	3.17	3.16	3.14	3.12	3.10
6	3.78	3.46	3.29	3.18	3.11	3.05	3.01	2.98	2.96	2.94	2.90	2.87	2.84	2.82	2.80	2.78	2.76	2.74	2.72
7	3.59	3.26	3.07	2.96	2.88	2.83	2.78	2.75	2.72	2.70	2.67	2.63	2.59	2.58	2.56	2.54	2.51	2.49	2.47
8	3.46	3.11	2.92	2.81	2.73	2.67	2.62	2.59	2.56	2.54	2.50	2.46	2.42	2.40	2.38	2.36	2.34	2.32	2.29
9	3.36	3.01	2.81	2.69	2.61	2.55	2.51	2.47	2.44	2.42	2.38	2.34	2.30	2.28	2.25	2.23	2.21	2.18	2.16
10	3.29	2.92	2.73	2.61	2.52	2.46	2.41	2.38	2.35	2.32	2.28	2.24	2.20	2.18	2.16	2.13	2.11	2.08	2.06
11	3.23	2.86	2.66	2.54	2.45	2.39	2.34	2.30	2.27	2.25	2.21	2.17	2.12	2.10	2.08	2.05	2.03	2.00	1.97
12	3.18	2.81	2.61	2.48	2.39	2.33	2.28	2.24	2.21	2.19	2.15	2.10	2.06	2.04	2.01	1.99	1.96	1.93	1.90
13	3.14	2.76	2.56	2.43	2.35	2.28	2.23	2.20	2.16	2.14	2.10	2.05	2.01	1.98	1.96	1.93	1.90	1.88	1.85
14	3.10	2.73	2.52	2.39	2.31	2.24	2.19	2.15	2.12	2.10	2.05	2.01	1.96	1.94	1.91	1.89	1.86	1.83	1.80
15	3.07	2.70	2.49	2.36	2.27	2.21	2.16	2.12	2.09	2.06	2.02	1.97	1.92	1.90	1.87	1.85	1.82	1.79	1.76
16	3.05	2.67	2.46	2.33	2.24	2.18	2.13	2.09	2.06	2.03	1.99	1.94	1.89	1.87	1.84	1.81	1.78	1.75	1.72
17	3.03	2.64	2.44	2.31	2.22	2.15	2.10	2.06	2.03	2.00	1.96	1.91	1.86	1.84	1.81	1.78	1.75	1.72	1.69
18	3.01	2.62	2.42	2.29	2.20	2.13	2.08	2.04	2.00	1.98	1.93	1.89	1.84	1.81	1.78	1.75	1.72	1.69	1.66
19	2.99	2.61	2.40	2.27	2.18	2.11	2.06	2.02	1.98	1.96	1.91	1.86	1.81	1.79	1.76	1.73	1.70	1.67	1.63
20	2.97	2.59	2.38	2.25	2.16	2.09	2.04	2.00	1.96	1.94	1.89	1.84	1.79	1.77	1.74	1.71	1.68	1.64	1.61
21	2.96	2.57	2.36	2.23	2.14	2.08	2.02	1.98	1.95	1.92	1.87	1.83	1.78	1.75	1.72	1.69	1.66	1.62	1.59
22	2.95	2.56	2.35	2.22	2.13	2.06	2.01	1.97	1.93	1.90	1.86	1.81	1.76	1.73	1.70	1.67	1.64	1.60	1.57
23	2.94	2.55	2.34	2.21	2.11	2.05	1.99	1.95	1.92	1.89	1.84	1.80	1.74	1.72	1.69	1.66	1.62	1.59	1.55
24	2.93	2.54	2.33	2.19	2.10	2.04	1.98	1.94	1.91	1.88	1.83	1.78	1.73	1.70	1.67	1.64	1.61	1.57	1.53
25	2.92	2.53	2.32	2.18	2.09	2.02	1.97	1.93	1.89	1.87	1.82	1.77	1.72	1.69	1.66	1.63	1.59	1.56	1.52
26	2.91	2.52	2.31	2.17	2.08	2.01	1.96	1.92	1.88	1.86	1.81	1.76	1.71	1.68	1.65	1.6i	1.58	1.54	1.50
27	2.90	2.51	2.30	2.17	2.07	2.00	1.95	1.91	1.87	1.85	1.80	1.75	1.70	1.67	1.64	1.60	1.57	1.53	1.49
28	2.89	2.50	2.29	2.16	2.06	2.00	1.94	1.90	1.87	1.84	1.79	1.74	1.69	1.66	1.63	1.59	1.56	1.52	1.48
29	2.89	2.50	2.28	2.15	2.06	1.99	1.93	1.89	1.86	1.83	1.78	1.73	1.68	1.65	1.62	1.58	1.55	1.51	1.47
30	2.88	2.49	2.28	2.14	2.05	1.98	1.93	1.88	1.85	1.82	1.77	1.72	1.67	1.64	1.61	1.57	1.54	1.50	1.46
40	2.84	2.44	2.23	2.09	2.00	1.93	1.87	1.83	1.79	1.76	1.71	1.66	1.61	1.57	1.54	1.51	1.47	1.42	1.38
60	2.79	2.39	2.18	2.04	1.95	1.87	1.82	1.77	1.74	1.71	1.66	1.60	1.54	1.51	1.48	1.44	1.40	1.35	1.29
120	2.75	2.35	2.13	1.99	1.90	1.82	1.77	1.72	1.68	1.65	1.60	1.55	1.48	1.45	1.41	1.37	1.32	1.26	1.19
∞	2.71	2.30	2.08	1.94	1.85	1.77	1.72	1.67	1.63	1.60	1.55	1.49	1.42	1.38	1.34	1.30	1.24	1.17	1.00

附表6 F分布表

$$P(F(n_1,n_2) > F_\alpha(n_1,n_2)) = \alpha$$

$$\alpha = 0.025$$

n_2 \ n_1	1	2	3	4	5	6	7	8	9	10	12	15	20	24	30	40	60	120	∞
1	647.8	799.5	864.2	899.6	921.8	937.1	948.2	956.7	963.3	968.6	976.7	984.9	993.1	997.2	1001	1006	1010	1014	1018
2	38.51	39.00	39.17	39.25	39.30	39.33	39.36	39.37	39.39	39.40	39.41	39.43	39.45	39.46	39.46	39.47	39.48	39.49	39.50
3	17.44	16.04	15.44	15.10	14.88	14.73	14.62	14.54	14.47	14.42	14.34	14.25	14.17	14.12	14.08	14.04	13.99	13.95	13.90
4	12.22	10.65	9.98	9.60	9.36	9.20	9.07	8.98	8.90	8.84	8.75	8.66	8.56	8.51	8.46	8.41	8.36	8.31	8.26
5	10.01	8.43	7.76	7.39	7.15	6.98	6.85	6.76	6.68	6.62	6.52	6.43	6.33	6.28	6.23	6.18	6.12	6.07	6.02
6	8.81	7.26	6.60	6.23	5.99	5.82	5.70	5.60	5.52	5.46	5.37	5.27	5.17	5.12	5.07	5.01	4.96	4.90	4.85
7	8.07	6.54	5.89	5.52	5.29	5.12	4.99	4.90	4.82	4.76	4.67	4.57	4.47	4.42	4.36	4.31	4.25	4.20	4.14
8	7.57	6.06	5.42	5.05	4.82	4.65	4.53	4.43	4.36	4.30	4.20	4.10	4.00	3.95	3.89	3.84	3.78	3.37	3.67
9	7.21	5.71	5.08	4.72	4.48	4.32	4.20	4.10	4.03	3.96	3.87	3.77	3.67	3.61	3.56	3.51	3.45	3.39	3.33
10	6.94	5.46	4.83	4.47	4.24	4.07	3.95	3.85	3.78	3.72	3.62	3.52	3.42	3.37	3.31	3.26	3.20	3.14	3.08
11	6.72	5.26	4.63	4.28	4.04	3.88	3.76	3.66	3.59	3.53	3.43	3.33	3.23	3.17	3.12	3.06	3.00	2.94	2.88
12	6.55	5.10	4.47	4.12	3.89	3.73	3.61	3.51	3.44	3.37	3.28	3.18	3.07	3.02	2.96	2.91	2.85	2.79	2.72
13	6.41	4.97	4.35	4.00	3.77	3.60	3.48	3.39	3.31	3.25	3.15	3.05	2.95	2.89	2.84	2.78	2.72	2.66	2.60
14	6.30	4.86	4.24	3.89	3.66	3.50	3.38	3.29	3.21	3.15	3.05	2.95	2.84	2.79	2.73	2.67	2.61	2.55	2.49
15	6.20	4.77	4.15	3.80	3.58	3.41	3.29	3.20	3.12	3.06	2.96	2.86	2.76	2.70	2.64	2.59	2.52	2.46	2.40
16	6.12	4.69	4.08	3.73	3.50	3.34	3.22	3.12	3.05	2.99	2.89	2.79	2.86	2.63	2.57	2.51	2.45	2.38	2.32
17	6.04	4.62	4.01	3.66	3.44	3.28	3.16	3.06	2.98	2.92	2.82	2.72	2.62	2.56	2.50	2.44	2.38	2.32	2.25
18	5.98	4.56	3.95	3.61	3.38	3.22	3.10	3.01	2.93	2.87	2.77	2.67	2.56	2.50	2.44	2.38	2.32	2.26	2.19
19	5.92	4.51	3.90	3.56	3.33	3.17	3.05	2.96	2.88	2.82	2.72	2.62	2.51	2.45	2.39	2.33	2.27	2.20	2.13
20	5.87	4.46	3.86	3.51	3.29	3.13	3.01	2.91	2.84	2.77	2.68	2.57	2.46	2.41	2.35	2.29	2.22	2.16	2.09
21	5.83	4.42	3.82	3.48	3.25	3.09	2.97	2.87	2.80	2.73	2.64	2.53	2.42	2.37	2.31	2.25	2.18	2.11	2.04
22	5.79	4.38	3.78	3.44	3.22	3.05	2.93	2.84	2.76	2.70	2.60	2.50	2.39	2.33	2.27	2.21	2.14	2.08	2.00
23	5.75	4.35	3.75	3.41	3.18	3.02	2.90	2.81	2.73	2.67	2.57	2.47	2.36	2.30	2.24	2.18	2.11	2.04	1.97
24	5.72	4.32	3.72	3.38	3.15	2.99	2.87	2.78	2.70	2.64	2.54	2.44	2.33	2.27	2.21	2.15	2.08	2.01	1.94
25	5.69	4.29	3.69	3.35	3.13	2.97	2.85	2.75	2.68	2.61	2.51	2.41	2.30	2.24	2.18	2.12	2.05	1.98	1.91
26	5.66	4.27	3.67	3.33	3.10	2.94	2.82	2.73	2.65	2.59	2.49	2.39	2.28	2.22	2.16	2.09	2.03	1.95	1.88
27	5.63	4.24	3.65	3.31	3.08	2.92	2.80	2.71	2.63	2.57	2.47	2.36	2.25	2.19	2.13	2.07	2.00	1.93	1.85
28	5.61	4.22	3.63	3.29	3.06	2.90	2.78	2.69	2.61	2.55	2.45	2.34	2.23	2.17	2.11	2.05	1.98	1.91	1.83
29	5.59	4.20	3.61	3.27	3.04	2.88	2.76	2.67	2.59	2.53	2.43	2.32	2.21	2.15	2.09	2.03	1.96	1.89	1.81
30	5.57	4.18	3.59	3.25	3.03	2.87	2.75	2.65	2.57	2.51	2.41	2.31	2.20	2.14	2.07	2.01	1.94	1.87	1.79
40	5.42	4.05	3.46	3.13	2.90	2.74	3.62	2.53	2.45	2.39	2.29	2.18	2.07	2.01	1.94	1.88	1.80	1.72	1.64
60	5.29	3.93	3.34	3.01	2.79	2.63	2.51	2.41	2.33	2.27	2.17	2.06	1.94	1.88	1.82	1.74	1.67	1.58	1.48
120	5.15	3.80	3.23	2.89	2.67	2.52	2.39	2.30	2.22	2.16	2.05	1.94	1.82	1.76	1.69	1.61	1.53	1.43	1.31
∞	5.02	3.69	3.12	2.79	2.57	2.41	2.29	2.19	2.11	2.05	1.94	1.83	1.71	1.64	1.57	1.48	1.39	1.27	1.00